第四批技工教育和职业培训"十四五"规划教材

高等职业教育集成电路类专业系列教材

集成电路封装技术

（第二版）

JICHENG DIANLU FENGZHUANG JISHU (DI-ER BAN)

主 编　卢　静　马岗强　赵淑平

参 编　牛欣玥　曾承宗　陈洪燕

　　　　冯筱佳　杨毓军　徐守政

西安电子科技大学出版社

内容简介

本书是按照"理论够用、突出实践、任务驱动、理实一体"的原则编写而成的。书中以集成电路芯片封装工艺流程为主线，以真实项目为载体，每个项目以任务实施为导向，设置任务目标、任务准备、任务资讯、课程思政、任务实施和任务习题六个环节。

本书共五个项目。项目一为封装产业调研，包括封装的概念、技术领域、功能、历史及现状和国内产业状况等内容；项目二为 AT89S51 芯片封装，主要介绍芯片塑料封装，包括插装型元器件封装、表面贴装型元器件封装、晶圆减薄与划片、晶圆贴膜、芯片粘接与键合、芯片塑封成型、芯片引脚成型等内容；项目三为功率三极管封装，主要介绍气密性封装、非气密性封装、封帽工艺及其流程等内容；项目四为大规模集成电路芯片封装，包括 BGA 封装、CSP、FC、MCM、3D 封装和 WLP 等内容；项目五为集成电路封装失效分析，包括可靠性分析、失效分析技术、塑料封装失效分析、气密性封装失效分析和 3D 封装失效分析等内容。

本书既可作为高等职业教育集成电路专业课教材，也可作为集成电路相关专业的选修课教材。

图书在版编目 (CIP) 数据

集成电路封装技术 / 卢静，马岗强，赵淑平主编 . --2 版 . -- 西安：
西安电子科技大学出版社, 2025. 8. -- ISBN 978-7-5606-7723-1

Ⅰ. TN405

中国国家版本馆 CIP 数据核字第 2025TD5122 号

策　　划　高　樱
责任编辑　高　樱
出版发行　西安电子科技大学出版社 (西安市太白南路 2 号)
电　　话　(029) 88202421　88201467　　　　邮　　编　710071
网　　址　www.xduph.com　　　　　　　　　电子邮箱　xdupfxb001@163.com
经　　销　新华书店
印刷单位　河北虎彩印刷有限公司
版　　次　2025 年 8 月第 2 版　　　　　　　2025 年 8 月第 1 次印刷
开　　本　880 毫米 × 1230 毫米　1/16　　　印　　张　14.25
字　　数　372 千字
定　　价　59.00 元

ISBN 978-7-5606-7723-1

XDUP 8024002-1

*** 如有印装问题可调换 ***

序　言

　　集成电路产业人才培养过程中教材建设是一个重要的环节，目前职业教育领域中集成电路类专业急需有一个完整的系列教材供各个院校选用。

　　2023 年 7 月，教育部办公厅发布了《关于加快推进现代职业教育体系建设改革重点任务的通知》，要求面向战略性新兴产业等领域，开展内容丰富、形态多样、反映行业前沿技术的职业教育优质教材。为此，全国集成电路产教融合共同体联合西安电子科技大学出版社，开展我国集成电路类专业课程、职业拓展课程系列教材的编写与建设。

　　集成电路产业是引领新一轮科技革命和产业变革的关键力量，事关"数字中国"和"制造强国"等国家重大战略目标的实现，将有力支撑新质生产力发展与产业进步。在当前国际贸易摩擦和技术封锁愈演愈烈背景下，集成电路产业发展对人才的需求，尤其是对自主可控的技术技能人才的需求愈加迫切。

　　全国集成电路产教融合共同体是依据中共中央办公厅、国务院办公厅《关于深化现代职业教育体系建设改革的意见》文件精神要求，在工信部指导下于 2023 年 7 月成立，旨在以高质量产教融合推进集成电路领域人才培养。本系列教材基于全国集成电路产教融合共同体平台，由国内四十多所开设集成电路类专业学校共同成立了编写委员会，力求打造一系列精品教材。

　　本系列教材涵盖半导体器件、模拟集成电路设计基础、超大规模数字电路后端设计、集成电路制造工艺、集成电路先进封装和可靠性、集成电路测试原理和实践、FPGA技术应用、国产 32 位 MCU 技术与应用、集成电路专业英语等内容。相信教材建设完成后，一定会对我国职业教育集成电路领域人才培养起到明显的推动作用。

中国科学院院士　西安电子科技大学

2024 年 12 月

高等职业教育集成电路类系列教材
编审专家委员会

林晓鹏	厦门海洋职业技术学院教务处	处长 / 教授
吕坤颐	重庆城市管理职业学院智能工程学院	副院长 / 副教授
马维旻	珠海城市职业技术学院人工智能学院	院长 / 教授
马永兵	南京信息职业技术学院电子信息工程学院	院长 / 教授
裴春梅	北京电子科技职业学院集成电路学院	副院长 / 教授
邱 燕	陕西国防工业职业技术学院电子信息学院	院长 / 教授
邵 瑛	上海电子信息职业技术学院电子技术与工程学院	院长 / 教授
孙丽莉	苏州工业园区职业技术学院人工智能学院	微电子技术专业主任 / 副教授
孙丽萍	青岛工程职业技术学院信息工程学院	副院长 / 副教授
孙肖林	南京工业职业技术大学集成电路学院	副院长 / 副教授
滕丽丽	济南职业技术学院电子工程系	主任 / 教授
王 栋	苏州工业职业技术学院集成电路与通信学院	院长 / 教授
王 坤	四川信息职业技术学院电子与物联网学院	院长 / 副教授
吴弋旻	杭州职业技术学院信息工程学院	教授
夏敏磊	浙江机电职业技术大学应用电子技术教研室	主任 / 副教授
项莉萍	六安职业技术学院实验实训中心	主任 / 教授
许礼捷	沙洲职业工学院数字化与微电子学院	院长 / 副教授
严峥晖	贵州电子信息职业技术学院信息与智能电子系	主任 / 教授
杨 俊	武汉职业技术学院光电与信息工程学院	院长 / 教授
余红娟	金华职业技术大学信息工程学院	应用电子技术带头人 / 教授
于宏伟	山东信息职业技术学院电子与通信系	集成电路技术专业负责人 / 副教授
余红英	芜湖职业技术学院电气与自动化学院	院长 / 教授
张 艳	苏州信息职业技术学院通信与信息工程系	主任 / 副教授
赵建辉	常州信息职业技术学院电子工程学院	副院长 / 高级工程师
仲小英	苏州健雄职业技术学院人工智能学院	副院长 / 副教授
周 方	武汉铁路职业技术学院计算机与信息工程学院	副院长 / 教授
祝迎春	丽水职业技术学院电子信息学院	院长 / 高级工程师

总 策 划　毛红兵
项目策划　高 樱
策 　 划　李鹏飞　秦志峰　明政珠　黄薇谚

前　言

在全球科技竞争日益激烈的背景下，集成电路 (IC) 作为信息技术的基石，其发展水平已成为衡量国家科技实力的重要标志。集成电路封装作为产业链中不可或缺的关键环节，直接影响着芯片产品的性能、可靠性和市场竞争力。为响应国家关于加强集成电路职业教育的战略部署，适应产业技术迭代需求，本书在第一版的基础上进行全面升级，着力构建理论与实践深度融合的教学体系。

本次改版紧密围绕产业发展新趋势与教学实践反馈，系统地优化了内容架构与呈现形式。本书的特色如下：

1. 内容体系升级，凸显产业前沿与国家标准

本书以集成电路封装工艺流程为主线，采用"典型产品驱动＋项目化教学"的模式，新增"集成电路封装失效分析"项目，使封装可靠性评估知识体系更加完善。各任务的任务准备模块中增设国家职业技能标准，精准对接《国家职业技能标准——半导体分立器件和集成电路装调工》(6-25-02-06)，实现了教学内容与行业规范的深度衔接。在保留封装基础理论、工艺技术、典型案例的基础上，系统地融入了 3D 封装、晶圆级封装 (WLP)、BGA 封装等前沿技术，构建了覆盖传统封装与先进封装的立体化知识网络。

2. 教学结构创新，强化工程实践能力培养

本书重构"任务目标—任务准备—任务资讯—课程思政—任务实施—任务习题"递进式教学模块，形成"目标导向—标准要求—理论支撑—实践操作—效果测评"的闭环学习链路。通过 16 个典型工作任务及配套的视频资源，直观呈现键合、塑封、植球等关键工艺细节。新增的"集成电路封装失效分析"项目采用真实产业案例还原封装开裂、热失效等典型问题场景，以培养学生故障诊断与工程优化的能力。

3. 育人理念深化，贯穿课程思政与工匠精神

本书在传授知识中融入产业发展史、技术突破案例与行业楷模事迹，通过"课程思政"潜移默化培育学生的科学精神与职业使命感。各项目结合质量管理体系要求，将精益生产等管理理念融入技术教学，塑造"毫米之间见匠心"的职业素养。

本书由重庆电子科技职业大学集成电路专业教学团队与行业专家共同打造，编写团队深入中芯国际、长电科技等龙头企业调研，收集产线真实数据来编写教学案例。

本书由卢静、马岗强、赵淑平主编。全书共五个项目，其中项目一由卢静、陈洪

燕编写，项目二由赵淑平、曾承宗编写，项目三由牛欣玥编写，项目四由卢静、马岗强编写，项目五由卢静编写。杭州朗迅科技股份有限公司徐守政高工主导技术审校，确保内容与产业应用保持同步。本书由卢静统稿，赵淑平完成工程规范校核，冯筱佳、杨毓军进行教学适配性优化，重庆电子科技职业大学集成电路专业学生杨梦伊、梁恒、黄洁、邓渝浩负责全书校正工作。

在本书的编写过程中，我们得到了教育部集成电路专业标准制定专家组的指导，华天科技、通富微电等企业提供了最新的产线数据支持。书中参考了多个学者和专家的著作及研究成果，在此向所有为本书提供帮助的院校、企业和专家致以诚挚谢意。

限于编者水平与行业发展速度，书中难免存在不足之处，恳请广大读者批评指正（可通过邮箱 lujing@cqcet.edu.cn 与编者交流）。期待本书能为培养"懂原理、精工艺、善分析"的集成电路封装技术人才贡献力量，助力我国集成电路产业突破"卡脖子"技术困境，实现高质量发展。

本书提供有配套的教学资源，可登录西安电子科技大学出版社官网 (www.xduph.com) 下载。

编　者

2025 年 4 月

目　录

项目一　封装产业调研

职业能力目标

通过本项目的学习，应达成以下能力目标：

(1) 能够识别集成电路产品封装类型。

(2) 能够阐述集成电路封装的主要功能。

(3) 能够简单阐述集成电路封装的发展历史及各个阶段的典型封装类型。

(4) 能够阐述我国集成电路封装产业的发展现状、面对的机遇及挑战。

(5) 能够以严谨的科学态度和精益求精的工匠精神撰写相关报告。

(6) 能够达到与专业人员进行专业交流、协作的水平，并具备信息化处理数据及文档的能力。

项目引入

信息产业是我国的战略性、基础性和先导性支柱产业，而半导体集成电路 (Integrated Circuit，IC) 技术是电子信息技术的基石。近年来，半导体微电子技术高速发展，在全球已逐渐形成了集成电路设计、集成电路制造和集成电路封装与测试三大产业群，这三大产业群成为半导体产业的三大支柱。在设计、制造、封装与测试相对独立的集成电路产业中，集成电路封装与测试 (简称封测) 产业群和前二者相比，属于高技术劳动密集型产业，每年需要大批高中级技术人才。同时，集成电路封装与测试涉及的学科技术范围广，带动的基础产业多，近年来在我国迅速发展。从统计数据来看，2023 年我国集成电路封装行业市场规模为 2786 亿元，为我国经济发展贡献了巨大的力量。随着我国经济进入高质量发展阶段，各行各业不断提倡产业创新发展，集成电路封装行业也进入高质量发展阶段。行业、企业都在加大相关的投资以增强市场竞争力，获得更加广阔的市场。目前，行业内的投资规模仍持续扩大，预计投资增速将保持稳定的增长。我国封装行业发展规模如图 1-1 所示。

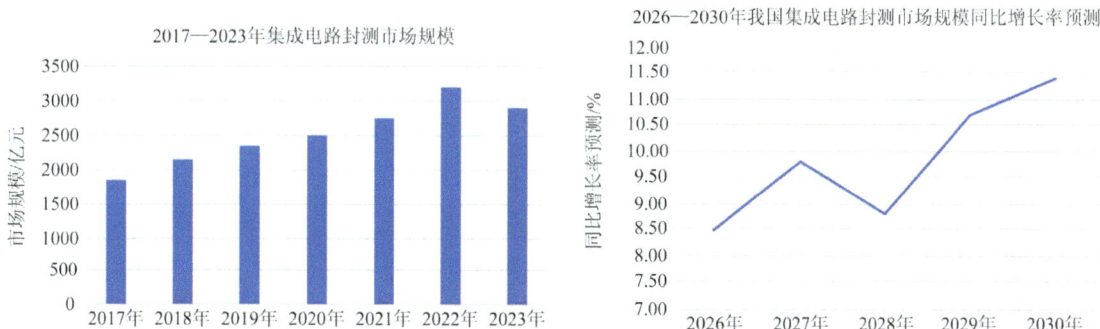

图 1-1　我国封装行业发展规模示意图

集成电路器件封装技术是多学科的融合技术，涉及材料、电子、热学、机械、化学等多种学科，是集成电路器件发展不可分割的重要组成部分，日益受到工业界与学术界的广泛关注与重视。

本项目主要介绍封装的概念、功能、技术领域及国内产业现状，要求读者对集成电路封装产业进行系统调研，通过完成项目任务，达到相应的能力要求。

1.1 任务一　封装产品市场调研

任务目标

1. 掌握封装的概念及分级。
2. 了解封装的技术领域。
3. 掌握封装的功能。
4. 完成集成电路封装市场调研报告。

任务准备

本任务需要学习封装的概念、技术领域及功能等基础知识，通过查询资料进一步了解封装产品的市场情况，并完成封装产品市场调研。任务单如表 1-1 所示。

表 1-1　任　务　单

项目名称	封装产业调研
任务名称	封装产品市场调研
任　务　要　求	
1. 任务准备。 (1) 分组讨论，每组 3～5 人。 (2) 自行收集所需资料。 2. 完成封装产品的资料收集与整理。 3. 提交封装产品市场调研报告	
任　务　准　备	
1. 知识准备。 (1) 封装的概念。 (2) 封装的技术领域。 (3) 封装的功能。 2. 设备支持。 在该任务实施过程中需要准备的工具包括： (1) 仪表：无。 (2) 工具：计算机、书籍资料、网络	

自主学习资讯及对应的国家职业技能标准如表 1-2 所示。

表 1-2　自主学习资讯及对应的国家职业技能标准

自主学习资讯	国家职业技能标准
封装的定义	《集成电路封装与测试职业技能等级标准》(3 术语和定义)
封装的层次	《集成电路封装与测试职业技能等级标准》(3 术语和定义)
封装的技术领域	《国家职业技能标准——半导体分立器件和集成电路装调工》(6-25-02-06)《中华人民共和国职业分类大典》(电子元器件工程技术人员)
封装的主要功能	《国家职业技能标准——半导体分立器件和集成电路装调工》(6-25-02-06)

任务资讯

1.1.1　封装简介

1. 封装的概念

集成电路封装的概念

"封装"(Packaging，PKG) 一词伴随着集成电路芯片制造技术的产生而出现，这一概念用于电子工程的历史并不久。在真空电子管时代，将电子管等器件安装在管座上构成电路设备的方法称为"组装或装配"，当时还没有"封装"的概念。

1947 年，晶体管问世。1958 年，第一块集成电路诞生，改写了电子工程的历史。集成电路中的半导体元器件细小易碎，但性能高且功能多、规格多，为了充分发挥它们的作用，需要对其补强、密封和扩大，以便实现与外电路可靠的电气连接，并使其获得有效的机械、绝缘等方面的保护，避免因外力或环境因素而被破坏。"封装"的概念正是在此基础上出现的。

集成电路芯片封装是指利用膜技术及微细加工技术，将芯片及其他要素在框架或基板上布置、黏结固定及连接，引出接线端子并通过可塑性绝缘介质灌封固定，构成整体立体结构的工艺，此概念称为狭义的"封装"。

广义的"封装"是指封装工程，即将封装体与基板连接固定，装配成完整的系统或电子设备，并确保整个系统综合性能的工程。

将基板技术、芯片封装体、分立器件等全部要素，按电子设备整机要求进行连接和装配，实现电子的或者物理的功能，使之转变为适用于整机或系统的形式，成为整机装置或设备的工程称为封装工程。图 1-2 为芯片封装结构图。

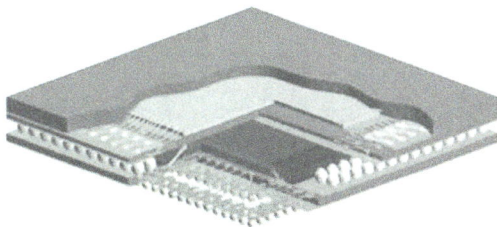

图 1-2　芯片封装结构图

封装的目的在于保护芯片不受或少受外界环境的影响，并为之提供一个良好的工作环境，以使集成电路具有稳定、正常的功能。封装为芯片提供了一种保护，人们平时所看到的电子设备如计算机、家用电器、通信设备等中的集成电路芯片都是封装好的，没有封装的集成电路芯片一般是不能直接使用的。

2. 封装的分级

封装包括两个主要层级，一个是 IC 封装，也称为元器件封装；另一个是系统级封装。元器件封装包括连接、供电、冷却和对 IC 本身的保护，起到了芯片载体的作用。元器件封装并不意味着一个特定系统的完成，因为一个系统往往是由很多有源和无源器件组成的。系统级封装需要连接所有的器件，并将这些器件安装在系统级的印制电路板 (Printed Circuit Board, PCB) 上。系统级的印制电路板也称作主板，其上不仅载有器件，同时也提供器件之间的连接，从而使整个系统成为具有特定功能的产品。

一般来说，集成电路器件的封装和互连可以分为 4 个等级，分别为零级封装 (晶片级的连接)、一级封装 (单晶片或多个晶片组件或元器件的封装)、二级封装 (印制电路板级的封装) 和三级封装 (整机的组装)，如图 1-3 所示。通常把零级和一级封装称为电子封装 (技术)，而把二级和三级封装称为电子组装 (技术)。随着导线和导电带与晶片间键合焊接技术的大量应用，一级封装和二级封装之间的界限已变得模糊。

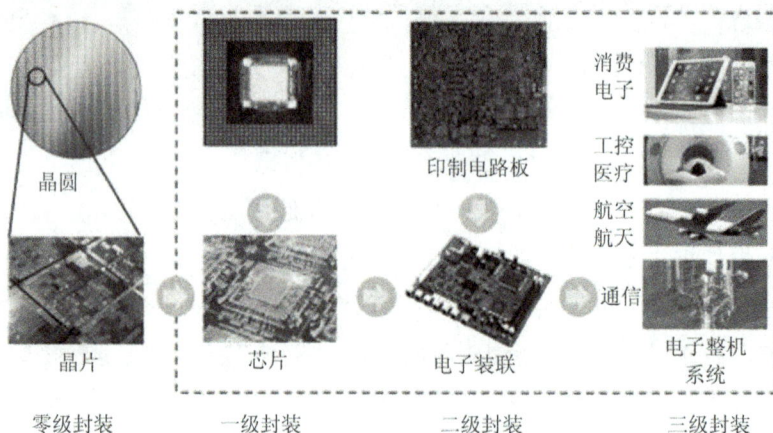

晶圆

晶片　　　　芯片　　　　电子装联　　　　电子整机系统

印制电路板

消费电子　工控医疗　航空航天　通信

零级封装　　　一级封装　　　二级封装　　　三级封装

图 1-3　封装的分级

1) 零级封装

零级封装就是芯片内部连接的过程，通常称为半导体制造，即利用微细加工技术将各单元器件按一定的规律制作在一块微小的半导体片上，进而形成半导体芯片的过程，也称为集成电路制造。

2) 一级封装

一级封装就是集成电路元器件的封装，通常所说的封装指的就是一级封装，也称作半导体制造后工程。一级封装不但要提供芯片保护，而且要在一定的成本上满足不断增加的相关性能、可靠性、散热、功率分配等功能要求。封装的设计和制造对系统应用正变得越来越重要，封装的设计和制造一开始就需要从系统入手以获得最佳的性能价格比。随着工业和消费类电子产品市场对电子设备小型化、高性能、高可靠性、安全性和电磁兼容性不断提出新的要求，元器件进一步向小型化、多层化、多引脚、大容量、耐高压、轻重量和高性能方向发展。

3) 二级封装

二级封装就是将元器件安装在 PCB 上的过程，即通常所说的组装。组装技术主要包括通孔插装技术 (Through Hole Technology，THT) 和表面贴装技术 (Surface Mounted Technology，SMT)。从组装工艺技术的角度分析，THT 和 SMT 的根本区别是"插"和"贴"。此外，二者的差别还体现在基板、元器件、组件形态、焊点形态和组装工艺方法等方面。

THT 是指通过引脚或接触点直接插入电路板孔洞中进行固定元器件的一种插装技术。采用该插装技术制作的元器件的封装形式包括双列直插式封装 (DIP)、陶瓷封装 (CDIP) 等，其特点是引脚从封装两侧或底部引出，通过焊接固定在电路板上。插装型元器件如图 1-4 所示。

采用 SMT 时，表面组装元件 / 器件 (SMC/SMD) 无长引线，但是有焊接端子 (外电极或短引线)，在 PCB 或其他电路基板上设计了相应于元器件焊接端子的平面图形 (焊盘图形)。SMT 是利用黏结剂或焊膏的黏性将 SMC/SMD 的焊接端子对准基板上的焊盘图形，把 SMC/SMD 贴到电路基板的表面上，通过回流焊等焊接方法进行焊接，使元器件端子和电路焊盘之间建立牢固可靠的机械与电气连接，元器件主体和焊点分布在基板同侧。贴装型元器件如图 1-5 所示。

图 1-4 插装型元器件　　　　　　图 1-5 贴装型元器件

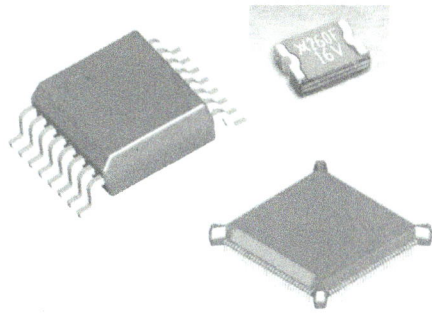

之所以出现"插"和"贴"这两种截然不同的电路模块组装技术，是由于采用了外形结构和引脚形式完全不同的两种类型的电子元器件。因此，可以说电路组装技术的发展主要受元器件类型影响。PCB 级电路模块或陶瓷基板组件的功能主要来源电子元器件和互连导体组成的电路，而组装方式的变革使得 PCB 级电路模块或陶瓷基板组件的功能和性能的大幅度提高、体积大幅度减小成为可能。

SMT 具有以下优点：

(1) 组装密度高，电子产品体积小、重量轻，贴装型元器件的体积和质量只有传统插装型元器件的 1/10 左右。一般采用 SMT 之后，电子产品体积可缩小 40%～60%，重量可减轻 60%～80%。

(2) 可靠性高，抗振能力强。

(3) 焊点缺陷率低。

(4) 高频特性好。

(5) 抗电磁和射频干扰能力强。

(6) 易于实现自动化，提高生产效率，可降低 30%～50% 的成本。

4) 三级封装

三级封装就是将组装好的板卡合成为一个整机系统的过程，即获得最终到达用户手中可以使用的产品。

1.1.2　封装的技术领域

封装工程与技术几乎覆盖了所有的科学技术领域，除了信息技术、工业技术，它还涉及物理学、化学、电子工程、计算机工程、机械工程、材料科学与工程、化学工程、加工制造工程、商学、经济学以及管理学，甚至包括环境工程学。

封装主要包含 3 个方面的技术，即电学、材料科学与工程和机械方面的技术。

电学方面的问题涉及晶体管之间的信号传输，也涉及各个晶体管和各个元器件之间的电力分配。电阻、电容、电感是引起信号延迟和失真的主要参数。信号衰减是由线路电阻引起的，线路电阻会引起电压的降低，从而增加传输的时间。千万个晶体管同步开关所引起的电路电流的骤然变化会造成开关噪声。信号分配除了可能引起信号失真、反射和变形，也会引起线路互相干扰。

材料科学与工程方面的问题涉及信号与电力分配所用的材料。例如，在电力分配时要求材料具有高电导率，器件的散热需要应用高导热材料，降低传输噪声需要低电感和高电容的电力分配线路。先进的计算机要求高速度的信号传输，从而需要采用具有最低介电系数的电解质。值得强调的是，黏结剂和密封材料在封装工艺中起到非常重要的作用，是保证器件通过环境测试的关键。

机械方面的问题主要是热机械应力的产生与消除。热机械应力主要是由于各种不同材料在界面处的热膨胀系数 (Coefficient of Thermal Expansion，CTE) 的不匹配而产生的。由于不同封装等级之间的电力分布不同以及在制造过程中使用的材料性质不同，因此必然会在界面中引起热机械应力。这个应力不单单产生于 IC 及系统级封装过程中，也会因气候因素在产品的运输和存储过程中产生，产品在使用过程中也会产生应力。因此，有效的散热、IC 器件和系统级封装的冷却是解决热机械应力的关键。封装结构的稳定性是另一个机械问题。在制造过程中，良好的芯片焊接界面以及良好的 PCB 焊接界面是保证器件结构稳定性的关键。

在提升微电子产品功能与层次的过程中，开发新型封装技术的重要性不亚于集成电路芯片设计与工艺技术。世界各国的电子工业都在全力研究开发新型封装技术，以期达到在该领域的技术领先地位。

1.1.3　封装的功能

为了保持电子仪器设备和家用电器使用的可靠性和耐久性，要求集成电路模块的内部芯片尽量避免和外部环境空气接触，以减少空气中的水汽、杂质和各种化学物质对芯片的污染与腐蚀。根据这一设想，要求集成电路封装结构具有一定的机械强度，良好的电气性能、散热性能以及化学稳定性。因此，封装的功能主要体现在以下 4 个方面。

1. 提供机械支撑和环境保护

硅芯片的脆性大、耐受力差，通过封装可以防止外力对芯片的损害，还可以使芯片的 CTE 与框架或基板相匹配，这样就能缓解由于外部环境变化而产生的应力以及芯片在工作时发热而产生的应力。

另外，芯片的有源器件主要集中在硅表面几微米厚度的区域。有源器件通过芯片的走线 (铝或铜及其绝缘层) 连接起来，如图 1-6 所示，这些区域很容易受到周边环境中的水汽或化学物质的侵蚀。因此，为了避免芯片受到物理机械损伤或外界化学物质的侵蚀，应尽可能地维持或不损伤芯片、电子元器件、功能部件的性能，这是封装的首要目的。

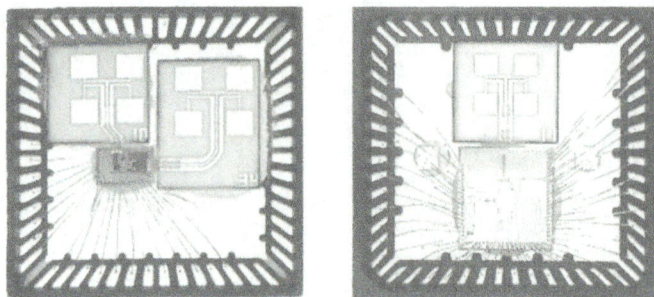

图 1-6　芯片内部互连 (零级封装)

2. 传递电信号

封装是实现芯片与其外围元器件之间电气连接的重要手段。目前，芯片中金属氧化物半导体(Metal Oxide Semiconductor，MOS)场效应管的典型沟道尺寸已经达到 7 nm 以下，芯片的焊点尺寸达到 10^{-3} 数量级，芯片封装外部引脚尺寸达到毫米数量级，而印制电路板的线宽也已达到毫米量级，它们之间的电信号传输、芯片电源驱动，都是通过封装和组装中的互连技术实现的。在这里，封装对电路起到由小到大、由难到易、由复杂到简单的变换作用，从而降低了材料费用和加工费用，提高了工作效率和可靠性。

随着芯片的功耗增加和电路高速化，业界对信号输入/输出波形完整性、稳定的电源火线和地线系统以及降低电磁干扰的需求与日俱增。对于电源端口，降低电源地线上的电感、直流电阻以及寄生电容尤为重要；对于信号布线，则力求增加 I/O 端口数目、减少布线长度、实现阻抗匹配和削减电感、电容、电阻的离散。

3. 传递电能

传递电能主要是指电源电压的分配和导通。封装首先要能接通电源，使芯片与电路导通。其次，集成电路封装的不同部位所需的电压有所不同，要能将不同部位的电压分配恰当，以减少电压的不必要损耗，这在多层布线基板上尤为重要。同时，还要考虑接地线的分配问题。

4. 提供散热通路

半导体芯片工作时会产生热量，因此封装可以提供散热通路。随着芯片的时钟频率提高、功能增加，在单位面积上的电力消耗也相应增加，这对 IC 的散热也提出了更高要求，冷却散热功能成为应当强化的技术。当芯片的功耗在 2～3 W 以上时，应在封装上安装散热片或者散热器；若芯片的功耗在 5～10 W 以上，则必须强制冷却。

★ 课程思政

长电科技——自主创新突破"卡脖子"困境的封装之路

2015 年前，我国半导体封装技术长期受制于海外，90% 的高端封测设备依赖进口。美国对华为的芯片禁令暴露出产业链短板，封装作为关键环节，其技术自主可控迫在眉睫。彼时长电科技虽位列国内封测龙头，但先进封装技术仍落后国际巨头两代以上。

2015 年，在国家集成电路产业基金支持下，长电科技以 7.8 亿美元跨境并购新加坡星科金朋。这一战略决策使长电科技获得了 Fan-Out(扇出型封装)、TSV(硅通孔) 等核心技术。并购后，研发团队日夜攻关，将 3D 封装的良品率从 75% 提升至 99.6%，突破了"热应力分层"的技术瓶颈。

长电科技的工程师在并购整合期间放弃外企高薪，坚守国产化攻坚，诠释了"科技报国"的使命。长电科技通过"引进—消化—再创新"路径，证明了中国智慧能攻克高端技术壁垒。其封装车间"微米级焊接精度"标准体现出大国工匠追求极致的职业态度。

⚙ 任务实施

首先需要完成与集成电路封装相关的资料收集任务，并将收集的资料作为调研报告的编制依据；再结合封装产业市场的实际情况，编制封装产品市场调研报告。实施具体任务时，可以参照表 1-3 所示的步骤。

表 1-3　任 务 实 施 单

项目名称	封装产业调研		
任务名称	封装产品市场调研	建议学时	2
计划方式	分组讨论		
序　号	实 施 步 骤		
1	明确调研目标与范围： 分析全球及区域集成电路封装市场现状、技术趋势、竞争格局及未来增长点		
2	数据收集与分类： (1) 查阅权威报告和企业信息，包括台积电 (TSMC)、日月光 (ASE)、英特尔 (Intel) 等头部厂商的财报与技术白皮书，以及学术与专利。 (2) 查阅各级封装市场规模 (2020—2025 年 CAGR)、主流技术 (如 SMT、THT) 的市场份额与应用场景、材料市场 (基板材料、密封胶、散热材料) 的供应链分析		
3	技术趋势分析： (1) 分析 3D 封装、系统级封装 (SiP)、扇出型封装 (Fan-Out) 等先进封装技术。 (2) 调研低介电常数材料、高导热金属基板 (如铜合金)、环保材料 (无铅焊料、生物基环氧树脂) 的合规性需求		
4	报告撰写与结论建议： (1) 报告主要包括引言、市场概况、技术分析、应用场景、竞争分析、趋势展望等内容。 (2) 企业应聚焦先进封装研发 (如 SiP/3D 封装)、关注供应链本土化与环保法规合规性等内容		

在任务实施的过程中，重要的工作内容可以参照表 1-4 进行编制。

表 1-4　"封装产品市场调研报告"示例

项目名称	封装产业调研			
任务名称	封装产品市场调研			
封装的定义				
封装的层次				
封装的市场				
封装的技术领域				
封装产品	厂　家	型　号	封装类型	主 要 功 能
（表格可添加）				

任务习题

1. 封装工程与技术主要涉及的科学技术领域不包括 (　　)。

A. 信息技术　　　　　　　　　B. 工业技术

C. 物理学　　　　　　　　　　D. 生物技术

2. 在封装分级中，通常被称为电子封装技术的是 (　　)。

A. 零级封装 　　　　　　　　B. 一级封装

C. 二级封装 　　　　　　　　D. 三级封装

3. 表面贴装技术 (SMT) 相比通孔插装技术 (THT) 的主要优势不包括 (　　)。

A. 组装密度高 　　　　　　　B. 可靠性高

C. 焊点缺陷率低 　　　　　　D. 成本更高

4. 封装的主要功能不包括 (　　)。

A. 提供机械支撑和环境保护 　B. 传递电信号

C. 提供电能转换 　　　　　　D. 提供散热通路

5. 封装的目的不包括 (　　)。

A. 保护芯片免受外界环境影响 　B. 提供良好的工作环境

C. 直接与外部环境接触 　　　　D. 使集成电路具有稳定、正常的功能

1.2　任务二　封装的历史及现状

任务目标

1. 了解封装的发展历史及各个阶段的典型封装技术。
2. 了解封装的发展趋势。
3. 了解国内外封测产业现状。
4. 完成集成电路封装市场调研报告。

任务准备

本任务先熟悉封装的分类及发展历史，并通过查询资料进一步了解封装产业的现状、国内产业发展的机遇及挑战，完成封装产业发展历史及现状的调研。任务单如表 1-5 所示。

表 1-5　任　务　单

项目名称	封装产业调研
任务名称	封装的历史及现状
任 务 要 求	
1. 任务准备。 (1) 分组讨论，每组 3～5 人。 (2) 自行收集所需资料。 2. 完成封装产业情况的资料收集与整理。 3. 提交封装产业发展历史及现状的调研报告	
任 务 准 备	
1. 知识准备。 (1) 封装的发展历史。 (2) 封装的分类。 (3) 封装的现状。 2. 设备支持。 在该任务实施过程中需要准备的工具包括： (1) 仪表：无。 (2) 工具：计算机、书籍资料、网络	

自主学习资讯及对应的国家职业技能标准如表 1-6 所示。

表 1-6　自主学习资讯及对应的国家职业技能标准

自主学习资讯	国家职业技能标准
常见封装的类型	《集成电路封装与测试职业技能等级标准》
主要封装的用途及发展历史	《集成电路封装与测试职业技能等级标准》 《国家职业技能标准——半导体分立器件和集成电路装调工》(6-25-02-06)
封测的发展趋势	《中华人民共和国职业分类大典》（电子元器件工程技术人员）

任务资讯

1.2.1　封装产业发展历史

自 1958 年世界上第一块半导体 IC 问世以来，在 60 多年时间里，微电子技术的核心代表——IC 技术已经历了 5 个时代，即小规模、中规模、大规模、超大规模和甚大规模等时代的发展。但是，芯片并不是一个独立的工作体，为了完成电路功能，它必须与其他芯片、外围电路相连接；由于集成度的迅速提高，一个芯片可以有几百条 I/O 端口，信号传输的延时及信号的完整性成为十分突出的问题；随着集成度的提高，单位芯片尺寸产生的热量也急剧增大，如何及时有效地散热，保证芯片电路能在允许温度以下正常工作，就成为一个十分重要的问题；此外，为了保证芯片电路能在恶劣环境（水汽、化学介质、辐射、振动等）下工作，也需要对芯片电路进行特殊保护。由此可见，要充分发挥芯片的性能，必须解决上述几方面的问题，对芯片进行封装是必不可少的。但是，如前所述，必须清楚地认识到对芯片所进行的封装与互连绝不会增加信号强度，也不会改进芯片的性能，而只会限制其性能的发挥。因此，集成电路封装必须能够赶上芯片发展的步伐，把封装对芯片性能的影响降到最低。

集成电路封装技术是伴随着芯片的进步而发展起来的。一代芯片需要相应的一代封装技术，封装技术的发展史就是芯片性能不断提高、系统不断小型化的历史。以半导体封装为例，其大致可分为 4 个发展阶段，每个阶段都有其典型的封装形式。

(1) 从 20 世纪 50 年代晶体管封装开始追溯到 1947 年世界上发明的第一只半导体晶体管为止的以 TO 封装为主的时代。半导体晶体管以 3 根引线的 TO(Transistor Outline，晶体管外形) 封装为主，工艺主要是金属玻璃封装工艺。随着晶体管的日益广泛应用，晶体管取代了电子管的地位，工艺技术也日臻完善。随着电子系统的大型化、高速化、高可靠要求的提高（如电子计算机），必然要求电子元器件小型化、集成化。这时的科学家们一方面不断地将晶体管越做越小，电路间的连线也相应缩短；另一方面，电子设备系统中众多的接点严重影响了整机的可靠性，使科学家们想到将大量的无源器件和连线采用同时制备的方法制成所谓的二维电路方式，这就是后来形成的薄膜或厚膜集成电路，再装上有源器件的晶体管，就形成了混合集成电路 (Hybrid Integrated Circuit，HIC)。

(2) 20 世纪 70 年代的通孔插装技术时代。此时，封装的元器件可由人工用手插入 PCB 的通孔中。在此阶段，集成电路由集成 100 个以下的晶体管或门电路的小规模集成电路 (Small Scale Integration，SSI) 迅速发展成集成数百至上千个晶体管或门电路的中等规模集成电路 (Medium Scale Integration，MSI)，相应的 I/O 端口也由数个发展到数十个，因此，要求封装引线越来越多。20 世纪 60 年代人们开发出了双列直插式封装 (DIP)，这种封装结构很好地解决了陶瓷与金属引线的连接问题，其热性能、电性能俱佳。DIP 一出现就赢得了 IC 厂家的青睐，很快得到了推广应用。DIP 有 4～64 个引脚，其系列产品很快应运而生，成为 20 世纪 70 年代中小规模 IC 电子封装系列的主导产品。封装材料前期主要是陶瓷，为了降低成本，后期推出了塑封技术，其不足之处是信号频率较低，组装密度难以提高，不能满足高效率自动化生产的要求。典型的通孔插装型封装除 DIP 以外，还有 SIP、ZIP、PGA 封装等，如表 1-7 和图 1-7 所示。

表 1-7 典型的通孔插装型封装

类型	名　　　称			特　征	
	缩　写	英文名称	中文名称	材质	针脚或引脚间距
通孔插装型 (THT)	DIP	Dual In-line Package	双列直插式封装	P/C	2.54 mm
	SIP	Single In-line Package	单列直插式封装	P	2.54 mm
	ZIP	Zigzag In-line Package	Z 型直插式封装	P	2.54 mm
	S-DIP	Shrink DIP	紧缩式双列直插式封装	P	1.778 mm
	SK-DIP	Skinny Dual In-line Package	薄型双列直插式封装	P/C	2.54 mm
	PGA 封装	Pin Grid Array Package	针栅阵列封装	C	2.54 mm

注：P 代表塑料，C 代表陶瓷。

DIP

ZIP   PGA 封装

图 1-7 几种典型的通孔插装型封装

(3) 20 世纪 80 年代开始的表面贴装技术时代。芯片以 VLSI(Very Large Scale Integration, 超大规模集成电路) 为代表，SMT 时代的代表是小外形封装 (SOP) 和方型扁平式封装 (QFP)，可以在 PCB 的两面进行组装，大大提高了引脚数和组装密度，是封装技术的一次革命。当时的贴装技术由日本主导，周边引脚的间距为 1.0 mm、0.8 mm、0.65 mm、0.5 mm、0.4 mm。SMT 技术具有引线短、引线细、间距小、封装密度高、电性能好、体积小、重量轻、厚度小、易于自动化生产等优点，但是在封装密度、I/O 端口数目以及电路工作频率方面，难以满足高性能的 ASIC(专用集成电路)、微处理器芯片发展的需要。与此同时，各类表面组装元件 / 器件 (SMC/SMD) 电子封装也如雨后春笋般出现，如陶瓷无引脚芯片载体 (Leadless Ceramic Chip Carrier，LCCC)、带引线的塑料芯片载体 (PLCC) 和方型扁平式封装等，并于 20 世纪 80 年代初达到标准化，形成批量生产。由于环氧树脂材料的性能不断提高，使封装密度高、引线间距小、成本低，适于大规模生产并适合用于 SMT，从而使塑封方型扁平式封装 (Plastic Quad Flat Package，PQFP) 迅速成为 20 世纪 80 年代电子封装的主导产品，I/O 端口也高达 208～240 个。用于 SMT 的中、小规模 IC 的封装 I/O 端口数较小的 LSI(Large Scale Integration，大规模集成电路) 芯片采用了由荷兰菲利浦公司 20 世纪 70 年代研制开发的小外形封装 (SOP)，可以看作是 DIP 为了适应表面贴装而演变来的。典型的表面贴装型封装如表 1-8 和图 1-8 所示。

表 1-8　典型的表面贴装型封装

类型	名　　称			特　　征	
	缩　写	英文名称	中文名称	材质	针脚或引脚间距
表面贴装型 (SMT)	QFP	Quad Flat Package	方型扁平式封装	P	1.0 mm 0.8 mm 0.65 mm
	FPG	Flat Package of Glass	玻璃扁平封装	C	1.27 mm 0.762 mm
	LCC	Leadless Chip Carrier	无引线芯片载体	C	1.27 mm 1.016 mm 0.762 mm
	PLCC	Plastic Leaded Chip Carrier	带引线的塑料芯片载体	P	1.27 mm J 型弯曲
	SOP	Small Outline Package	小外形封装	P	1.27 mm J 型弯曲
	SOJ	Small J-lead Package	J 型引脚封装	P	1.27 mm J 型弯曲

注：P 代表塑料，C 代表陶瓷。

QFP　　　　　PLCC　　　　　SOP　　　　　SOJ

图 1-8　几种典型的表面贴装型封装

(4) 20 世纪 90 年代的球栅阵列 (BGA) 封装和针栅阵列 (PGA) 封装。目前实现了芯片尺寸封装 (CSP)。BGA 封装的焊锡球作为连接点被排列在封装体的下表面，从而极大地提高了表面安装封装的 I/O 端口数量。现代的小型手提电子产品要求更小、更薄和更轻的产品封装，因而就出现了 CSP，又称为 μBGA，其封装体的尺寸与芯片的尺寸相近。BGA 封装的引脚间距有 1.5 mm 和 1.27 mm 两种。引脚间距的扩大降低了失效率并提高了生产效率，BGA 封装的安装密度达到 40～60 个引脚 / cm。BGA 封装和 CSP 具有电性能优良、散热快、I/O 数目多等特点，是目前芯片封装的主流。

20 世纪 90 年代以来，专用的 IC 模块迅速向 MCM(多芯片组件) 发展，即把多块裸芯片组装在一块高密度多层布线的基板上，并封装在同一外壳中。MCM 被认为是当代电子封装的一次革命，发展势头良好，已形成 MCM-L、MCM-C、MCM-D、MCM-D/C 等多种形式。先进封装类型如表 1-9 所示。各种封装的发展时间如表 1-10 所示。

表 1-9 先进封装类型

类型	名　称			外　观
	缩　写	英文名称	中文名称	
先进封装类型	BGA 封装	Ball Grid Array Package	球栅阵列封装	
	CSP	Chip Scale Package	芯片尺寸封装	
	MCM	Multi Chip Module	多芯片组件	
	3D 封装	Three Dimensional Package	三维封装	
	WLP	Wafer Level Package	晶圆级封装	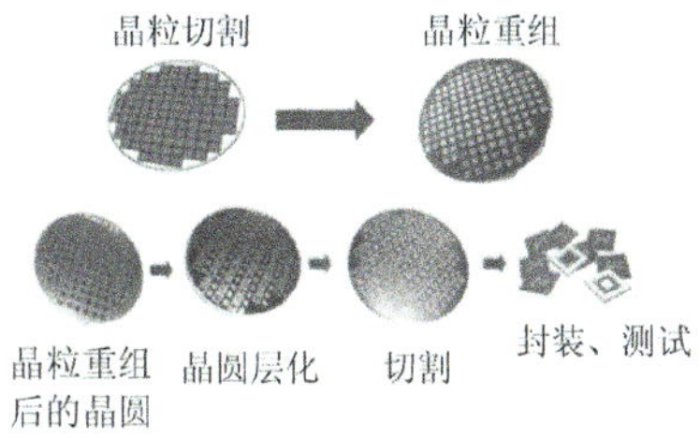

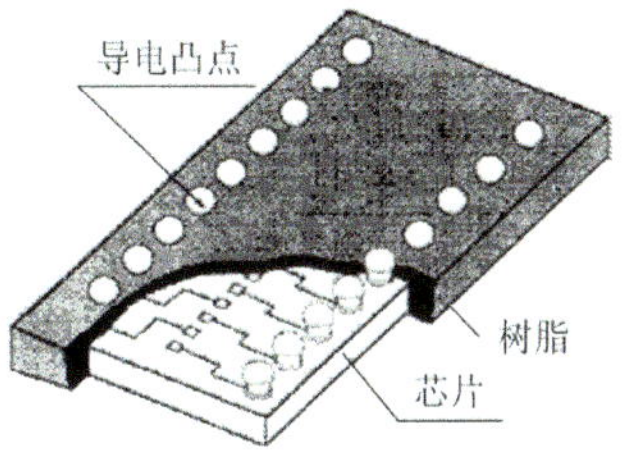

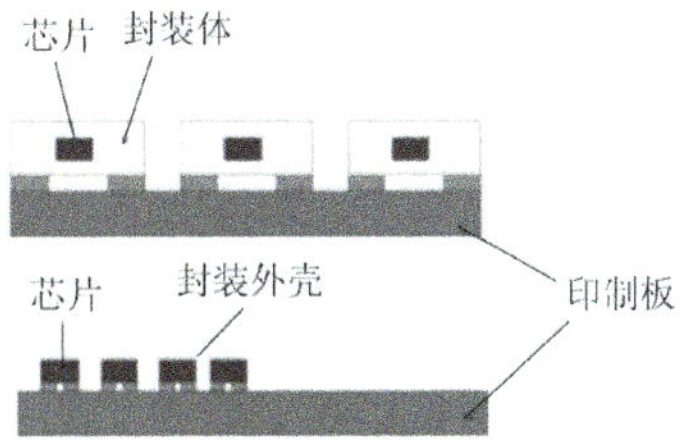

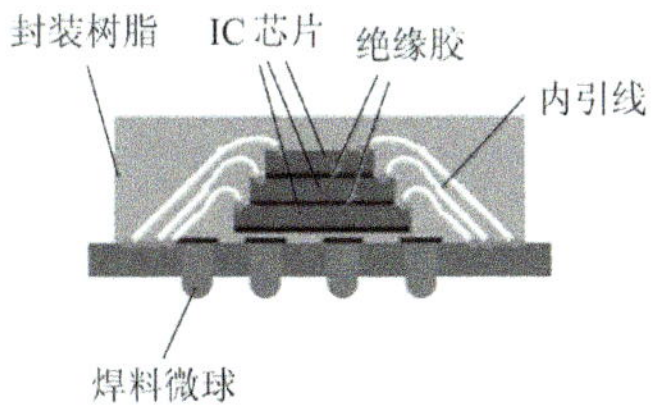

表 1-10 各种封装的发展时间

封 装 类 型	盛 行 时 期
DIP	20 世纪 80 年代以前
SOP	20 世纪 80 年代
QFP	1995—1997 年
TAB(Tape Automated Bonding，载带自动焊)	1995—1997 年
COB(Chip On Board，板上芯片)	1996—1998 年
CSP	1998—2000 年
FC(Flip Chip，倒装芯片)	1999—2001 年
MCM，SiP(System in Package，系统级封装)	2000 年至今
WLC，TSV(Through Silicon Via，硅通孔)	2000 年至今

1.2.2　封装产业发展趋势

从封装的发展历史可以看出，其发展趋势是：引脚越来越多、越来越密，从简单的几个引脚到双列直插，到表面两边贴装、四边贴装、BGA，再到CSP，如图1-9所示。

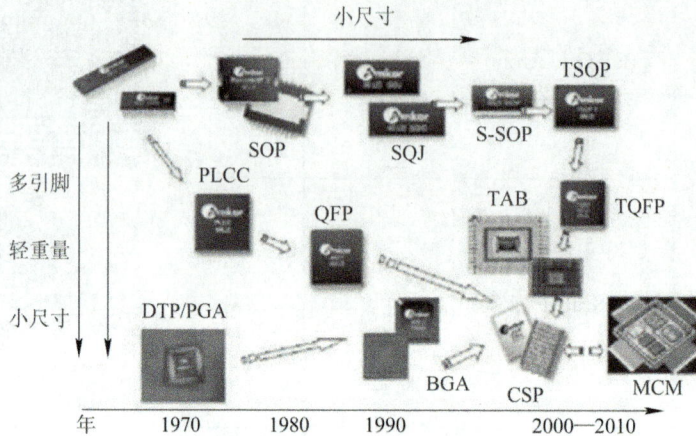

图1-9　封装发展时间图

综合起来，集成电路的发展主要表现在以下几个方面：

(1) 芯片尺寸越来越大。芯片尺寸的增大有利于提高集成度，增加片上功能，最终实现芯片系统，大大简化电子机器的结构，降低成本，但对封装技术提出了更高要求，不利于低成本、微型化。

(2) 工作频率越来越高。IC的集成度平均每一年半翻一番，现已实现在一个芯片上集成数十亿个半导体元器件的超大规模集成电路。为了适应高速化发展，必须解决许多封装上的难题，尽量减少封装对信号延迟的影响，提高整机的性能。

(3) 发热量日趋增大。高速化和高集成化必然导致设备功耗日益增大。虽然降低电源电压可以减小功耗，但作用有限，且技术难度很大，必须从封装进行突破，既要有利于散热并满足长期可靠性，又不致扩大封装尺寸、增加重量、提高成本，这是难度很大而又必须解决的课题。

(4) 引脚越来越多。在今后的十年里，高性能的IC引脚可能增加到4000个，封装如此之多的引脚的确是个大难题。

随着集成电路产业的高速发展，芯片上集成的功能日益增多，更有甚者会把整个系统的功能都集成在一块芯片上。同时，为了轻便或者便于携带，系统被要求做得很小。小型化是促进消费类产品、手机及计算机等产品发展最强有力的动力。当前有一半以上的电子系统是便于携带的。集成电路的发展，对电子元器件的封装技术也提出了越来越高的要求。

1.2.3　国内封测业发展现状

目前，我国封测业整体呈稳步增长态势。最初的集成电路封测业，在集成电路产业链中的技术和资金门槛相对较低，属于产业链中的"劳动密集型"。由于我国发展集成电路封装业具有成本和市场地域优势，封测业相对发展较早。在优惠政策鼓励和政府资金支持下，外资企业在我国设厂，海外归国留学人员纷纷回国创办企业，各种资本大量投资集成电路企业，使得我国集成电路设计业、晶圆制造业也取得了长足的发展。

目前我国已形成集成电路设计、晶圆制造和封装测试三业并举的发展格局，封测业的技术含量越来越高，在集成电路产品的成本中占比也日益增加。我国的封测业一直占据我国集成电路产业市场的半壁江山。近几年，国内集成电路设计业和晶圆制造业增速明显加快，封测业增速相对缓慢，但封测业整体规模处于稳定增长阶段。据我国半导体行业协会 (CSIA) 统计，我国近几年封测业销售额增长趋势如图 1-10 所示。从图中可以看出，从 2017 年起，国内封测业销售额已超过 1500 亿元，2020 年销售额达 2300 亿元，2023 年销售额超 2900 亿元，主要受益于先进封装技术突破和国产替代加速。行业虽增速放缓，但整体规模持续扩大，业内领先企业扩产驱动增长。

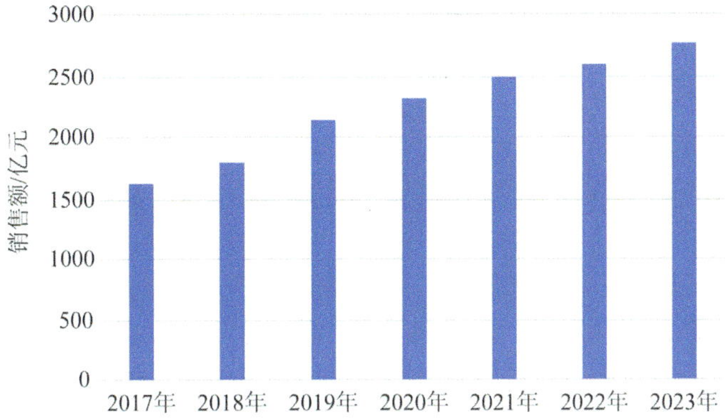

图 1-10　2017—2023 年国内封测业销售额增长趋势

图 1-11 给出了 2017—2023 年集成电路产业结构分布，从图中可以看出，封测业仍然是集成电路产业链中占比最大的环节，占集成电路产业比重的 30%～40%。我国未来集成电路产业将会不断优化产业结构，在保持封测业持续增长的情况下，集成电路设计业、晶圆制造业的占比增加，整个产业的销售"蛋糕"将加大。

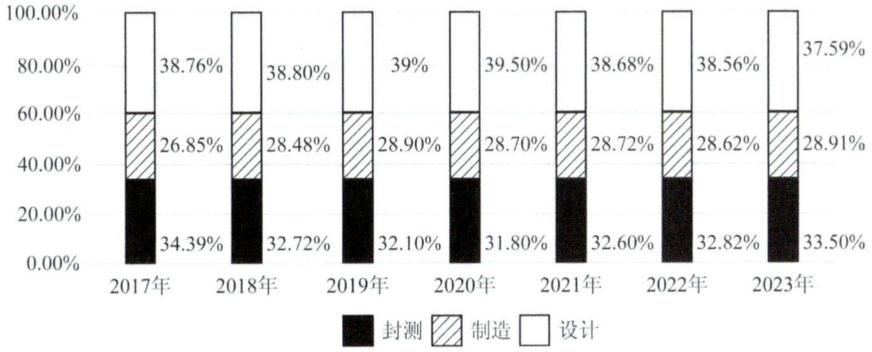

图 1-11　2017—2023 年集成电路产业结构分布

过去，国内企业的技术水平和产业规模落后于业内领先的外资、合资企业，但随着时间的推移，国内企业的技术水平发展迅速，产业规模得到进一步提升。业内领先的企业，如长电科技、通富微电、华天科技等三大国内企业的部分技术水平已经与海外同步，如铜制程技术 (用铜丝替代金丝，节约成本)、晶圆级封装等。在量产规模上，BGA 封装在三大国内封测企业都已经批量生产，WLP 也有亿元级别的订单，SiP 的订单量也在亿元级别。目前，国内三大封测企业凭借资金、客户服务和技术创新能力，已与业内领先的外资、合资企业一并位列我国封测业第一梯队；第二梯队则是具备一定技术创新能力、高速成长的中等规模的国内企业，该类企业专注于技术应用和工艺创新，主要优势在低成本和高性价比；第三梯队是技术和市场规模均较弱的小型企业，缺乏稳定的销售收入，但企业数量却最多。

1.2.4　国内封测业机遇与挑战

目前我国封测业正迎来前所未有的发展机遇。2022 年，前十大封测厂商全球市占率合计 77.99%，前三大封测厂商全球市占率合计 51.90%，行业集中度高。排名前十属于中国的公司市占率合计 60.43%。中国成为全球封测服务的主要提供方。同时，从 2020—2022 年的数据可以看出，全球前十大封测厂商在全球封测产业中的排名及市占率变化不大，地位已经得到巩固，封测行业的竞争格局基本稳定。随着半导体行业进入成熟期，市场竞争越发激烈，马太效应越发显著，导致近年行业并购频发，我国封测厂也通过并购迅速提升自身技术实力和规模。图 1-12 给出了 2022—2023 年全球营收排名前十的封测企业，其中日月光 (ASE)、安靠科技 (Amkor) 及长电科技 (JCET) 位列前三。根据 2024 年最新行业数据，全球前十大封测厂商营收合计超 330 亿美元，同比增长约 7%，其中日月光以 101 亿美元营收蝉联榜首，安靠科技位居第二位；中国大陆厂商长电科技、通富微电、华天科技分别位居第三至第五位，先进封装技术突破和国产替代加速成为主要驱动力。中国台湾企业占据前十榜单四席，中国大陆四家厂商合计市占率持续提升，行业集中度进一步加剧，前五大厂商营收占比达 Top10 总营收的 80%。

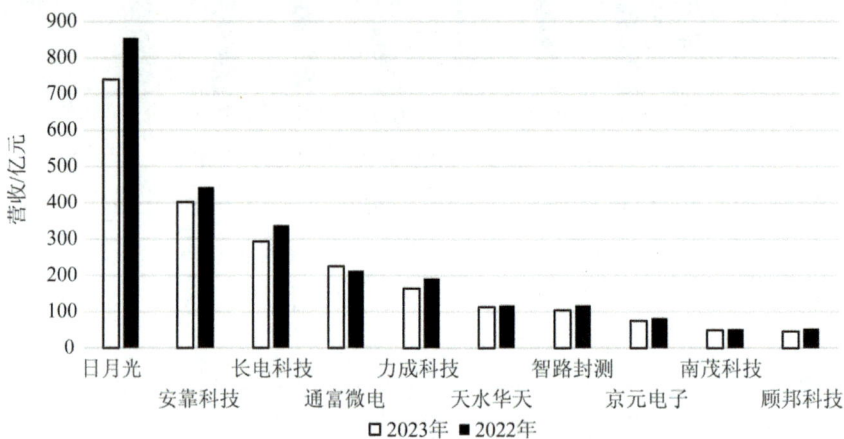

图 1-12　2022 年—2023 年全球营收排名前十封测企业

近年来国家出台了一系列有关政策文件，进一步加大了对集成电路产业的支持。国内新兴产业市场的拉动，也促进了集成电路产业的大发展。此外，由于全球经济恢复缓慢，加上人力成本等诸多因素，国际半导体大公司产业布局正面临大幅调整，封测企业的并购动作频繁发生，例如通富微电于 2025 年收购了京隆科技，长电科技于 2024 年收购了晟碟半导体，日月光集团于 2024 年收购了英飞凌位于菲律宾和韩国的两座后段封测厂等。国内封测企业通过并购和自身研发，迅速拉近与海外企业的差距，例如长电科技通过并购星科金朋拥有了 SIP、TSV、Fan-Out 等先进封装技术。目前，国内封装龙头的先进封装的产业化能力已经基本形成，只是在部分高密度集成等先进封装上与国际先进企业仍有一定差距。同时通过并购，我国封测企业快速获得了海外客户资源，实现了跨越式发展。

★　**课程思政**

中国半导体领域的杰出科学家——郝跃

郝跃院士是中国半导体领域的杰出科学家，以卓越的科研成就和无私的奉献精神，成为业界的楷模。

郝跃院士长期致力于半导体器件与集成电路的研究，特别是在第三代（宽禁带）半导体材料与器件方面取得了突破性的进展。面对国外技术的封锁和国内条件的限制，他带领团队迎难而上，自主研制成功了国内首台氮化物半导体外延生长设备，为打破国外垄断、实现国产化替代奠定了坚实基础。在科研过程中，郝跃院士始终保持着对科学的热爱和追求。他精耕细作，不断攻克技术难题，成功研制出了高性能的氮化镓电子材料，为我国的半导体产业发展注入了新的活力。同时，他还非常注重人才培养，倾注大量心血培养了一批优秀的科研骨干，为我国的半导体事业储备了宝贵的人才资源。郝跃院士以其高尚的品格和无私的奉献精神赢得了广泛的赞誉。

郝跃院士的先进事迹不仅体现在他的科研成就上，更体现在他的精神风貌上。他用自己的实际行动诠释了什么是真正的科学家精神，即勇于探索、敢于创新、甘于奉献。他为我国的科技进步和产业发展贡献出了自己的力量，他的事迹激励着无数科研工作者。

任务实施

首先需要完成与集成电路封装产业状况相关的资料收集任务，并将收集的资料作为调研报告的编制依据；再结合封装产业调研的实际需求，编制完成封装产业调研报告。实施具体任务时，可参照表 1-11 所示的步骤。

表 1-11 任务实施单

项目名称	封装产业调研		
任务名称	封装的历史及现状	建议学时	2
计划方式	分组讨论		
序号	实施步骤		
1	调研框架搭建： (1) 聚焦全球及中国封装技术发展历程、产业现状、竞争格局、技术趋势及挑战。 (2) 了解封装技术迭代 (DIP→QFP→BGA→CSP→3D/WLP)、先进封装 (MCM、SiP、Fan-Out)。 (3) 分析产业现状，如国内封测业规模、市场结构 (设计 / 制造 / 封测占比)、企业梯队划分。 (4) 竞争分析，如全球 Top10 封测厂商、国内企业并购案例、政策与机遇：国产替代加速、国家政策支持、新兴需求		
2	数据收集与整理： (1) 参考 CSIA(中国半导体行业协会) 数据、Yole 封装技术白皮书、长电科技、通富微电、华天科技年报及技术路线图、政策文件。 (2) 收集关键指标，包括封测业销售额 (2017—2023 年增速、结构占比)、全球封测厂商市占率、技术渗透率 (先进封装占比) 等数据		
3	技术趋势分析： (1) 分析封装技术演进，如 BGA/CSP→3D 封装 (TSV 技术)→晶圆级封装 (WLP)→系统级封装 (SiP)。 (2) 分析铜制程替代金丝、Fan-Out 封装量产、SIP 技术商业化应用等突破性应用		
4	竞争格局研究： (1) 全球 Top10 厂商的数据。 (2) 国内企业并购分析，如长电收购星科金朋 (获 TSV/Fan-Out 技术)、通富微电收购京隆科技 (强化存储封装) 等并购事件		
5	报告撰写与建议： (1) 结构框架，包括引言、4 个阶段及典型封装形式 (DIP→QFP→BGA→CSP)、国内产业现状和全球竞争格局 4 个方面内容。 (2) 趋势与建议。 (3) 战略建议		

在任务实施过程中，重要的工作内容可以参照表 1-12 进行编制。

表 1-12　"封装的历史及现状报告"示例

项目名称	封装产业调研			
任务名称	封装的历史及现状			
封装企业名称	国　家	产业规模	主要产品	产品应用场景

封装类型	出现时间	技术特征

序　号	封装的发展趋势
1	
2	
3	

序　号	封装产业国内外现状
1	
2	
3	
（表格可添加）	

任务习题

一、选择题

1. 下列不是 20 世纪 70 年代通孔插装时代的典型封装形式的是（　　）。

A. DIP
B. SIP
C. QFP
D. PGA

2. 表面贴装技术 (SMT) 相比通孔插装技术 (THT) 的主要优势不包括（　　）。

A. 组装密度高
B. 可靠性高
C. 焊点缺陷率低
D. 成本更高

3. CSP(芯片尺寸) 封装技术的特点不包括（　　）。

A. 封装体尺寸与芯片相近
B. 引脚数较少
C. 散热性能好
D. 电性能优良

4. 下列被认为是当代电子封装的一次革命的封装技术是（　　）。

A. DIP
B. QFP
C. BGA
D. MCM

5. 国内封测业销售额超过 1000 亿元是在（　　）。

A. 2008 年
B. 2010 年
C. 2012 年
D. 2015 年

二、简答题

1. 简述封装技术在电子设备中的作用。
2. 描述未来封装技术可能的发展方向。

项目二 AT89S51 芯片封装

职业能力目标

通过本项目的学习，应达成以下能力目标：

(1) 能够识别常见的芯片封装，并能够简略画出常见芯片封装的结构。

(2) 能够描述封装的工艺流程及工艺的主要作用。

(3) 能够操作常见的封装工艺设备。

(4) 能够对封装设备进行日常维护。

(5) 能够协同团队成员处理常见故障。

(6) 能够判别常见的不同工艺中的产品缺陷并能够分析原因，同时以创新的精神提出解决方案。

(7) 能够以严谨的科学态度和精益求精的工匠精神撰写相关报告。

(8) 能够使用精准的专业语言与专业人员进行交流。

项目引入

21 世纪以来，我国集成电路产业出现了蓬勃生机，进入了高速成长期，呈现出三大特点：一是生产规模不断扩大，2000 年至 2023 年，集成电路产量和销售收入年均增长速度超过 30%，成为同期全球最高；二是技术水平提高较快，芯片制造技术的特征尺寸从 0.5 μm 演进到了 5 nm；三是国有企业、民营企业、外资企业中的 IC 企业竞相发展，产业集中度不断提高，形成了长三角地区、环渤海地区、珠江三角洲地区和西部地区的四大板块格局。在集成电路产业中，封装测试业在国内 IC 产业中占有重要地位，2023 年占国内 IC 产业的 22%，在西部地区这一比重更高。

基于双列直插式封装 (DIP) 的 AT89S51 是一个低功耗、高性能的 CMOS 8 位单片机，片内含 4 KB 的可反复擦写 1000 次的 Flash 只读程序存储器，并且集成了通用 8 位中央处理器和 ISP Flash 存储单元。功能强大的微型计算机的 AT89S51 为许多嵌入式控制应用系统提供了高性价比的解决方案。

目前，AT89S51 芯片多采用 40 个引脚的双列直插式封装 (DIP)，如图 2-1 所示。此外，还有采用 44 个引脚的 PLCC 和 TQFP 封装方式。

图 2-1　AT89S51 引脚及封装

本项目以 AT89S51 芯片为载体，系统地介绍了芯片的塑料封装（简称塑封）工艺，读者通过完成不同的学习任务，以达到能力目标要求。

2.1　任务一　塑料封装类型比选

任务目标

1. 掌握双列直插式封装 (DIP)、方型扁平式封装 (QFP) 等常见的集成电路塑料封装的结构及特点。

2. 了解表面贴装元器件和插装元器件的特点及应用场合。

任务准备

本任务需要先熟悉常见的插装芯片与贴装芯片的结构及特点，并通过查询 AT89S51 的作用需求，进而进行合理的封装设计及选择。任务单如表 2-1 所示。

表 2-1　任　务　单

项目名称	AT89S51 芯片封装
任务名称	塑料封装类型比选
任　务　要　求	

1. 任务准备。
(1) 分组讨论，每组 3～5 人。
(2) 自行收集所需资料。
2. 完成芯片封装类型的资料收集与整理。
3. 提交 AT89S51 芯片封装类型比选方案

续表

任 务 准 备
1. 知识准备。
(1) DIP、QFP 等常见的集成电路封装的结构及特点。
(2) 表面贴装器件和插装器件的特点及应用场合。
2. 设备支持。
在该任务实施过程中需要准备的工具包括:
(1) 仪表:无。
(2) 工具:计算机、书籍资料、网络

自主学习资讯及对应的国家职业技能标准如表 2-2 所示。

表 2-2 自主学习资讯及对应的国家职业技能标准

自主学习资讯	国家职业技能标准
1. 插装型元器件封装的概念及特点: (1) TO 封装的主要特点及应用。 (2) SIP 及 DIP 的主要特点及应用。 (3) PGA 封装的主要特点及应用。 2. 贴装型元器件封装的概念及特点: (1) SOP 的主要特点及应用。 (2) 无引脚封装的主要特点及应用。 (3) QFP 的主要特点及应用。 (4) AT89S51 的主要功能及封装的选择	《国家职业技能标准——集成电路工程技术人员》 (2-02-09-06):封装设计基础知识

⚙ 任务资讯

2.1.1 插装型元器件封装

插装型元器件封装指安装过程中,采用插入型元器件引脚时,一般需要焊接与基板连接的封装形式,如图 2-2 所示。

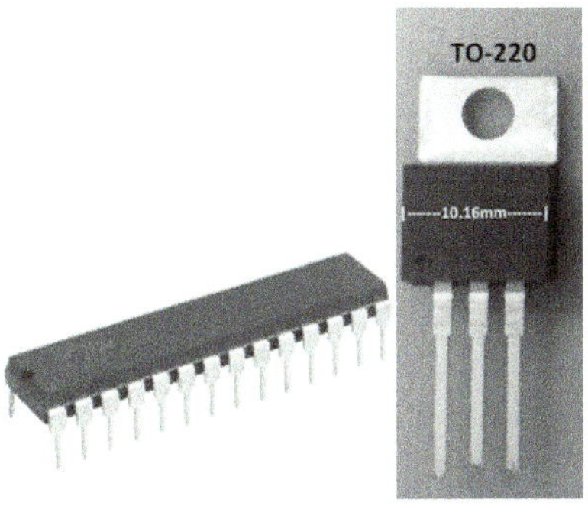

图 2-2 插装型元器件封装

尽管近年来插装型元器件的封装,特别是塑料型双列直插式封装 (PDIP) 在所有封装的占比不到 10%,但插装型元器件与贴装型元器件在同一块基板上仍然要使用相当长的时间。而且,近几年 PDIP 的减少速度正在变慢,在各类大量民用产品中,插装型元器件仍具有强大的生命力。

按外形结构分类,插装型元器件封装有 TO 封装、单列直插式封装 (SIP)、双列直插式封装 (DIP) 和针栅阵列 (PGA) 封装等。这些封装的外形不断缩小,又形成各种小外形封装。

按材料分类，插装型元器件封装有金属封装、陶瓷封装和塑料封装等。金属封装和陶瓷封装一般为气密性封装，多用于军品和可靠性要求高的电子产品中；而塑料封装由于属非气密性封装，适用于工艺简单、成本低廉的大批量生产，多用于各种民用电子产品中。各类插装元器件封装的引脚节距多为 2.54 mm，DIP 已形成 4～64 个引脚的系列化产品。PGA 封装能适应 LSI 芯片封装的要求，I/O 数可达数百个。

1. TO 封装

TO 封装的外形结构如图 2-3 所示。插装型三极管的封装通常为 TO 封装。下面介绍两种常见的 TO 型封装技术。

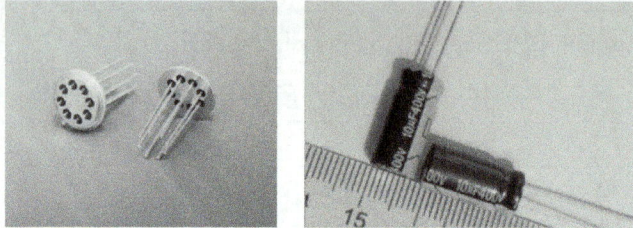

图 2-3 TO 封装的外形结构

1) TO 型金属封装技术

TO 型金属封装是使用最早、应用最广泛的全密封 TO 型封装，其内部结构如图 2-4 所示。多引脚的 TO 型结构可以封装 IC 芯片。

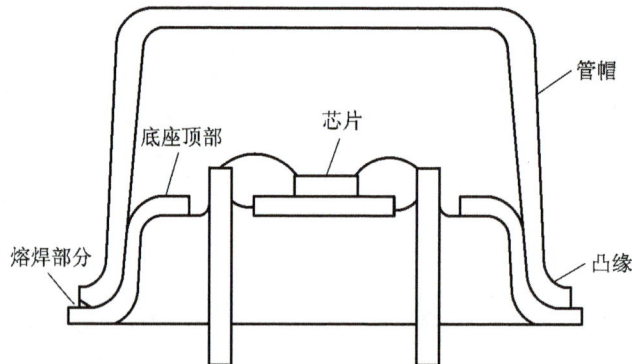

图 2-4 TO 型封装的内部结构

TO 型金属封装工艺是：先将芯片固定在外壳底座的中心，常采用 Au-Sn 合金共熔法或者导电胶粘接固化法，使晶体管的接地极与底座间形成良好的欧姆接触；对于 IC 芯片，还可以采用环氧树脂粘接固化法。然后在芯片的焊区与接线柱间用热压焊机或超声焊机将 Au 丝或 Al(铝) 丝连接起来，接着将焊好内引线的底座移至干燥箱中操作，并通以惰性气体保护芯片。最后将管帽套在底座周围的凸缘上，利用电阻熔焊法或环形平行缝焊法将管帽与底座边缘焊牢，以达到密封要求。

2) TO 型塑料封装技术

塑料封装工艺简便易行，适于大批量生产，因此成本低廉。

在制作中，先将 I/O 引线冲制成引线框架，然后在芯片焊区将芯片固定，再将芯片的各焊区用 WB(Wire Bonding，引线键合) 焊到其他引线键合区，这就完成了装架及引线焊接工序。下一步即完成塑封工序，先按塑封件的尺寸将其制成一定规格的上下塑封模具，模具有数十个甚至数百个相同尺寸的空腔，每个腔体间由细通道相连，将焊接好内引线的引线框架放到模具的各个腔体中。塑封时，先将塑封料加热至 150～180℃，待其充分软化熔融后，再加压将塑封料压到各个腔体中，略待几分钟塑封料固化，就完成了注塑封装工作。然后开模，整修塑封毛刺,再切断各引线框架不必要的连接部分,即制成了单独的 TO 塑封件。最后进行切筋、打弯、成型和镀锡工艺。工艺中如何控制好模塑时的压力、黏度,并保持塑封时流道及腔体设计之间的综合平衡,是优化模塑器件的关键。

2. SIP 和 DIP

1) SIP

单列直插式封装 (SIP) 的引脚从封装体的一个侧面引出,排列成一条直线,SIP 元器件的外形结构如图 2-5 所示。当装配到印刷基板上时,封装呈侧立状,引脚中心距通常为 2.54 mm,引脚数为 2～23 个,多数为定制产品。

图 2-5　SIP 元器件的外形结构

单列直插式封装通常用于厚、薄膜 HIC(Hybrid Integrated Circuit,混合集成电路) 及 PCB,厚、薄膜 HIC 的基板多为陶瓷基板。由于电路并不复杂,当电路组装完成后,I/O 数只有几个或十多个,此时可将基板上的 I/O 引脚引向一边,用镀 Ni、镀 Ag 或镀 Pb-Sn 的卡式引线卡在基板一边的 I/O 焊区上,再用电烙铁将焊点焊牢,或将卡式引线浸入熔化的 Pb-Sn 槽中进行浸焊,还可以在卡式引线的 I/O 焊区涂上焊膏,然后成批放于再流焊炉中进行再流焊。PWB 的焊接采用同样的工艺。卡式引线的节距有 2.54 mm 和 1.27 mm 之分,平时均连接成带状,焊接后再剪成单个卡式引线。通常还要对组装好元器件的基板进行涂覆保护,最简单易行的办法是浸渍一层环氧树脂,然后进行固化;或者用树脂喷涂法喷上一薄层环氧树脂,但应注意保护卡式引线不要沾上环氧树脂,以免影响引线焊接。

SIP 的插座占用的基板面积小,插取自如,其工艺简便易行。图 2-6 是一种塑封单列直插式封装 (PSIP) 的结构示意图。

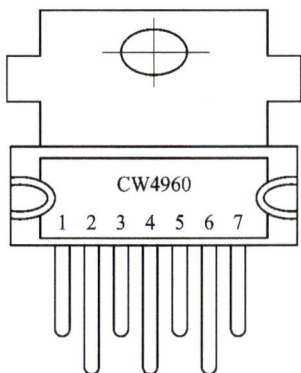

图 2-6　PSIP 的结构示意图

2) DIP

双列直插式封装 (DIP) 是 20 世纪 60 年代开发出来的最具代表性的 IC 芯片封装,其引脚从封装体两侧引出,封装材料有塑料和陶瓷两种。DIP 是最普及的插装型封装,其应用范围包括标准逻辑 IC、存储器 LSI、微机电路等。20 世纪 70 年代,DIP 大量应用于中、小规模 IC 芯片的主导封装产品,此封装形式在当时具有适合 PCB 穿孔安装、布线和操作较为方便等特点。DIP 的引脚数一般不超过 100 个。DIP 元器件的外形结构如图 2-7 所示。

图 2-7　DIP 元器件的外形结构

DIP 形式的封装效率很低，其芯片面积和封装面积之比为 1∶86，封装产品的面积较大，同时较大的封装面积对内存频率、传输速率、电器性能的提升都有影响。最早的 4004、8008、8086、8088 等 CPU 都采用了 DIP 技术。

DIP 的结构形式多种多样，包括陶瓷 DIP(CDIP)、塑料 DIP(PDIP)、收缩型 DIP(SDIP) 等。

陶瓷双列直插式封装 (Ceramic DIP，CDIP) 和其他 DIP 一样，其引线节距为 2.54 mm，这种封装结构十分简单，只有底座、盖板和引线框架三个零件，其工艺如图 2-8 所示。底座和盖板都是用加压陶瓷工艺制作的，一般采用黑色陶瓷，即把氧化铝粉末、润滑剂和黏结剂的混合物压制成所需的形状，然后在空气中烧结成瓷件。然后把玻璃浆料印刷到底座和盖板上，在空气中烧制，并加热陶瓷底座，使玻璃熔化，再将引线框架埋到玻璃中。接着黏结 IC 芯片进行引线键合，把涂有低温玻璃的盖板与装好 IC 芯片的底座组装在一起，在空气中使玻璃熔化完成密封，最后镀 Ni-Au 或者 Sn。由于这种方法是靠低熔点玻璃来密封的，所以也常称作低熔点玻璃密封双列直插式封装。

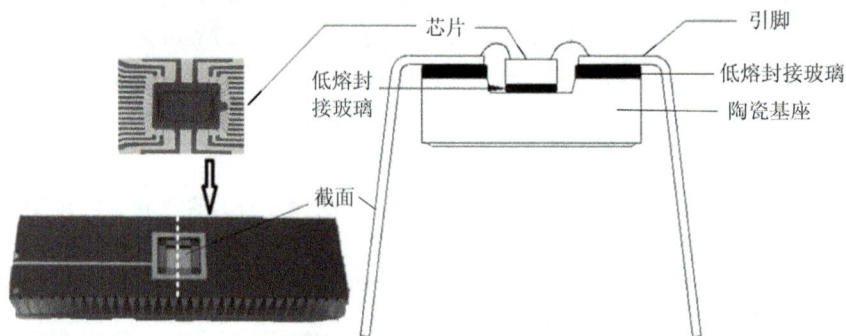

图 2-8　采用低熔点玻璃法封装 CDIP

CDPI 不需要在陶瓷上金属化，烧结温度低 (一般低于 500℃)，因此成本很低。在 20 世纪 90 年代前，它曾占据国际 IC 封装市场的很大份额。但由于其电性能和可靠性不易提高，体积也大，现已逐渐被多层陶瓷封装和塑料封装所取代。

多层陶瓷 DIP 由多层陶瓷工艺制作，有白色陶瓷和棕色陶瓷之分。与前述的陶瓷 DIP 工艺不同，多层陶瓷工艺的生瓷片由流延法制成，一定厚度的生瓷片落料成一定的尺寸 (如 5 英寸 × 5 英寸或 8 英寸 × 8 英寸)，经过冲腔体和层间通孔 (若需要)，使填充通孔金属化。每层生瓷片丝网印刷钨或钼使其金属化，把多层印刷有金属的生瓷片叠层，在一定的温度和压力下层压，然后热切成多个单元的 CDIP 生瓷体，若需要，可进行侧面金属化印刷；然后进行排胶，并在湿氢或氮氧混合气体中，在 1550～1650℃温度下烧成 CDIP 的熟瓷体；再对其金属化，电镀或化学镀 Ni，在上表面钎焊封口环，在两侧面钎焊引线，然后镀 Au；最后进行外壳检漏和电性能检测。外壳成品再用常规的后道封装工艺，即检测、封盖、检漏、成品测试，最终制成电路产品。

多层陶瓷 DIP 有良好的机械性能和电性能，可靠性较高，引线节距为 2.54 mm，体积较大。多层陶瓷 DIP 的最大优势在于，封装设计者有很大的灵活性，可以充分利用封装布线来提高封装的电性能。例如，可以在陶瓷封装体内加入电源面和接地面，以减小电感；也可以加入接地屏蔽面或线，以减小信号线间的串扰；还可以控制信号线的特性阻抗等。

PDIP 的封装技术具有工业自动化程度高、产量大、工艺简单、成本低廉等特点，它虽是非密封性的塑料外壳，不能完全隔断芯片与周围的环境，但在大量民用产品的使用环境中，在一定时期内是能够保证器件可靠工作的。只是，塑料有吸潮的弱点。PDIP 的封装技术虽然与 TO 型塑封相似，但比其要求更高，因为 IC 芯片的 I/O 引脚数多，加上芯片也相对较大，这使得与塑封料的应力匹配更显重要。塑料封装采用的树脂 (环氧模塑料) 应具备如下特性：

(1) 树脂要尽可能与所包围的 PDIP 各种材料相匹配，即热膨胀系数 (CTE) 相近。增加适当添加剂的改性环氧树脂，可使其与封装材料更为接近。

(2) 在 −65～150℃ 的使用温度范围内能正常工作，要求玻璃化温度大于 150℃。

(3) 树脂的吸水性要小，并与引线的粘接性能良好，防止湿气沿树脂引线界面浸入内部。

(4) 要有良好的物理性能和化学性能。

(5) 要有良好的绝缘性能。

(6) 固化时间短。

(7) Na 含量低。

(8) 辐射性杂质含量低。

用于连续注塑的热固性环氧系材料正好具备这些良好的特性，并已成为国际上注塑的通用材料。多年来，我国在提高耐湿性、降低应力、提高热导率和提高塑封的生产效率等方面均有了长足的进步与提高。为改善塑料封装环氧树脂的性能，还要添加一定的填料，主要填料有石英粉 (二氧化硅)、二氧化钛、氧化铝、氧化锌、无机盐或有机纤维等；为使 PDIP 具有一定的颜色，还要添加一些调色素；为了塑封后易于脱模，还要加入适量的脱模剂。

塑料封装前，在加入各种添加剂的环氧树脂中注入适当比例的固化剂，在常温下均匀地分散到树脂的各部分并与其初步反应，但远不能充分固化，这时的塑封料只能算作预先凝固的待用坯料。PDIP 塑封的工艺过程与 TO 型塑封类似，PDIP 的引线框架为局部镀 Ag 的 C194 铜合金或 42 号铁镍合金，基材由冲压成型或刻蚀成型。将 IC 芯片黏结剂粘接在引线框架的中心芯片区，IC 芯片的各焊区与局部电镀 Ag 的引线框架各焊区用 WB 连接；然后，将载有 IC 芯片的引线框架置于塑封模具的下模中，再盖上上模；接着，将已经预热过并经计量的环氧坯料放入树脂腔中，置于注塑机上，加热上下模具达到 150～180℃，这时的环氧坯料已经软化熔融并具有一定的流动性，注塑机对各个活塞加压，熔融的环氧树脂就能通过注塑流道挤流到各个 IC 芯片所在的空腔中，保温加压约 2～3 min，即可脱模已成型的塑封件，需要及时清除塑料毛刺，还要对引线框架的引线连接处切筋，并打弯成 90°，即可制成标准的PDIP；最后，对 PDIP 进行高温老化筛选，并达到充分固化，经测试、分选、打印、包装，成品就可以出厂了。图 2-9 是连续塑封成型简图。

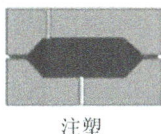

注塑

图 2-9　连续塑封成型简图

3. PGA 封装

PGA 封装是为解决 LSI 芯片的高 I/O 引脚数和减少封装面积而设计的针栅阵列多层陶瓷封装，其底面上插针式的垂直引脚呈阵列状排列，引脚中心距通常为 2.54 mm，引脚数为 64～447 个。根据引脚数目的多少，插针引脚可以围成 2～5 圈。为使芯片能够更方便地安装和拆卸，从 486 芯片开始，出现了一种名为 ZIF 的 CPU 插座，专门用来满足 PGA 封装的

CPU 在安装和拆卸上的要求。PGA 封装元器件的外形结构如图 2-10 所示。

图 2-10　PGA 封装元器件的外形结构

　　PGA 封装基材基本上都采用多层陶瓷基板，用于高速大规模逻辑 LSI，其成本较高。为了降低成本，封装基材也可用玻璃环氧树脂基板代替，市场上还有 64～256 个引脚的塑料 PGA 封装及一种引脚中心距为 1.27 mm 的短引脚表面贴装型 PGA 封装。

　　PGA 封装的制作技术与 CDIP 的多层陶瓷封装相同。PGA 封装采用的陶瓷一般为 90%～96% 的 Al_2O_3 生瓷材料，每层用厚膜钨或钼浆料印制成布线图形，并金属化通孔，按设计要求进行生瓷叠片并层压，然后整体放入烧结炉中进行烧结，使层间达到气密封装，然后镀镍，再钎焊针状引脚，最后镀金。在信号线的印制图形中，每个金属化焊区均与相应的针状引脚相连。外壳内腔是 IC 芯片的粘接位置，用黏结剂固定好 IC 芯片后，由引线键合连接芯片焊区与陶瓷金属化焊区，再进行封盖，即可制成 PGA 气密封装结构。

　　由于 PGA 封装的针状引脚是在封装底面上呈栅阵排列的，所以 I/O 数可高达数百个乃至上千个，这是 DIP 无法比拟的。因为 PGA 封装是气密封装，所以可靠性高；但因制作工艺复杂、成本高，故适用于可靠性要求高的军品。由于 PGA 封装面阵引脚结构具有许多优点，所以为后来开发的球栅阵列封装提供了面阵引脚结构排列的经验，也为解决 QFP 窄节距四边引脚的问题提供了帮助。事实上，PGA 的面阵针状引脚可大大缩短，即短引脚 PGA，从而可使 PGA 从插装型结构变成表面贴装型结构。

2.1.2　表面贴装型元器件封装

　　表面贴装型元器件 (Surface Mounted Devices，SMD) 是指元器件能够直接安装在 PCB 表面上的器件。它的主要特征是微型化无引线或短引线，元器件主体与焊点均处在 PCB 的同一侧面，适合在 PCB 上进行表面组装。

　　与传统的插装型元器件相比，表面贴装型元器件具有以下特点和明显的优势：

　　(1) 在 SMD 的电极上，有些焊端完全没有引线，有些只有非常小的引线；相邻电极之间的间距比传统的双列直插式集成电路的引线间距 (2.54 mm) 小很多，IC 的引脚中心距已由 1.27 mm 减小到 0.3 mm；在集成度相同的情况下，SMD 的体积比传统的元器件小很多，片式电阻电容已经由早期的 3.2 mm × 1.6 mm 缩小到 0.4 mm × 0.2 mm。而且随着裸芯片技术的发展，BGA 和 CSP 类高引脚数器件已被广泛应用到生产中。

　　(2) SMD 直接贴装在印制电路板表面，将电极焊接在元器件同一面的焊盘上。这样，印制板上的通孔只起电路连通导线的作用，孔的直径仅由制作电路板的金属化孔的工艺水平决定，通孔的周围没有焊盘，使印制电路板的布线密度大大提高。

　　(3) SMD 的形状简单，结构牢固，紧贴在印制电路板表面上，提高了可靠性和抗振性；组装时没有引线打弯和剪线，在制造印制电路板时，减少了插装元器件的通孔；尺寸和形状标准化，能够采用自动贴装机进行自动贴装，效率高，可靠性高，便于大批量生产，而且综合成本较低。

(4) 在表面贴装元器件的诸多优点之中，尤以节省空间最为重要。表面组装不仅影响元器件在电路板上所占面积，而且也影响器件和组件的电学特性。无引线或短引线的连接方式，减少了寄生电容和寄生电感，从而改善了组件的高频特性，有利于提高其使用频率和电路速度。

当然，表面贴装元器件也存在着不足之处。例如，由于元器件都紧紧贴在基板表面，基板上的空隙就相当小，所以清洁较困难，要达到清洁的目的，必须要有非常良好的工艺控制；而且元器件体积小，电阻电容一般不设标记，一旦弄乱就不容易搞清楚；还有元器件与 PCB 之间的热膨胀系数存在差异，在 SMD 产品中必须注意到此类问题。

1. 小外形封装 (SOP)

小外形封装 (SOP) 又称为小外形集成电路 (Small Outline Integrated Circuit，SOIC)，是 DIP 的变形，即将 DIP 的直插式引脚向外弯曲成 90°，就成了适于 SMD 的封装，只是外形尺寸和重量比 DIP 小得多，常见于线性电路、逻辑电路、随机存储器等单元电路中。这类封装结构的引脚有两种不同的形式，一种具有翼型引脚的封装，通常称为 SOP，如图 2-11 所示；另一种具有 J 型引脚，引脚在封装的下面，称为 SOJ，如图 2-12 所示。SOP 的特点是引脚容易焊接，在工艺过程中检测方便。与 SOJ 相比，SOP 在装卸搬运过程中需要格外小心，以防损坏引脚。SOP 有常规型 SOP、窄节距 SOP(SSOP) 及薄型 SOP(TSOP) 等多种规格，TSOP 的外形如图 2-13 所示。

图 2-11 SOP

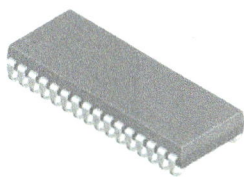
图 2-12 SOJ

图 2-13 TSOP

在各类 SMD 中，SOP、SOJ 的数量最大，其主要用于封装小规模 IC 芯片，也可封装 I/O 引脚低的 LSI 芯片。SOP、SOJ 几乎全部是模塑封装，其封装结构如图 2-14 所示，其封装技术与其他模塑工艺类似。先把 IC 芯片用导电银浆 (又称导电胶) 或树脂粘接在引线框架上，经树脂固化，使 IC 芯片固定，再将 IC 芯片上的焊区与引线框架引脚的键合区 (一般局部镀 Au 或 Ag) 用 WB 连接。然后放入塑封模具中进行模塑封装，出模后经切筋整修，去除塑封毛刺，将框架外引脚打弯成型。若引脚弯成翼型，成为 SOP；若引脚弯成 J 型，就成为 SOJ。TO 成型的 SOP 和 SOJ 经筛选、测试、分选、打印、包装，就可作为成品出厂了。

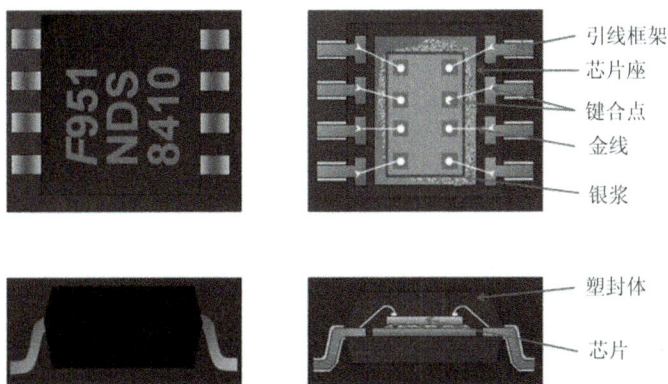
图 2-14 SOP、SOJ 的封装结构

2. 陶瓷无引脚芯片载体 (LCCC) 封装

陶瓷无引脚芯片载体 (LCCC) 封装指陶瓷基板的 4 个侧面只有电极接触而无引脚的表面

贴装型封装，一般用于高速和高频 IC 封装。LCCC 封装是全密封的，具有很好的环境保护作用，一般用于军品中，其外形如图 2-15 所示。

图 2-15　LCCC 封装的外形

LCCC 封装的外壳采用 90%～96% 的氧化铝多层陶瓷工艺制作，经印制布线后叠片加压，在保护气体中高温烧结而成，然后粘接半导体芯片，完成芯片外壳与外端子间的连线，再加上顶盖进行密封封装。LCCC 封装的特点是没有引脚，在封装体的四周有若干个城堡状的镀金凹槽，作为与外电路连接的端点，可直接将它焊接到 PCB 的金属电极上。这种封装因为无引脚，故寄生电感和寄生电容都较小，同时，由于 LCCC 封装采用陶瓷基板，因此其密封性和抗热应力都较好。但 LCCC 封装的成本高，安装精度高，不宜规模生产，仅在军事及高可靠领域使用的表面组装集成电路中采用，如微处理单元、门阵列和存储器等。

LCCC 封装的引脚节距为 1.27 mm、1.0 mm、0.65 mm、0.635 mm 或 0.5 mm 等，其外形有矩形和方形。常用的矩形 LCCC 封装引脚数为 18、22、28 和 32，方型 LCCC 封装引脚数为 16、20、24、28、44、52、68、84、109、124 和 156。引脚中心距为 1.27 mm 的陶瓷无引脚芯片载体封装又进一步分为 A、B、C 和 D 型，这 4 种封装形式已建立在美国固态技术协会 (Joint Electron Device Engineering Council，JEDEC) 中。

LCCC 封装包含依靠空气散热和通过 PCB 基板散热两种类型。安装时可直接将 LCCC 贴装在 PCB 上，封装体盖板无论朝上或朝下都可以。盖板的朝向是对器件芯片背面而言的，芯片背面是封装热传导的主要途径。当芯片背面朝向 PCB 基板时，器件产生的热量主要通过基板传导出去。因此，采用盖板朝上的 LCCC 封装，不宜使用空气对流冷却系统。

陶瓷封装器件属于密封型器件，具有良好的导热性能和耐腐蚀性，能在恶劣的环境条件下可靠地工作，它的工作环境温度范围为 -55～125℃。因此，陶瓷封装器件在军事通信设施、航空、船舶等尖端和恶劣环境的设备中得到了广泛应用。

3. 方型扁平式封装 (QFP)

方型扁平式封装 (QFP) 实现的 CPU 芯片引脚的间距很小，引脚很细，一般大规模或超大规模集成电路采用这种封装形式，其引脚数一般都在 100 以上。使用该技术封装 CPU 时操作方便，可靠性高，且其封装外形尺寸较小，寄生参数小。该技术适合高频应用，主要利用 SMT 技术在 PCB 上安装布线。

随着大规模集成电路的集成度空前提高，特别是专用集成电路 (ASIC) 的广泛应用，芯片的引脚正朝着多引脚、细间距的方向发展。QFP 是为了适应 IC 容量增加、I/O 数量增多而出现的封装形式，目前被广泛使用。QFP 及其结构如图 2-16 所示。

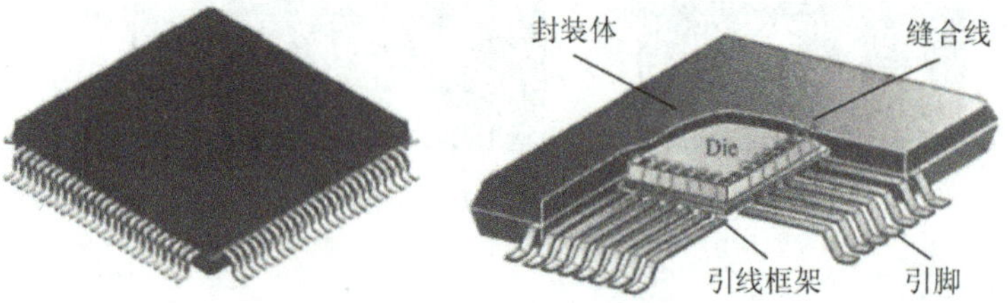

图 2-16　QFP 及其结构

日本电子工业协会对 QFP 封装体外形尺寸进行了规定，使用 5 mm 和 7 mm 的整数倍，到 40 mm 为止。与 LCCC 封装一样，QFP 也有矩形和方形之分，但多数为方形。其引脚用合金制成，引脚形状有鸥翼型、J 型和 L 型。J 型引脚的 QFP 又称为 QFJ，实际上与美国研发的 PLCC 相同，只是称呼不同。随着引脚数增多，QFP 引脚的厚度和宽度减小，J 型引脚的封装就变得很困难，因而 QFP 器件大多采用鸥翼型引脚，引脚中心距有 1.0 mm、0.8 mm、0.65 mm、0.5 mm、0.4 mm 和 0.3 mm 等多种，引脚数为 44～160 个。

QFP 由于引脚数多，接触面较大，因而具有较高的焊接强度，但在运输、储存和安装中，引脚易折弯和损坏，使封装引脚的共面度发生改变，影响器件引脚的共面焊接，这在使用中要特别注意。按有关规定，器件引脚的共面性误差不能大于 0.1 mm，即各引脚端和基板的间隙差至少要小于 0.1 mm。

多引脚、细间距的 QFP 在组装时要求贴装机有较高精度，以确保引脚和电路板上的焊盘图形对准。同时，还应配备图形识别系统，在贴装前对每块 QFP 器件进行外形识别，判断器件引出线的完整性和共面性，以便把不合格的器件剔除，确保各引脚的焊点质量。

QFP 也有某些局限性。例如，在运输、操作和安装时，其引脚易损坏，引脚共面度易发生畸变，尤其是边角处的引脚更易损坏，且薄的本体易于碎裂。

为了避免方型扁平式封装的这些问题，美国开发了一种特殊的 QFP，即 BQFP(带缓冲垫的方型扁平式封装)，其鸥翼型引脚中心间距为 0.025 英寸，可容纳的引脚数为 44～244。这种封装突出的特征是具有一个缓冲垫减振，一般外形比引脚长 3 mil，以保护引脚在操作、测试和运输过程中不会损坏，因此，这种封装通常称作垫状封装。该封装焊盘超出引脚至少 10 mil，以便形成焊点，PCB 所占空间并不因这种角垫减振的存在而浪费。可以采用卷带式或管式输送该类封装而不损坏引脚，BQFP 的外形如图 2-17 所示。除图中所示的"耳朵"以外，其本体尺寸和 PLCC 一致。

BQFP 可以采用卷带、盘、管袋包装，无论是运输还是贴片都很方便，而不带缓冲垫的 QFP 就只能用华夫盘包装。

图 2-17 BQFP 的外形

课程思政

中国龙芯之母——黄令仪

黄令仪被誉为"中国龙芯之母"，是中国微电子领域的杰出科学家，她的一生充满了对科学的热爱和对祖国的深情厚谊。

黄令仪出生于广西南宁，成长于战乱年代，目睹了国家的苦难与人民的疾苦。这让她从小立下了科技报国的志向。凭借出色的学习能力和坚韧不拔的精神，她顺利考入华中工学院(现华中科技大学)，并在毕业后进入清华大学深造半导体专业。学成后的黄令仪回到母校华中工学院，创建了国内首个半导体实验室，并成功研制出半导体二极管，为我国半导体产业的发展奠定了坚实基础。在随后的科研生涯中，她更是屡创佳绩，参与了两弹一星工程，为国家的国防事业做出了重要贡献。然而，黄令仪的科研之路并非一帆风顺。面对国外的技术封锁和国内的技术落后，她深感责任重大。特别是在一次国际芯片展览会上，她目睹了国外芯片的繁荣景象，而国内鲜有成果，这让她深感痛心。她立下誓言，一定要研发出属于中国的芯片，打破西方的技术封锁。为了实现这一目标，黄令仪带领团队日夜奋战，攻克了一个又一个技术难关。2002 年，我国首款通用 CPU "龙芯 1 号"被成功研制，这标志着我国在芯片领域取得了重大突破。此后，黄令仪又带领团队研制出了"龙芯 2 号"和"龙芯 3 号"等高性能芯片，彻底打破了西方的技术封锁。

黄令仪的科研成就不仅体现在技术层面，更体现在她的爱国情怀和无私奉献精神上。她曾说："我这辈子最大的心愿，就是匍匐在地，擦干祖国身上的耻辱"。她用自己的行动践行了这一誓言，为中国芯片事业的发展倾注了全部的心血和汗水。

⚙ 任务实施

首先需要完成与芯片封装类型相关的资料收集任务，并将收集的资料作为编写方案时的编制依据；再结合 AT89S51 的功能需求，编制完成塑料封装类型比选方案。实施具体任务时，可参照表 2-3 所示的步骤。

表 2-3 任 务 实 施 单

项目名称	AT89S51 芯片封装		
任务名称	塑料封装类型比选	建议学时	1
计划方式	分组讨论		
序 号	实 施 步 骤		
1	**需求定义与约束分析：** (1) 电气需求，如 I/O 数量(I/O 数量≤64 时选 DIP，I/O 数量在 64～200 之间时选 QFP，I/O 数量≥200 时选 BGA)、工作频率 (高频优先选择 QFP/LCCC)、功率密度 (高功率选 TO 金属封装)。 (2) 机械需求，如安装方式 (插装 / 贴装)、引脚节距 (2.54/1.27/0.5 mm 等)、抗振等级 (军工选陶瓷密封)。 (3) 环境需求，如工作温度 (-65～150℃选陶瓷，-40～85℃选塑料)、湿度敏感度 (MSL 等级)。 (4) 预算限制，如军品 / 航天 (陶瓷封装)、消费电子 (PDIP/SOP)。 (5) 产量规模，如小批量 (手工焊接兼容 DIP)、大批量 (SMT 自动化产线选 QFP/SOP)		
2	**封装类型技术对比：** (1) 插装型塑料封装选型。 (2) 表面贴装塑料封装选型		
3	**塑料封装可靠性测试：** (1) 热机械测试，包括温度循环 (-65～150℃，1000 次) 验证 CTE 匹配性、高压蒸煮 (121℃/100%RH，96 h) 评估耐湿性、寄生参数测量 (LCCC/QFP 对比高频性能)、绝缘电阻测试等。 (2) 生产适配性验证。QFP 的贴装精度需≤±0.05 mm(0.3 mm 间距)，环氧树脂耐温峰值为 260℃/10 s，注塑压力为 80～120 MPa(PDIP 模塑参数)，填料比例为 SiO_2≥70%，以降低 CTE		
4	**决策树与最终选型**		
5	**实施风险控制：** (1) 吸湿性问题，例如 PDIP/SOP 需预烘烤 (125℃/24 h，MSL3 级以上)。 (2) 焊接缺陷，例如 QFP 采用氮气回流焊减少氧化，引脚共面度检测＜0.1 mm 公差。 (3) 应力开裂，可添加柔性填料 (如硅微粉) 降低模塑应力		
6	**输出文档清单：** (1) 封装选型对比表 (含 CTE、成本、可靠性数据)。 (2) 工艺验证报告 (热循环 / 湿度测试结果)。 (3) 量产可行性分析 (SMT 贴装良率预估)		

在任务实施的过程中，重要的工作内容可以参照表 2-4 进行编制。

表 2-4　"塑料封装类型比选方案"示例

项目名称	AT89S51 芯片封装			
任务名称	塑料封装类型比选			
AT89S51 的主要功能				
AT89S51 的主要封装形式				
插装型封装的结构、特点				
贴装型封装的结构、特点				
产品名称	生产厂家	封装工艺	价　格	应　用
（表格可添加）				

任务习题

一、单选题

1. 如图 2-18 所示的封装属于（　　）。

A. SIP　　　　　　　　　　　B. SOP

C. DIP　　　　　　　　　　　D. QFP

2. 下列属于插装型元器件的封装为（　　）。

A. BGA　　　　　　　　　　　B. SOP

C. CDIP　　　　　　　　　　　D. QFP

图 2-18　某种封装的外形

二、多选题

1. 下列属于表面贴装型封装的是（　　）。

A. PSIP　　　　　　　　　　　B. SOP

C. QFP　　　　　　　　　　　D. LCCC

2. 下列属于底部引脚封装的是（　　）。

A. BGA　　　　　　　　　　　B. QFP

C. PGA　　　　　　　　　　　D. SOJ

三、判断题

1. 随着 DIP 引脚数量增多，其引脚间距始终保持在 2.54 mm。　　　　　　　（　　）

2. PDIP 和 CDIP 中的首字母 P 和 C 指封装材料。　　　　　　　　　　　　（　　）

2.2　任务二　晶圆的减薄与划片

任务目标

1. 掌握晶圆贴膜、减薄与划片工艺的目的。

2. 掌握晶圆贴膜、减薄与划片工艺的操作过程。

3. 掌握解决晶圆贴膜、减薄与划片工艺过程中常见问题的方法。

✎ ⚙ **任务准备**

本任务需要熟悉双列直插式封装和方型扁平式封装的晶圆贴膜、晶圆减薄与划片工艺流程，并通过查询资料进一步完善实际工艺中芯片减薄与划片的知识，完成晶圆减薄与划片的工艺操作方案，解决工艺过程中常见的产品问题。任务单如表 2-5 所示。

表 2-5 任 务 单

项目名称	AT89S51 芯片封装
任务名称	晶圆减薄与划片

任 务 要 求
1. 任务准备。 (1) 分组讨论，每组 3～5 人。 (2) 自行收集所需资料。 2. 完成晶圆减薄与划片工艺的资料收集与整理。 3. 提交晶圆减薄与划片工艺的操作方案

任 务 准 备
1. 知识准备。 (1) 贴膜工艺的目的、工艺流程。 (2) 减薄工艺的目的、工艺流程。 (3) 划片工艺的步骤，划片深度及减薄尺寸等常规参数。 2. 设备支持。 在该任务实施过程中需要准备的工具包括： (1) 仪器：贴膜机、减薄机、划片机或者虚拟工作平台。 (2) 工具：计算机、书籍资料、网络

自主学习资讯及对应的国家职业技能标准如表 2-6 所示。

表 2-6 自主学习资讯及对应的国家职业技能标准

自主学习资讯	国家职业技能标准
1. 芯片封装的工艺流程。 2. 对晶圆进行贴膜的目的，贴膜的材料	《国家职业技能标准 - 集成电路工程技术人员》(2-02-09-06)：封装设计基础知识、封装工艺流程基础知识、封装工艺设备基本操作知识
1. 进行晶圆减薄的目的，晶圆减薄的方法。 2. 划片使用的工艺，划片刀的特点	《国家职业技能标准 - 半导体分立器件和集成电路装调工》(6-25-02-06)：磨片操作、划片操作、检查

⚙ **任务资讯**

2.2.1 塑料封装工艺流程

封装是对一个或多个半导体芯片、膜元件或其他元器件的包封，可向元器件提供电连接及机械和环境的保护。与 IC 晶圆制作相比，芯片封装工艺相对简单，它起着安装、固定、保护芯片以及增强芯片散热的作用，另外它还能实现内部晶粒与外部电路的连接。图 2-19 是芯片封装后的结构剖面图。

封装技术的好坏直接影响到芯片自身性能的发挥，以及与之连接的印制电路板的设计和制造，因此它是至关重要的。

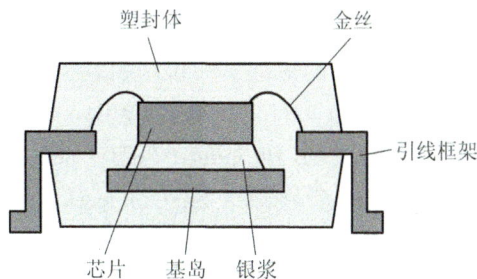

图 2-19　芯片封装后的结构剖面图

不同产品、不同企业的封装步骤会略有不同，但其基本流程不会有大的差别。

封装工序一般可以分成前道工序和后道工序两个部分，前道工序是指封装成型之前的工艺步骤，后道工序是指在封装成型之后的工艺步骤。对于不同封装材料，前道工序大致相同，主要包括晶圆减薄、晶圆划片、芯片粘接和引线键合。而对于塑料封装，后道工序主要包括塑封、激光打标、电镀和切筋成型。对于其他材料的封装工艺流程，在项目三中再进行讲解。

本任务以芯片的塑料封装为例介绍封装工艺流程。典型的塑料封装工艺流程如图 2-20 所示。

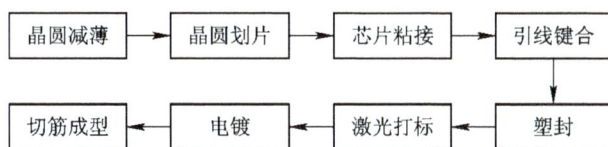

图 2-20　典型的塑料封装工艺流程

1. 晶圆减薄

晶圆减薄是研磨晶圆背面使晶圆达到一个合适的厚度，通常要求晶圆减薄到 80～300 μm 不等，具体应根据工艺需求判断，有些薄晶圆厚度小于 100 μm，更有甚者需要小于 50 μm，此时对工艺的要求是非常高的。晶圆减薄后其粗糙度一般在 5～20 nm，平整度在 ±3 μm 以内。

目前由于芯片具有越做越薄的趋势，减薄基本上已成为不可缺少的环节。有些晶圆在制造阶段就已经进行过减薄操作了，在封装企业就不必再进行减薄。在减薄之前，通常要清洗晶圆，然后在正面贴上保护膜，以防止在研磨过程中对晶圆造成污染或者机械损伤。在做好准备之后，将晶圆放进研磨机，研磨过程一般是全自动控制，以保证研磨能够达到一个理想的精度。在研磨的过程中，需要持续地注入去离子水。去离子水的作用主要有：一是及时清洗掉研磨产生的硅粉；二是冷却降温，因为研磨过程中晶圆会发热；三是去除研磨过程中产生的静电。

2. 晶圆划片

晶圆划片是指对完整的晶圆进行切割，将其切成一颗颗独立的晶粒，为后面单颗芯片的制作打好基础。在切割之前，要先将晶圆贴在晶圆框架的胶膜上，胶膜具有固定晶粒的作用，避免在切割时晶粒受力不平衡而造成切割品质不良，同时切割完成后可确保在运送过程中晶粒不会脱落或相互碰撞。切割时，主要是利用刀具，配合高速旋转的主轴马达，加上精密的视觉定位系统，进行晶圆切割工作。影响切割品质的主要因素有：给进的速度与稳定度；切割深度及方式；胶带黏着方式；真空吸附固定能力；主轴转速及刀具旋转平衡度；刀具尺寸及材质；切削冷却水冲洗速度。

3. 芯片粘接

芯片粘接的主要作用是将单个晶粒通过黏结剂固定在引线框架上的指定位置，便于后续的互连。

4. 引线键合

引线键合是使用金线等键合线，将晶粒的引线位和引线框架的引脚相连，以便晶粒能与外部电路连接。电子封装常见的连接方法有引线键合 (WB)、载带自动键合 (Tape Automated Bonding，TAB) 与倒装芯片键合 (Flip Chip Bonding，FCB)3 种。倒装芯片也称为反转式晶片接合或可控制塌陷晶片互连 (Controlled Collapse Chip Connection，C4)。

5. 塑封

塑封是对完成引线键合的半导体器件或电路芯片采用树脂等材料进行包装的一种封装形式。它可以保护器件免受外力损坏，同时加强器件的物理特性，便于使用。

6. 激光打标

激光打标是利用激光在塑封体表面打上无法去除、字迹清楚的标识，可以方便后续对元器件的跟踪与辨识。客户需求、产品批次、产品名称、生产日期、制造商信息等都可以作为打标的内容。打标工序一般在塑封或电镀之后进行，有时也会在切筋成型之后进行。

7. 电镀

引线电镀工序是在框架引脚上做保护性镀层，以增加其抗蚀性和可焊性。电镀目前都是在流水线式的电镀槽中进行的，首先进行元器件清洗，然后在不同浓度的电镀槽中进行电镀，之后冲淋、吹干，最后放入烘箱中烘干。

8. 切筋成型

切筋工艺是指切除框架外引脚之间的堤坝以及框架带上的相互连接处；成型工艺则是将引脚弯成一定的形状，以适合装配的需要。

2.2.2　晶圆贴膜

晶圆贴膜

1. 晶圆贴膜简介

1) 晶圆贴膜的定义与目的

晶圆贴膜是在晶圆表面贴上保护膜的过程，通常采用蓝膜作为保护膜。一般情况下，在晶圆减薄工序和晶圆划片工序之前需要进行贴膜操作。

晶圆减薄前在晶圆的正面进行覆膜，其目的是保护晶圆正面的电路，防止在减薄过程中被损坏或受到污染，同时增强晶圆在减薄时的固定能力，使其不易发生移动。

晶圆划片前在晶圆的背面进行覆膜，可以使晶圆在晶圆划片过程中不脱落、不飞散，即固定晶圆不发生移动以及保证划片后的晶粒不散落，从而能被切实地切割。

2) 晶圆贴膜设备

晶圆贴膜一般在贴膜机上进行。贴膜机是通过橡胶滚轮，使蓝膜与晶圆、晶圆贴片环形成良好粘接的设备。图 2-21 是晶圆贴膜机，它由设置区、贴膜区和蓝膜区组成。设置区包括电源键、温度设置和真空开关等部分；贴膜区进行覆膜操作的位置包括贴膜盘和橡胶滚轮；蓝膜区则用于放置蓝膜。

贴膜过程中除了要使用贴膜机，还要使用等离子风扇 (见图 2-22)，因为要进行静电消除，否则晶圆上的电路可能会受静电击穿而损坏。其中晶圆贴膜盘为圆形台盘，位于贴膜机的贴膜区，用于承载待贴膜的晶圆。

根据材质不同，贴膜盘可以分为防静电涂层台盘、硅胶台盘、多孔金属台盘、陶瓷台盘等，不同材质的台盘性质不同，目前大多采用防静电涂层台盘。

防静电涂层台盘的涂层多为特氟龙，即聚四氟乙烯，它是一种人工合成高分子材料，该

材料的涂层具有不黏性、耐热性、滑动性 (即摩擦系数低)、抗蚀性、耐磨性、抗腐蚀性等特点。

图 2-21　晶圆贴膜机　　　　　　图 2-22　等离子风扇

晶圆 (Wafer) 是指硅半导体集成电路制作所用的硅芯片，按其直径可分为 3 英寸、4 英寸、5 英寸、6 英寸、8 英寸、12 英寸等规格。对不同尺寸的晶圆进行贴膜时，选用的贴膜盘是不同的，晶圆尺寸越大的晶圆选用的贴膜盘也越大。另外，还需要根据贴膜的要求来选择贴膜盘的材质，通常采用防静电涂层台盘。等离子风扇是一种可提供平衡离子气流的离子消除器，可消除或中和集中目标和不易接触区域的静电荷。

3) 晶圆贴膜的材料

晶圆贴膜的材料包括晶圆切割蓝色保护膜、晶圆贴片环、晶圆框架盒。

晶圆切割蓝色保护膜常称为蓝膜、翻晶膜、UV 膜、晶圆蓝膜、日东蓝膜、切割蓝膜或芯片蓝膜等。晶圆蓝膜专为晶片研磨、切割及软性电子零件承载加工而设计，如图 2-23 所示。晶圆蓝膜被涂以特殊黏胶，具有高黏着力，切割时能以超强的黏着力黏住晶片，即使是小晶片也不会发生位移或剥除，使晶片在研磨和切割过程中不脱落、不飞散，能被切实地切割。加工结束后，只要照射适量的紫外线，就能瞬间降低蓝膜的黏着力，即使是大晶片，也可以轻松、正确地捡拾，不会因残胶、脱胶而受污染，提高了捡晶时的捡拾性，没有黏着剂沾染造成的污染，更不会因为照射紫外线而对 IC 造成不好的影响。

图 2-23　晶圆蓝膜

晶圆贴片环 (见图 2-24) 主要用于划片前的贴膜工序中，贴膜时，同时将晶圆贴片环通过蓝膜固定在晶圆外围，其自带定位缺口。晶圆贴片环的作用有以下两点：

(1) 支撑晶圆。晶圆贴片环可以使切割后的晶圆依旧保持原来的形状。

(2) 固定晶圆。晶圆贴片环可以很好地把晶圆固定在框架盒内，使得晶圆在周转运输时不易被碰伤或刮花。

晶圆框架盒 (见图 2-25) 是用于装载完成贴膜的晶圆的容器，可以避免晶圆随意滑动而发生碰撞，可有效地保护晶圆和晶粒的完整度，同时便于周转搬运。

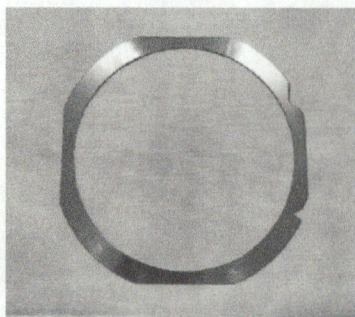

图 2-24   晶圆贴片环

图 2-25   晶圆框架盒

2. 晶圆贴膜的质量要求

晶圆贴膜作为晶圆划片的第一道保障，操作时需保证合格的质量，以满足晶圆划片时对晶圆或晶粒黏附牢固的需求。

一般贴膜的质量问题都是肉眼可见的，所以完成贴膜后操作员可通过目检的方式对贴膜质量进行检查。图 2-26 为贴膜合格的晶圆。

合格的贴膜应满足以下几点要求：

(1) 蓝膜平整，无起皱现象。

(2) 蓝膜和晶圆贴合紧密，无气泡。

(3) 晶圆和蓝膜的表面以及两者贴合处洁净、无污点。

(4) 蓝膜边缘光滑，无毛边、扎刺。

(5) 晶圆和蓝膜完整，无破损、划伤。

3. 晶圆贴膜不良的原因

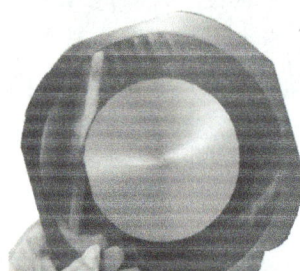

图 2-26   贴膜合格的晶圆

遇到晶圆贴膜质量不良的情况需要先排查原因，确定是否设备或工艺出现问题，并对不合格的贴膜产品做相应的处理。通常对于贴膜气泡、蓝膜破损或起皱等不影响晶圆质量的问题，只需将晶圆上的蓝膜取下，重新贴膜即可；对于晶圆划伤、破损等问题，则视情况进行研磨或剔除操作。其中，贴膜后产生的气泡可以通过抽真空的方式确认气泡的位置。表 2-7 是贴膜操作过程中部分常见的晶圆贴膜不良现象及其产生的原因。

表 2-7   部分常见的晶圆贴膜不良现象及其产生的原因

晶圆贴膜不良现象	产 生 的 原 因
晶圆和蓝膜之间存在气泡	晶圆背面存在颗粒物； 操作时贴膜的温度未达到设定值； 贴膜温度设置不合适
蓝膜起皱	铺贴后遇到温度变化； 覆膜时蓝膜未拉紧
蓝膜破损	存在硬物； 拉动滚轮时用力过大
蓝膜毛边、扎刺	横切刀质量出现问题； 操作员切膜时操作不当
晶圆或蓝膜沾污	贴膜机未清理干净； 贴膜机漏油； 蓝膜本身携带污物
晶圆划伤	存在硬物； 操作员操作不当

4.晶圆贴膜操作

划片前的晶圆贴膜操作一般包括覆膜准备、设备启动与设置、放置晶圆和贴片环、覆膜、切膜与撕膜、取出质量检查等几个步骤。贴膜时的具体操作如下：

(1) 晶圆覆膜准备，打开贴膜机挡板，检查是否有蓝膜；若无蓝膜或蓝膜用完、蓝膜有明显缺陷，则需更换蓝膜。

(2) 打开贴膜机的电源，根据随件单上的要求设定贴膜盘的温度，通常设置为40～50℃，贴膜盘的加温功能可以增加蓝膜的黏性，提高贴膜的质量。

(3) 温度到达设定值后打开贴膜机上盖，并打开等离子风扇，以消除贴膜盘附近的静电。

(4) 准备工作完毕，将晶圆正面朝下放置到贴膜盘的中央，并轻轻按压使晶圆贴合平整。随后放置晶圆贴片环，使其定位缺口与贴膜盘的定位钉一致，保证晶圆贴片环位置准确。

(5) 将蓝膜贴在晶圆上，覆盖整个贴膜盘；使用横切刀切断蓝膜，整圈转动环切刀切掉框架外的蓝膜。

(6) 手动撕掉晶圆外被切下的多余贴膜；将贴好膜的晶圆取出，然后检查贴膜是否均匀，有无气泡。

5.晶圆贴膜的质量检查

完成贴膜后，需要检查贴膜质量是否符合划片要求。贴膜质量检查的主要步骤如下：

(1) 手动将贴好膜的晶圆取出。

(2) 检查贴膜是否均匀，是否洁净，有无气泡、污点、毛边、扎刺，晶圆和蓝膜是否完整等。

(3) 如果检查完发现晶圆与蓝膜均正常，则给晶圆编号，填写履历卡。

(4) 如果发生贴膜不良、记录不良现象，则需要简单分析原因，并取下晶圆上的蓝膜。

在处理贴膜不良的晶圆时需要取下晶圆上的蓝膜，该操作称为晶圆揭膜。对需要进行揭膜操作的晶圆照射适量紫外线，此时可以降低蓝膜的黏着力，轻松分离晶圆和蓝膜。

对于完成划片的晶圆也需要照射适量的紫外线，降低晶粒与蓝膜之间的黏附力，便于在芯片粘接时顺利完成取芯操作。

2.2.3　晶圆减薄

1.晶圆减薄的目的

为了降低生产成本，目前大批量生产中所用到的硅片多在 8 英寸以上，由于其尺寸较大，为了使晶圆不易受到损害，会相应地增加晶圆厚度，但这给后续的切割带来了一定的困难，所以要对晶圆进行减薄工序。

晶圆减薄就是对晶圆背面的衬底进行减薄，从而使晶圆达到封装需要的厚度。目前，硅片的背面减薄技术主要有磨削、研磨、化学机械抛光 (Chemical Mechanical Polishing，CMP)、干式抛光 (Dry Polishing)、电化学腐蚀 (Electrochemical Etching)、湿法腐蚀 (Wet Etching)、等离子辅助化学腐蚀 (Plasma-Assisted Chemical Etching，PACE)、常压等离子腐蚀 (Atmosphere Plasma Etching，APE) 等。晶圆减薄常用磨削的方式，通过磨削砂轮实现对晶圆的减薄，如图 2-27 所示。其中，比较常见的磨削工艺有转台式磨削、硅片自旋式磨削等。

晶圆减薄

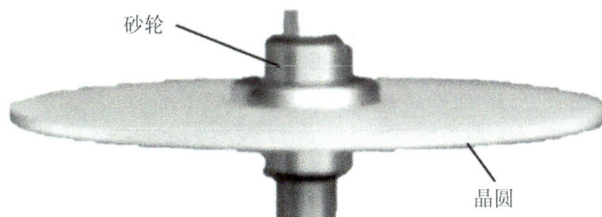

图 2-27　磨削减薄示意图

磨削方式的优点在于：磨削砂轮和晶圆的接触长度、接触面积、切入角不变。磨削减薄可以去除大部分的多余硅衬底，其加工效率高、平整度好、成本低，但减薄后的衬底存在表面损伤，其残余应力会导致减薄后的晶圆弯曲，且容易在后续工序中碎裂，从而影响产品质量，因此在减薄后应对晶圆背面进行精细研磨、抛光，形成光滑的表面。

晶圆减薄的目的如下：

(1) 去掉晶圆背面的氧化物，保证芯片焊接时良好的黏附性。

(2) 消除晶圆背面的扩散层，防止寄生结的存在。

(3) 减小晶圆的厚度，提高晶圆划片的质量。

(4) 由于大直径的晶圆较厚，需要减薄来减小晶粒的体积，以满足芯片封装工艺的要求。

(5) 减少串联电阻和提高散热性能，同时改善欧姆接触。

2. 晶圆减薄设备

本小节将针对采用磨削原理设计的减薄机进行介绍。减薄机中最关键的是减薄工作区，主要由承片台（即晶圆承载台）、磨削砂轮（也称磨削轮）组成，部分设备还会带有修整砂轮，其功能是对磨削砂轮进行调整。

根据减薄机的自动化程度，减薄机可以分为半自动减薄机和全自动减薄机。半自动减薄机需要人工进行上料，将待减薄晶圆放置于承片台上进行吸附，按片进行；而全自动减薄机可实现自动上料，将装有多片待减薄晶圆的传送盒直接放于上料区，由机械手臂完成将晶圆放置到承片台的操作。

根据承片台和磨削轮的相对位置和运动方向的不同，减薄机可以分为立式减薄机和卧式减薄机，如图 2-28 和图 2-29 所示。立式减薄机为垂直型分布，磨削轮与承片台为上下位置关系；而卧式减薄机为横向型分布，磨削轮与承片台为左右位置关系。

图 2-28　立式减薄机

(a) 卧式减薄机外观　　　　　　　　　(b) 卧式减薄机工作区

图 2-29　卧式减薄机

3. 晶圆减薄操作

一般情况下，晶圆减薄工艺包括来料整理、原始厚度测量、上蜡/贴膜、二次厚度测量、减薄操作、去蜡/去膜、质量检查等步骤。

(1) 来料整理。在开始操作前，需要清理工作位，保证该工位整洁且无其他批号的晶圆，防止发生混批的情况。领取待减薄的晶圆后，需核对该实物晶圆的批号、数量等是否与随件单一致，核对正确后对晶圆进行清洗，使晶圆表面干净无异物。

(2) 原始厚度测量。减薄上料前，需测量晶圆的原始厚度，测量时通常在晶圆表面取多个采样点进行测量。图 2-30 为某晶圆测厚仪的测量展示。

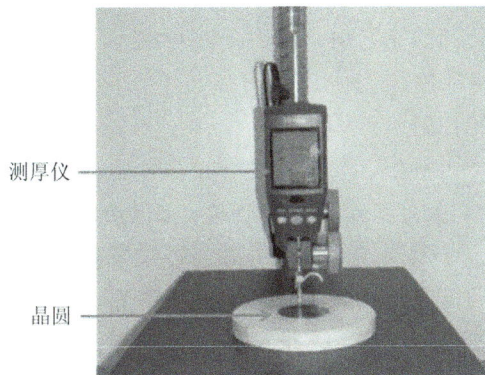

测厚仪

晶圆

图 2-30　某晶圆测厚仪的测量展示

(3) 上蜡/贴膜。对于进行背面减薄的晶圆，为保证能够将晶圆固定在承片台盘上 (承片台盘固定在减薄机的工作台上)，使晶圆在减薄过程中不发生移动，同时保护晶圆正面，需要在晶圆正面进行上蜡或贴膜，使得晶圆与台盘之间形成牢固的黏附。其中，上蜡是指通过在晶圆背面涂加热固体蜡，通过压片冷却后即可实现晶圆在载片台上的固定；贴膜则是在晶圆正面覆上蓝膜，可以增强黏附性，将晶圆放置到承片台并施加一定的压力，即可固定晶圆。

(4) 二次厚度测量。二次厚度测量是为了检查上蜡或贴膜情况，测量其各个点的厚度并与原始点比较，每点之间的误差应在合理范围内，以保证上蜡或贴膜的均匀性。

(5) 减薄操作。准备就绪后，开始减薄操作。

启动减薄机前，需要认真检查压缩空气、冷却水的供给以及供给用软管是否正常。

在减薄机操作界面上调用减薄程序，设定需要的参数，并完成对刀操作，确定待减薄的晶圆与磨削砂轮接触的位置。确认无误后即可进入运行状态，开始减薄。

减薄机操作的主要步骤如下：

① 闭合减薄机的电源键，使减薄机接通电源，并开启空气压缩机。

② 将晶圆放置到承片台上，开启真空开关，使晶圆牢固吸附于工作台上。

③ 若设备刚启动，即在开启电源、重启、停止后启动、急停后启动等情况下，则需设定原始位置。

④ 设定参考点。

⑤ 设定减薄参数。

⑥ 按下"START"键，运行设备，减薄机开始自动减薄操作。

⑦ 减薄机工作结束后，其正确的关机顺序为退出程序、关闭电源、关闭空气压缩机、关闭水冷机。

(6) 去蜡/去膜。减薄结束后，取出晶圆，去除表面的蜡或者蓝膜并擦拭干净，便于后续的质量检查。

(7) 质量检查。减薄完成后，测量晶圆各个点的厚度及其厚度差，保证晶圆厚度达到减薄要求且减薄均匀。测量数据需做好记录，以便后期参考与追溯。

完成该批次晶圆的减薄操作之后，退出减薄程序，结束本次作业。同时需要整理并清洁仪器，保持工位的整洁，准备下一次作业。

4. 晶圆减薄操作的注意事项

在晶圆减薄的工艺操作中需要注意的事项如下：

(1) 使用测厚仪进行晶圆厚度测量时，放针过程中应避免针尖抬起后直接放落，否则容易损坏测厚仪的针尖或压损晶圆。

(2) 第一次进行上蜡压片前应检查压盘是否处于水平位置，防止压片不均匀导致晶圆固定不牢固或压损晶圆。

(3) 在对小尺寸晶圆进行减薄工艺时，应贴上陪片进行工艺操作。

(4) 使用减薄机前应检查真空压力值。

(5) 开始减薄前应对砂轮位置进行调整。

(6) 在使用减薄机的操作过程中，要严格遵守设备使用说明，如减薄机参数的设置。若砂轮转速设置过快，则可能会对操作员造成人身伤害，亦会加快设备的损耗。

(7) 在进行手动对刀时，一定要预留一点缝隙，否则很容易将晶圆挤碎。

(8) 在减薄机开始工作前，必须检查工作砂轮是否紧固。

(9) 当所有的安全装置 (如安全门、盖子及机壳等) 装好后，才能启动设备。

(10) 在减薄过程中，需要观察设备运行是否出现异常，若有问题应及时停止。

5. 减薄机的日常维护与常见故障

为保证减薄机正常运行，需要定期对减薄机进行维护和保养，以便及时发现异常。

1) 减薄机的日常维护

在减薄机的日常维护中需要注意以下几点：

(1) 需要定期对减薄机进行维护与检修，保证设备的安全运行。在进行维护工作时，设备各部件都要正确地装卸。

(2) 紧固件应时常更新，主要是指螺丝、螺母、弹簧垫圈、普通垫圈。装配有螺纹的接口时应使用适当的润滑剂或密封剂，并且为防止有螺丝的接头泄漏，应在没有压力的情况下将其拧紧。

(3) 砂轮环使用一段时间后应及时进行盘面修平和修锐工作，定期检查砂轮的质量情况，需要及时更换损坏的砂轮。

(4) 当软管出现多孔或裂缝时，应立即更换。对于破损的管路要及时更新，不允许修复后继续使用。

(5) 在维护检查时，若发现有故障的零件应立即更换，任何需拆卸的部分必须进行相应标记。

2) 减薄机的日常保养项目

在进行减薄机的日常保养之前，一定要认真阅读操作说明书中的保养注意事项，严格遵守其要求，并且需将设备的主开关置于关闭状态 (即 "OFF" 位置)。

减薄机的保养清洁是必不可少的日常工作，主要保养项目包括：

(1) 保证减薄机周围地面的干净与整洁。

(2) 对于减薄机的电气系统部分，要经常清洁，严格禁止杂物或碎屑落下，清洗时不要把喷射水对准密封面 (防止磨削碎屑进入主轴部分)。

(3) 定期对减薄机的循环水及滤芯进行清洗和更换。

(4) 定期清洁排水管内部，以保证冷却液顺利排出。

(5) 定期对承片台进行清洗，保证其洁净度。

电气系统的润滑操作也是减薄机保养工作的关键一环，需要注意以下内容：

(1) 润滑之前彻底地清洁内接头。

(2) 在更换油或油脂时，应确保所用的油脂是厂商指定或推荐使用的。

(3) 处理清洁原料和溶剂、黏结剂、润滑剂等废弃物时，必须遵守事故预防有关条例以及环境保护相关制度，以防事故和火灾的发生。

(4) 注意观察各个步进电机润滑油液面的高度，定期补给。

3) 减薄机常见故障

减薄机在工作时会遇到一些故障，主要表现为工艺质量异常和设备功能故障。

常见的工艺质量异常有：减薄的晶圆均匀性较差、减薄后厚度不符合要求、减薄后晶圆表面有明显划痕或出现裂痕等。

常见的设备功能故障有：真空异常、工作台不能移动、转速仪表上不显示转速、冷却水未供给、减薄时工作轴不旋转、自动修整操作不能正常启动等。

2.2.4　晶圆划片

晶圆划片

1. 晶圆划片简介

晶圆划片又称晶圆切割，是将加工完成的晶圆上的一颗颗晶粒切割分离，完成切割后，一颗颗晶粒按晶圆原有的形状有序地排列在蓝膜上。此处所说的"晶粒"即晶圆上的电路，通常在生产中称其为"芯片"。图 2-31 是经过划片后的晶粒。

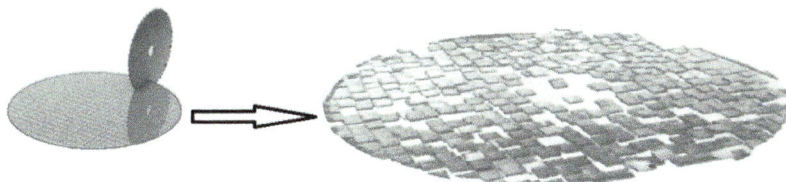

图 2-31　划片后的晶粒

晶圆划片有机械切割和激光切割两种方式，但由于激光切割成本较高，所以目前机械切割较为常见。机械切割方式通常使用砂轮刀和金刚刀作为划片工具。

2. 晶圆划片设备

晶圆划片在划片机（也称切割机）上进行。划片机是一种在制有完整集成电路芯片的半导体圆片表面按预定通道刻画出网状沟槽，以便将其分裂成单个管芯的设备。

根据自动化程度，晶圆划片机可分为半自动划片机和全自动划片机。根据划片方式，晶圆划片机可分为机械划片机和激光划片机。图 2-32 是机械划片机。

使用划片机时，将贴膜完成的晶圆放置在切割机的承片台上，承片台以一定速度沿切割道方向呈直线运动。通过主轴驱动圆形砂轮刀高速旋转，其随承片台的移动沿晶圆的切割道进行切割，晶粒之间就被切割开了。切割是在晶圆正面按照水平切割形式进行的，待所有 X 轴方向切割完成后，切割平面旋转 90°，以相同方式对 Y 轴进行切割。图 2-33 是划片机的划片区运行示意图，图 2-34 为划片机的工作原理图。

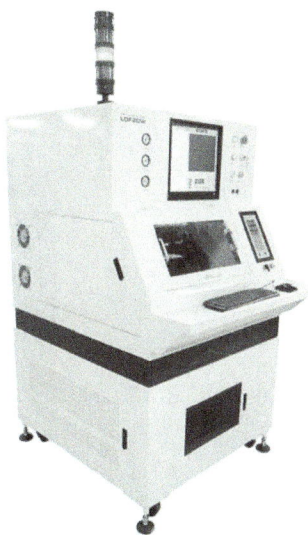

图 2-32　机械划片机

图 2-33　划片机的划片区运行示意图

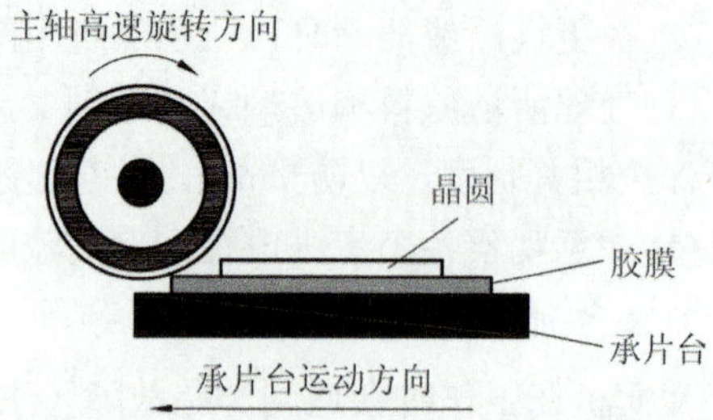

主轴高速旋转方向

晶圆

胶膜

承片台

承片台运动方向

图 2-34　划片机的工作原理

在启动划片机前需要认真检查压缩空气、冷却水的供给以及设备软管等是否正常,并且要确认划片刀安装牢固。划片机的一般操作步骤如下:

(1) 闭合划片机的电源键,使划片机接通电源。

(2) 选择对应的划片程序。

(3) 确认所选择的程序,对划片参数进行核对或编辑。

(4) 将晶圆放到承片台上,并开启真空,将晶圆吸附。

(5) 若选用了半自动划片模式,则需要先进行对刀操作,调整承片台位置,保证划片刀能在晶圆切割道上精准切割。

(6) 开始划片。

(7) 划片结束,解除真空吸附,取出晶圆。

3. 晶圆划片操作

在进行晶圆划片前,需要完成晶圆的贴膜操作,以保证划片顺利进行。晶圆划片工艺的步骤一般包括来料整理、程序调用、放置晶圆、划片操作、下片、晶圆清洗和质量检查。

(1) 来料整理。在开始操作前需要清理工位,保证该工位整洁且无其他批号的晶圆,防止发生混批的情况。领取待划片的晶圆后,核对该实物晶圆的批号、数量等是否与随件单一致,核对一致后方可进行操作。

(2) 程序调用。在操作划片机前需要正确启动划片机,打开系统,在程序文件中选择与晶圆品种对应的划片程序,进入后确认程序,包括程序是否选择正确以及检查基本设定;涉及深度、步进、刀速等参数内容时,应进行参数的确认与修改。确认后选择半自动或全自动切割模式。

(3) 放置晶圆。打开划片区的保护盖(即仓门),将待划片的晶圆正面朝上放置于承片台上,确认晶圆贴片环的定位缺口与承片台上的定位钉一致,使晶圆放置位置准确且在承片台的中央,进一步保证晶圆在划片时能够牢固吸附不移位。图 2-35 为放置晶圆之后的实物图。

放置晶圆

图 2-35　放置晶圆

(4) 划片操作。放置晶圆后关闭保护盖,开始划片操作。

(5) 下片。划片完毕解除真空,此时开启仓门,取出晶圆,先用氮气枪将晶圆和工作承片台上的冷却水吹干，准备放入下一片晶圆。

(6) 晶圆清洗。在切割过程中会产生硅粉尘，为清除晶圆表面残余的粉尘，保证晶圆表面的洁净，取出的晶圆需要在清洗机内进行清洗，通常在清洗机中进行。图 2-36 为晶圆清洗机。

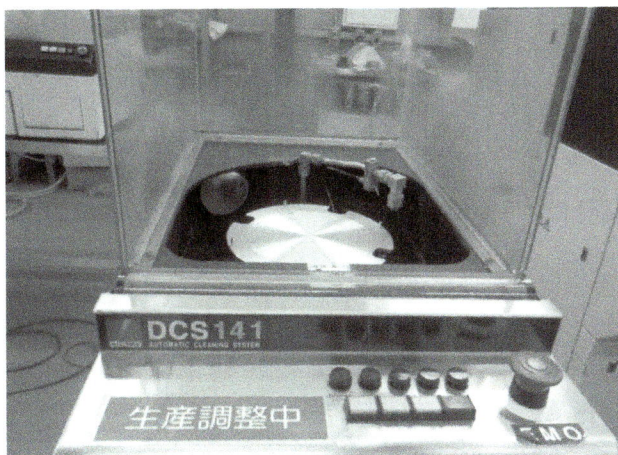

图 2-36　晶圆清洗机

(7) 质量检查。晶圆划片后的外观检查主要检验是否出现废品，通常称为第二道光检，该检查需要借助显微镜。划片与检查数据需做好记录，以便后期参考与追溯。

通过以上步骤，晶圆划片完成，然后装盒，即可进入下一个加工环节。

4. 划片机的日常维护与常见故障

为保证划片机正常运行，需要定期对减薄机进行维护和保养，以便及时发现异常情况。

1) 划片机的日常维护

为保证划片机的使用寿命，应做好设备的日常点检以及维护工作，在维护过程中注意不要将物品遗忘在运动部件或设备中。维护应根据需求与不同的设备进行调整，划片机的日常维护常见内容包括：

(1) 定期检查切割区防水罩有无破损以及密封处有无渗漏，若发现问题应及时维护。

(2) 定期检查刀架的紧固情况，若有松动应及时紧固处理。

(3) 定期检查夹刀的情况以及吸盘的平整度，有问题的应及时维护。

(4) 定期检查主轴冷却水路，有问题的应及时处理。

(5) 定期检查工作承片台各个方向的直线型、平行度，并检查主轴刀架端面与工作承片台移动方向的平行度，及时调整，保证晶圆划片的正确作业，并减小设备损耗。

(6) 定期检查光源灯箱中的灯，有问题的应及时更换。

(7) 定期检查划片区导轨防水罩和主轴碳刷，有问题的应及时更换。

(8) 定期更换操作键盘的保护膜。

(9) 定期更换对准照明用的发光二极管。

2) 划片机的日常保养项目

划片机是一种高精密设备，它的精度稳定性、使用安全性与工作环境、保养质量有着密切的关系。划片机常见的日常保养与检查内容主要包括：

(1) 清洁主轴上的粉尘。

(2) 清洁切割区污物，并用气枪吹干承片台及周围水分。

(3) 检查供给电源、水源压力传感器的好坏。

(4) 用手拨动主轴，检查其转动情况。

(5) 检查承片台有无划痕或损伤。

(6) 检查急停开关的好坏。

(7) 定期清洁真空发生器。

(8) 定期清洁测高传感器。

(9) 定期检查空气过滤器和微雾分离器滤芯，及时清理或更换。

(10) 检查导轨润滑情况，及时添加润滑脂。

3) 划片机常见故障

与其他设备一样，划片机在工作时也会出现一些故障，常见的故障如下：

(1) 真空回路、气路、水路异常引发的故障。

① 电磁阀损坏或管道破裂、堵塞引起的真空、压空及纯水供给故障。

② 电磁阀或气缸等执行元器件供电异常。

③ 检测仪器异常，常见的有真空传感器、压力传感器或纯水流量传感器故障，导致检测数据异常，造成当前状态判断错误。

(2) 运动系统引起的故障。

① 伺服电机、步进电机故障引起的设备异常。

② 机械部件异常造成堵转、丢步以及精度变差等故障。

③ 运动反馈机构故障，导致误判、误运行等故障。

④ 电机驱动故障，导致各移动部件不运作等异常。

⑤ 软件故障，例如主要机器参数配置异常或设置参数跳变引起机械系统运动异常。

(3) 划片机上配备的 PC 故障。

PC 故障主要是操作系统及应用系统异常，或者数据传输、设备与计算机之间通信异常，进而导致设备无法正常运行。

课程思政

中国芯之父——邓中翰

邓中翰出生于江苏南京，自幼便展现出了对科学的浓厚兴趣和卓越天赋。他凭借优异的成绩考入中国科学技术大学地球和空间科学系，并在求学期间就展现出了非凡的科研潜力。之后，他赴美深造，获得了电子工程与计算机科学博士学位，成为加州大学伯克利分校建校130 年来横跨理、工、商三科学位的第一人。

在美国硅谷工作期间，邓中翰凭借卓越的科研能力和商业思维，迅速崭露头角。然而，面对祖国半导体技术的落后局面，他毅然决定放弃在美国的优渥生活，回到祖国投身芯片研发事业。

回国后，邓中翰在中关村科技园区创立了中星微电子公司，并担任"星光中国芯工程"总指挥。他带领团队艰苦创业，克服重重困难，成功研发出中国第一枚具有自主知识产权的百万门级超大规模数码图像处理芯片"星光一号"。这一成果不仅摘掉了中国"无芯"的帽子，还迅速打入国际市场，被广泛应用于计算机、手机、安防监控等多个领域。

邓中翰并没有止步于此，他带领团队持续创新，不断突破芯片设计核心技术。截至目前，中星微电子已累计申请国内外专利 4000 余项，两次获得国家科技进步奖一等奖。邓中翰本人也于 2009 年当选为中国工程院院士，成为当时最年轻的中国工程院院士之一。

此外，邓中翰还积极推动中国芯片产业与国际市场的接轨，与国际半导体巨头建立了广泛的合作关系。他的努力和贡献不仅推动了中国芯片产业的发展，也为世界半导体技术的进步做出了重要贡献。

任务实施

首先需要完成与晶圆减薄与划片相关的资料收集任务，并将收集的资料作为编写方案的编制依据；再结合 AT89S51 的功能需求，编制完成晶圆减薄与划片的工艺操作方案。实施具体任务时，可参照表 2-8 所示的步骤。

表 2-8 任务实施单

项目名称	AT89S51 芯片封装		
任务名称	晶圆的减薄与划片	建议学时	4
计划方式	分组讨论		
序 号	实 施 步 骤		
1	**明确项目目标和要求：** 确定晶圆减薄与划片的最终产品规格，如芯片厚度、划片精度等技术指标		
2	**组建项目团队：** 明确团队成员的职责和分工		
3	**资料收集与学习：** (1) 收集晶圆减薄与划片相关技术资料。 (2) 学习芯片材料特性、减薄和划片原理		
4	**选择合适的减薄工艺：** (1) 根据芯片材料和目标厚度选择化学机械抛光 (CMP)、研磨等方法。 (2) 评估不同工艺优缺点		
5	**确定划片工艺：** (1) 选择激光划片、金刚石刀具划片等方法。 (2) 根据芯片尺寸、材料硬度和划片精度要求确定工艺		
6	**设计工艺流程：** (1) 制定晶圆减薄与划片的详细工艺流程，包括操作参数、设备选择和质量检测点。 (2) 设计避免芯片损伤的措施，如支撑结构和切割路径		
7	**整理与分析：** 整理晶圆减薄与划片过程中的工艺参数和质量检测等要求		
8	**项目总结报告：** (1) 撰写项目总结报告，包括目标、过程、成果和经验教训。 (2) 提出改进建议和优化方向		

在任务实施过程中，重要的工作内容可以参照表 2-9 进行编制。

表 2-9 晶圆的减薄与划片的工艺操作方案" 示例

项目名称	AT89S51 芯片封装		
任务名称	晶圆的减薄与划片		
晶 圆 贴 膜			
生产过程	设 备	步 骤	要 求
覆膜准备			
装片			
...			

晶　圆　减　薄			
生产过程	设　备	步　骤		要　求

晶　圆　划　片			
生产过程	设　备	步　骤		要　求

（表格可添加）

任务习题

一、单选题

1.晶圆减薄工艺中常用的减薄方法是（　　）。

A.机械研磨　　　　　　　　　B.化学腐蚀

C.等离子体蚀刻　　　　　　　D.激光切割

2.晶圆减薄的主要目的是（　　）。

A.提高晶圆强度　　　　　　　B.降低成本

C.减小封装体积　　　　　　　D.提高晶圆导电性

3.晶圆划片工艺中常用的划片方法是（　　）。

A.手动切割　　　　　　　　　B.激光切割

C.化学腐蚀　　　　　　　　　D.等离子体蚀刻

4.晶圆划片的目的是（　　）。

A.提高晶圆性能　　　　　　　B.便于晶圆存储

C.将晶圆分割成单个芯片　　　D.降低晶圆成本

二、多选题

1.晶圆减薄工艺可能面临的问题有（　　）。

A.晶圆破裂　　　　　　　　　B.表面粗糙度增加

C.减薄不均匀　　　　　　　　D.成本增加

2.晶圆划片工艺可能面临的问题有（　　）。

A.划片精度不高　　　　　　　B.芯片破损

C.划片速度慢　　　　　　　　D.划片成本高

三、判断题

1.晶圆减薄工艺只会降低晶圆的强度。　　　　　　　　　　　　　　　　　（　　）

2.晶圆减薄工艺对封装的散热性能没有影响。　　　　　　　　　　　　　　（　　）

3.晶圆划片工艺对芯片性能没有影响。　　　　　　　　　　　　　　　　　（　　）

4.机械切割是目前最先进的晶圆划片方法。　　　　　　　　　　　　　　　（　　）

2.3　任务三　AT89S51芯片粘接与键合

任务目标

芯片粘接与键合

1. 掌握芯片粘接与芯片键合的工艺目的。
2. 掌握芯片粘接与芯片键合的操作过程。
3. 掌握芯片粘接与芯片键合过程中常见问题的解决方法。

任务准备

本任务需要完成双列直插式封装和方型扁平式封装的芯片粘接与键合工艺操作，并通过查询资料，进一步完善实际工艺中芯片粘接与键合工艺的知识储备，解决工艺过程中常见的产品问题。任务单如表2-10所示。

表2-10　任　务　单

项目名称	AT89S51芯片封装
任务名称	AT89S51芯片粘接与键合
任　务　要　求	
1. 任务准备。 (1) 分组讨论，每组3～5人。 (2) 自行收集所需资料。 2. 完成芯片粘接与键合工艺的资料收集与整理。 3. 提交芯片粘接与键合的工艺操作方案	
任　务　准　备	
1. 知识准备。 (1) 粘接工艺的目的、分类及流程。 (2) 芯片互连工艺的目的和流程。 (3) 键合工艺的步骤和键合方式。 2. 设备支持。 在该任务实施过程中需要准备的工具包括： (1) 仪器：贴片机、键合机或者虚拟工作平台。 (2) 工具：计算机、书籍资料、网络	

自主学习资讯及对应的国家职业技能标准如表2-11所示。

表2-11　自主学习资讯及对应的国家职业技能标准

自主学习资讯	国家职业技能标准
1. 芯片粘接的作用。 2. 芯片粘接的工艺分类。 3. 芯片互连的方式	《国家职业技能标准-集成电路工程技术人员》(2-02-09-06)：封装设计基础知识
1. 引线键合的工艺过程。 2. 贴片机和键合机的日常维护与常见故障	《国家职业技能标准-半导体分立器件和集成电路装调工》(6-25-02-06)：芯片装架、粘接、钎焊、共晶焊、键合设备调整、键合操作及检查

2.3.1　芯片粘接

1. 芯片粘接简介

芯片粘接 (Die Bonding 或 Die Mount) 也称为芯片粘贴，是将 IC 芯片固定于封装基板或引线框架的承载座上的工艺过程，如图 2-37 所示。已切割下来的芯片需贴装到引脚架的中间焊盘上，焊盘的尺寸要与芯片大小相匹配。若焊盘尺寸太大，则会导致引线跨度太大，在转移成型过程中会由于流动产生的应力而造成引线弯曲及芯片位移等现象。

图 2-37　芯片粘接

芯片粘接要求芯片和引线框架小岛的连接机械强度高，导热和导电性能好，装配定位准确，能满足自动键合的需要，能承受键合或封装时可能产生的高温，保证器件在各种条件下使用时有良好的可靠性。芯片粘接工艺流程如图 2-38 所示。

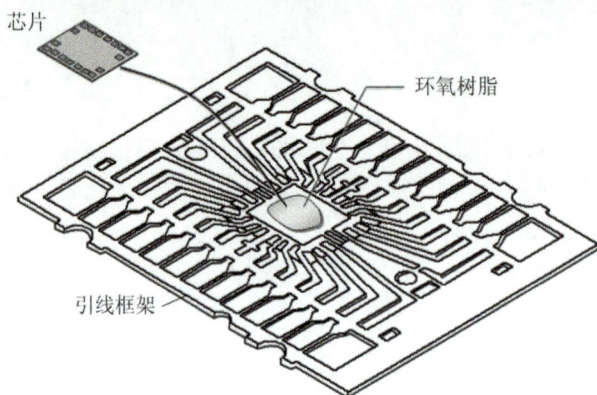

图 2-38　芯片粘接工艺流程

具体的芯片粘接工艺流程如下：

(1) 在引线框架的小岛上用银浆分配器点好银浆。

(2) 抓片头将芯片从圆片抓至校正台上。

(3) 校正台将芯片的角度进行校正。

(4) 装片头将芯片由校正台装到引线框架的小岛上，装片过程结束。

芯片粘接的方式主要有共晶粘接法（将 Au-Si 共晶合金贴装到基板上）、焊接粘接法 (Pb-Sn 合金焊接)、导电胶粘接法（在塑料封装中最常用的方法是使用高分子聚合物将芯片贴装到金属框架上) 和玻璃胶粘接法四种。

1) 共晶粘接法

共晶粘接法利用 Au-Si 共晶 (Eutectic) 粘接，IC 芯片与封装基板之间的粘接在陶瓷封装中有广泛的应用。

共晶粘接法是利用 Au-Si 合金 (一般是 69% 的 Au，31% 的 Si)，在 363℃时的共晶熔合反应使 IC 芯片粘接固定。一般的工艺方法是将硅芯片置于已镀金膜的陶瓷基板芯片座上，再加热至约 425℃，借助 Au-Si 共晶反应液面的移动使硅逐渐扩散至金中而形成紧密的接合。在共晶粘接之前，封装基板与芯片通常有交互摩擦的动作，用以除去芯片背面的硅氧化层，使共晶润湿性降低。润湿性不良将减弱界面粘接强度，并可能在接合面产生孔隙，若孔隙过大，则将使封的热传导质量降低而影响 IC 电路运作的功能，也可能造成应力分布不均匀而导致 IC 芯片破裂。

2) 焊接粘接法

焊接粘接法是另一种利用合金反应进行芯片粘接的方法，其优点是热传导性好。焊接粘接法的工艺是将芯片背面淀积一定厚度的 Au 或 Ni，同时在焊盘上淀积 Au-Pd-Ag 和 Cu 的金属层。这样就可以使用 Pb-Sn 合金制作的合金焊料很好地将芯片焊接在焊盘上。焊接温度取决于 Pb-Sn 合金的具体成分。

焊接粘接法与前述的共晶粘接法均利用合金反应形成贴装。因为粘接的媒介是金属材料，所具有的良好热传导性质使其适合高功率元器件的封装。根据焊接粘接法所使用的材料，可分为硬质焊料与软质焊料两大类。硬质的 Au-Si、Au-Sn、Au-Ge 等焊料塑变应力值高，具有良好的抗疲劳 (Fatigue) 与抗潜变 (Creep) 特性，但使用硬质焊料的接合难以缓和热膨胀系数差异所引发的应力破坏。使用软质的 Pb-Sn、Pb-Ag-In 焊料则可以改变这一缺点，但使用软质焊料时必须先在 IC 芯片背面镀上类似制作焊锡凸块时的多层金属薄膜，以利于焊料的润湿。焊接粘贴法的工艺应在热氮气或能防止氧化的环境中进行，以防止焊料的氧化及孔洞的形成。

3) 导电胶粘接法

导电胶是众所周知的填充银的高分子材料聚合物，是一种具有良好导热导电性能的环氧树脂。导电胶粘接法不要求芯片背面和基板具有金属化层，芯片粘接后，在导电胶固化要求的温度及时间下进行固化，可在洁净的烘箱中完成，操作起来简便易行。因此，该方法成为塑料封装中常用的芯片粘接法。可以提供所需的电互连的 3 种导电胶如下：

(1) 各向同性材料。它能沿所有方向导电，代替热敏元件上的焊料，也能用于需要接地的元器件。

(2) 导电硅橡胶。它有助于保护器件免受环境的危害，如水、气，而且可屏蔽电磁干扰 (Electromagnetic Interference，EMI) 和射频干扰 (Radio Frequency Interference，RFI)。

(3) 各向异性导电聚合物。它只允许电流沿某一方向流动，可提供倒装芯片元器件的电连接和消除应变。

以上 3 种类型的导电胶有两个共同点，即在接合表面形成化学结合和具有导电功能。

导电胶填充料是银颗粒或者银薄片，填充量一般在 75%～80% 之间，黏结剂都是导电的。但是，作为芯片的黏结剂，添加如此高含量的填充料，其目的是改善黏结剂的导热性，即为了散热。因为在塑料封装中，电路运行过程产生的绝大部分热量将通过芯片黏结剂和框架散发出去。

也可以将导电胶制成胶带或固体膜，切割成适当大小后将其置于 IC 芯片与基座之间，然后进行热压接合，这样有利于自动化大量生产。导电胶粘接法的缺点是热稳定性不好、容易在高温时发生劣化，并引发黏结剂中有机物气体成分泄漏而降低产品的可靠度，因此不适用于高可靠度的封装。

4) 玻璃胶粘接法

玻璃胶为低成本芯片粘接材料，使用玻璃胶进行芯片粘接是先以盖印、网印、点胶的技术将胶原料涂布于基板的芯片座中，将 IC 芯片放置在玻璃胶上后，再将封装基板加热至玻璃熔融温度以上即可完成粘接。冷却过程中需谨慎控制降温的速度以免造成应力破裂，这是使用玻璃粘接法应注意的事项。除了一般的玻璃胶，胶材中也可填入金属箔（银为最常使用的填充剂），用以提升热、电传导性能。玻璃胶粘接法的优点为可以得到无空隙、热稳定性优良、低接合应力与低湿气含量的芯片粘接；它的缺点为胶中的有机成分与溶剂必须在热处理时完全去除，否则对封装结构及其可靠度将有所损害。

在塑料封装中，IC 芯片必须被粘接固定在引脚架的芯片基座上，而玻璃必须在有特殊表面处理的铜合金引脚架上才能形成接合，对低成本的塑料封装而言则不经济。然而，玻璃胶粘接法可在玻璃胶与陶瓷材料之间形成良好的粘接，因此玻璃胶粘接法适用于陶瓷封装中。

表 2-12 给出了以上 4 种芯片粘接方法及其特点。

表 2-12　芯片粘接方法及其特点

芯片粘接方法	原　理	特　点
共晶粘接法	利用 Au-Si 共晶反应进行芯片的粘接。需要在芯片背面镀金膜，使用 Au-Si 预型片	优点：导电导热性能好。 缺点：膨胀系数适配严重（即应力大），芯片易开裂，自动化程度低。 应用：适用于小尺寸的芯片，常用于有特殊导电性要求的大功率晶体管
焊接粘接法	利用铅锡焊料合金反应进行芯片的粘接。需要芯片背面镀金或镍，焊盘淀积金属层	优点：成本低，导热好，但略逊于共晶粘接。 缺点：工艺复杂，焊料易氧化。 应用：适用于大功率晶体管和集成电路
导电胶粘接法	利用高分子材料聚合物导电胶固化进行芯片的粘接。导电胶有时也称为银浆，其成分通常为环氧树脂填充一定的金属粉末(Ag)，其中环氧树脂作为黏结剂，银粉起增强导电性和导热性的作用	优点：操作简单，成本低，导热好。 缺点：热稳定性较差，可靠性较差。 应用：常用于塑料封装
玻璃胶粘接法	利用高分子材料聚合物玻璃胶进行芯片的粘接	优点：成本低，无缝隙，热稳定性好，结合应力低，湿气含量低。 缺点：需完全去除有机成分和溶剂，否则易对封装结构及其可靠性造成损害。 应用：常用于陶瓷封装

2. 芯片粘接设备

导电胶粘接法是最为常用的芯片粘接方式，低成本且便于自动化生产是其广为应用的主要原因。导电胶粘接法是利用装片机来实现芯片的自动粘接的。装片机外观如图 2-39 所示。

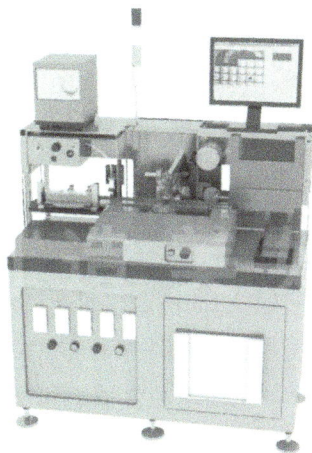

图 2-39 装片机

图 2-40 为装片机的点胶区，图 2-41 为装片机的上芯区，具体的装片过程如下：

(1) 银浆分配器 (即点胶头) 将银浆涂布在引线框架的芯片座上 (此动作称为点胶或点浆，且要保证合适的厚度和轮廓)。

(2) 引线框架移至下一位置。

(3) 机械手臂利用吸嘴将经过切割的晶圆上的晶粒精确地放置在芯片座上。

(4) 引线框架与晶粒实现粘接，装片过程结束。

其中，吸嘴吸取芯片的原则是若没有识别到芯片，则进行换行识别或停止粘片；若识别的芯片不合格 (如存在墨点、缺角、崩边、无图形等)，则不吸取该芯片，移动到下一个芯片进行识别；若识别的芯片合格，则吸嘴吸取该芯片。

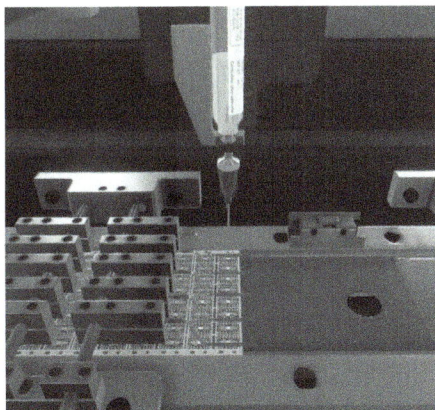

图 2-40 装片机的点胶区

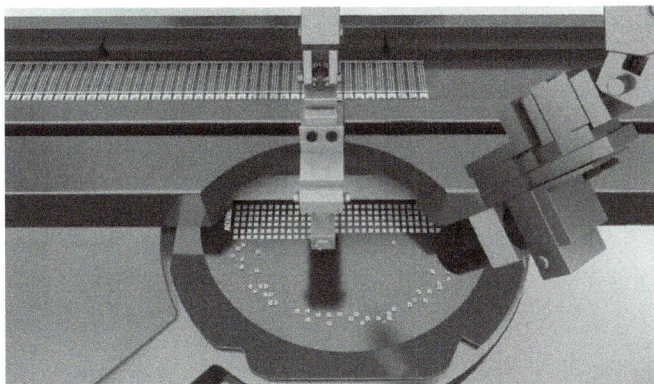

图 2-41 装片机的上芯区

3. 芯片手动粘接工艺流程

不同封装材料和封装形式采用的粘接方法不同。本小节以塑料封装为例，介绍手动焊接粘接法的操作流程。

操作员在接收到完成晶圆划片工艺的物料后，即可进行芯片粘接工艺操作。芯片手动粘接工艺主要包含封装材料准备、芯片装架、烧结等步骤，工艺进行过程中需要进行质量检查。

(1) 封装材料准备。粘接工艺操作之前应准备好封装材料，其中最重要的是清洗芯片和管座。一般使用超声清洗机对芯片进行清洗。清洗芯片和管座的方法如下：

① 芯片清洗。将芯片倒入丙酮中，使用超声清洗机清洗 4～5 min；滤干丙酮后，倒入无水酒精（乙醇）再次超声清洗 4～5 min；然后使用去离子水多次冲洗，并使用无水酒精脱水。

② 管座清洗。将管座浸入盛有丙酮的干燥塔 45 min 左右，滤干丙酮后再用无水酒精浸泡 30 min，最后用去离子水冲洗。

③ 管帽清洗。将管帽浸入去离子水中，使用超声清洗机清洗 5 min 后取出。

④ 烘干。将清洗好的管座、管帽、芯片放入烘箱烘干，待用。

(2) 芯片装架。使用真空吸笔将芯片及焊料等放置到管座芯片粘接区域，具体方法如下：

① 放置焊料。用真空吸笔将铅锡焊料片吸起，平置于管座上。

② 放置芯片。用同样的方法，将芯片吸起，轻放于焊料片之上。芯片的放置方向应与键合区布局方向一致，并确保芯片处于焊料片区域中心。

③ 盖板放置。为防止烧结时夹子夹持器件而损坏器件，应在芯片上方放置保护膜、石英片。用真空吸笔将铝箔轻覆于芯片之上，再将硅盖板、石英片依次放置其上。

④ 芯片固定。用钼夹子将管座、焊料片、芯片、盖板、石英片夹住固定，将装架好的工件放入钼舟等待烧结。

(3) 烧结。烧结是指经过高温加热熔化芯片与底座之间的焊料，使芯片与底座牢靠地结合起来。其具体方法如下：

① 烧结准备。将器件放入烧结炉，调节烧结气氛（氢气，点燃）和参数（烧结温度为 $320\pm5℃$，烧结时间为 10～12 min)。

② 烧结。将装有待烧结工件的钼舟放入高温扩散炉口，开始烧结。

③ 冷却。烧结完成后，使用钼推拉钩将钼舟平稳地拉至冷却区，冷却时间不低于 5 min。

④ 卸架。冷却后，将工件取出并将钼夹子轻轻取下，再依次取下石英盖板、硅盖板。然后检查烧结质量，将烧结好的工件放入托盘。

4. 芯片自动导电胶粘接工艺流程

操作员在接收到完成晶圆划片工艺的物料后，即可进行芯片粘接工艺操作。芯片自动导电胶粘接工艺主要包含领料确认、装料、参数设置、粘接、收料、银浆固化、质量检查等步骤，工艺操作过程中需要进行质量检查。

(1) 领料确认。操作员确保工位整洁后，领取需要进行芯片粘接的晶圆以及对应规格的引线框架，其中不同的芯片会对应不同的引线框架型号，因为引线框架晶粒座的大小、引脚的个数都与芯片有关。领取物料后需要确认物料的正确性和合格性，具体要求如下：

① 确认引线框架的规格、型号，检查引线框架的镀层质量。

② 核对晶圆的规格、批号、产品名称是否与随件单一致。

③ 检查银浆是否为生产所要求的型号、规格以及是否在有效期限内。

④ 检查点胶头的规格、质量是否符合要求。

⑤ 检查吸嘴的尺寸、安装是否符合要求。

⑥ 检查料盒的规格是否符合要求。

(2) 装料。装料过程需要完成引线框架、晶圆、银浆、料盒等的添加，具体要求如下：

① 添加引线框架。将领取的引线框架放到装片机的上料区，在添加引线框架时需要检查引线框架的共面性，并注意引线框架在设备上的放置方向。

② 添加晶圆。将完成划片的晶圆固定在承片台上，在放置晶圆时需保证防静电环接地，并注意晶圆在承片台上的放置方向，避免因一时疏忽造成不必要的损失。

③ 添加银浆。将完成回温的银浆添加至针筒内 (点胶时银浆的容器)，并安装好点浆时所需的点胶头，添加完成后需要将滴溅出来的银浆擦拭干净。

④ 添加料盒。根据封装形式选择相应的料盒，并将料盒放置到装片机的收料区。料盒也可作为引线框架盒，用于放置引线框架以及处在引线框架区域内的芯片，如图 2-42 所示。在放置料盒时应注意料盒的方向，并记录对应的料盒编号，防止在加工过程中出现混批现象。

图 2-42　引线框架盒

(3) 参数设置。在系统操作界面上进行参数设置，需要对取晶零点、取晶高度、固晶高度、顶针步数、运输钩针步进、承片台步进、真空值、银浆注射量等参数进行设置，同时需要调整摄像头、吸嘴、顶针、承片台的位置。参数设置完成即可运行设备。

(4) 粘接。芯片粘接过程由装片机 (又称为粘片机) 自动完成，通过传动装置控制带有钩针的连接杆来移动引线框架，引线框架由传输轨道依次完成上料、点胶、取芯装片、下料等环节。上料区与芯片粘接区如图 2-43 所示。

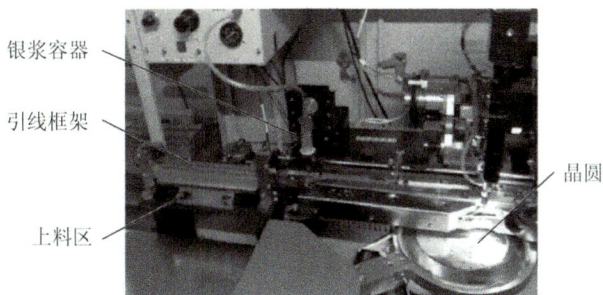

图 2-43　上料区与芯片粘接区

(5) 收料。粘接完成的引线框架由传输装置送至收料区的料盒中，料盒接收完该引线框架后下移一定位置，等待接收下一个完成粘接的引线框架。当一个料盒装满后，装片机将其送至料盒的收纳区，并夹持新的空料盒继续下料，若空料盒使用完则需要人工添补料盒。收料区如图 2-44 所示。

完成芯片粘接的引线框架　　　　　　料盒

图 2-44　收料区

（6）银浆固化。为了使芯片与引线框架之间焊接牢固，需要利用银浆在高温下能完全反应的特性，进行银浆固化处理。操作员将贴装完成的框架放于烘干箱中，通常是在 175℃的环境下高温烘烤 1 h。

（7）质量检查。芯片粘接的质量检查一般采用抽检的方式，在芯片粘接工序完成一部分的装片之后，抽取部分完成芯片粘接的引线框架，利用显微镜进行粘接的质量检查，并记录抽检的检查结果。

所有工作完成后应及时打扫卫生，收拾物料，保持设备清洁，并与下一道工序的操作员进行产品交接工作。

5. 点胶头

点胶头属于自动装片机的配件产品，是在引线框架的芯片座上进行点银浆的部件。点胶头的针头形状有矩形和圆形两种，如图 2-45 所示。

  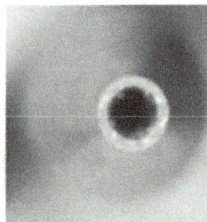

（a）矩形：X 型　　　　　　（b）矩形：双 Y 型　　　　　　（c）圆形

图 2-45　点胶头

在实际操作中，应根据芯片大小和引线框架上芯片座（焊盘）的大小来选取点胶头。当焊盘大小相差不大时，可以选取同一种针头，但是对于相差悬殊的焊盘就要选取不同的针头，这样既可以保证点胶质量，又可以提高生产效率。

由于设备的不同，点胶头的选取也会有所差异，自动装片机大部分采用不锈钢点胶头。每次工作开始前应校准针头与焊盘的距离。

装片机的点胶部位由针筒、点胶头以及控制驱动部件组成，针筒用于容纳点胶时需要的银浆。领取点胶头时，操作员必须领取对应的装配图，且必须遵守"以一换一"的原则，即将原来的点胶头归还后方可领取下一个点胶头，方便点胶头的管理。

应根据芯片的尺寸来选择更换的点胶头，更换点胶头前应先检查点胶头的规格是否符合要求，点胶头的出胶孔是否通畅，要求无堵塞、无污物黏附。若存在杂物，则应用酒精棉将点胶头清洗干净后方可安装使用。当出现以下情况时，需要进行点胶头的更换：

(1) 更换不在同范围内的芯片。

(2) 装片机停机超过 4 h(因设备型号和企业的不同，会有所不同)。

(3) 更换银浆类型。

(4) 点胶头堵塞。

(5) 点胶头损坏。

需要注意的是，在更换完银浆后要清洁一下导轨，并且在更换点胶头后需要进行测高，测高时使用的引线框架上不能有银浆。

2.3.2　芯片互连

1. 芯片互连简介

集成电路芯片互连是将芯片焊区与电子封装外壳的 I/O 引线或基板上的金属布线焊区相连接，只有实现芯片与封装结构的电路连接才能发挥已有的功能，如图 2-46 所示。

图 2-46　芯片互连

芯片互连

芯片互连常见的方法有引线键合 (WB)、载带自动键合 (TAB)、倒装芯片键合 (FCB) 三种。这三种互连技术对于不同的封装形式和集成电路芯片集成度的限制各有不同的应用范围。

引线键合在诸多封装连接方式中占据主导地位，其应用比例几乎达到九成，这是因为它具备工艺实现简单、成本低廉等优点。随着半导体封装技术的发展，引线键合在未来一段时间内仍将是封装连接中的主流方式。

键合方式目前主要有热压键合、超声波键合和热压超声波键合三种。

(1) 热压键合。引线在温度高于 250℃、热压头的压力作用下发生形变，产生塑性变形，此时在金属交界面处接近原子力的范围，金属间的原子相互扩散，形成牢固的焊接。

(2) 超声波键合。在压头压力作用下，金属与被焊件之间会产生超声频率的弹性振动，可破坏接触面上的氧化层且产生热量，从而使两个原本为固态的金属牢固键合。该过程既不需要外界加热，也不需要电流、焊剂，对被焊件的物理化学特性无影响。

(3) 热压超声波键合。键合工艺为热压焊与超声焊的结合。在超声波键合的同时对加热板和劈刀加热，加热的温度约为 150℃。加热可以促进金属间原始交界面的原子相互扩散及增强分子间的作用力。键合加热温度低、键合强度高等优点使得热压超声波键合成为键合方式的主力军。

在一定值的温度环境中，芯片作用在劈刀压力下并加载超声振动，引线的一端键合在芯片的焊盘上，另一端键合在基板、芯片、引线框架的引脚上，实现芯片电路与外部其他部件电路的电性连接。在热压超声波键合工艺中，焊球键合具有显著优势。其操作方便灵活，焊球结合牢固，占用面积大，同时键合的方向无定性，因此可以实现灵活的工艺选择性及高速度的焊接。

2. 引线键合材料

键合线是引线键合工艺中重要的原材料之一，其材料、丝线直径、电导率、剪切强度、抗拉强度、弹性模量、泊松比、硬度、热胀系数等是关键因素。在键合线选材时需要满足以下几点要求：

(1) 键合线材料必须是高导电的，以确保信号完整不被破坏。

(2) 球形键合的键合线直径不应超过焊盘尺寸的 1/4，楔形键合则不超过 1/3。键合线直径越大，其熔断电流也越大，即可传导的电流也越大。

(3) 焊盘和键合材料的剪切强度和抗拉强度很重要，键合强度需要满足要求。

(4) 键合线和焊盘硬度要匹配。如果键合线硬度大于焊盘，则会产生弹坑；如果小于焊盘，则容易将能量传给基板。

理想的引线键合材料应该具有化学性能稳定，与半导体材料之间的结合力强，电阻率低（导电性能强）、可塑性好，能够在键合过程中保持一定的几何形状等特点，故在键合工艺中通常使用金线作为键合丝线。但由于成本问题或一些特殊需要，铜线、铝线、银线等常被用于引线键合工艺中。

常用的引线键合材料有金线、铝线及近年来常用的铜线。金线在引线键合中得到了广泛的应用，具有耐腐蚀、韧性佳、电导率大、导热性能良好等优势。铝线常用于楔键方式，因为铝线形成焊球非常困难，主要应用于大间距的焊盘芯片、微波器件、光电器件等。随着半导体微电子的发展，低成本、高可靠性、高工艺控制性的新材料也将日益增多。表 2-13 列举了金线、铝线、铜线的特点。

表 2-13　金线、铝线、铜线的特点

材　料	特　　点
金	适合焊球与压焊
	高导流能力
	高导热能力
	线径多样化
	价格高
铝	压合方式焊接
	载流能力弱
	热传导差
	不适合细间距芯片焊盘的键合
	键合时不需要芯片背部加热
铜	价格低廉，仅为金线成本的 1/3～1/10
	载流能力强，高于金线
	导热能力强，高于金线
	高刚度，可以适合细小间距键合
	铜、铝之间的扩散速度低于金、铝
	容易被氧化，工艺不稳定
	硬度强，键合需要更大压力，容易造成芯片破坏

3. 引线的类型

引线主要有标准线弧、FLAT 线弧和 J 型线弧 3 种类型。

1) 标准线弧

标准线弧一般为长度小于 2.5 mm 的线弧，如图 2-47 所示。

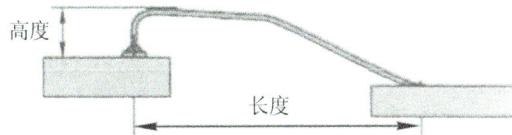

图 2-47　标准线弧

2) FLAT 线弧

FLAT 线弧在中间部位有一段平坦的线，用来增加整个线弧的长度，如图 2-48 所示。

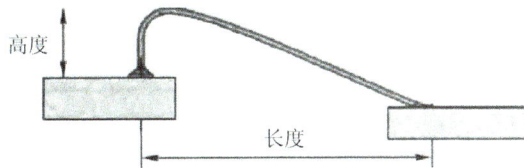

图 2-48　FLAT 线弧

3) J 型线弧

J 型线弧在线弧的颈脖处向侧面产生弯曲，再形成一段水平平坦的线弧，适合特殊应用，如图 2-49 所示。

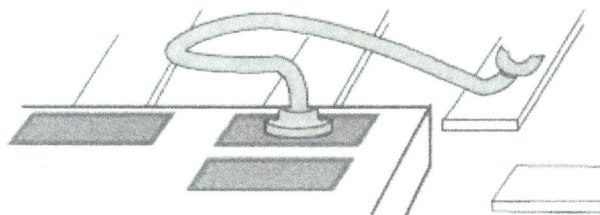

图 2-49　J 型线弧

4. 引线键合工艺流程

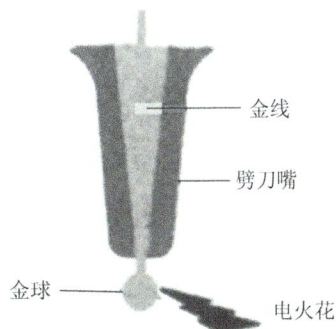

引线键合过程包括产生焊球、焊球、形成线弧形状、第二点落下、焊接第二点、拉断金线。

(1) 产生焊球。在电火花作用下将金线烧结成金球，如图 2-50 所示。

引线键合工艺流程

图 2-50　产生焊球

(2) 焊球。将金球与芯片的焊盘压合，使焊球焊接在芯片焊盘上，在压合过程中伴有超声波振动及芯片底部加热，如图 2-51 所示。

图 2-51　焊球

(3) 形成线弧形状。线弧形状的形成起始于焊球，终止于线弧最高点。到达最高点之后，劈刀开始下降，此时金线被夹子固定直至落在基板焊盘上并粘接。在这个过程中确定了线弧的长度、高度、形状。完成第一点焊球的绑定后，劈刀会上升至最高点或往回路产生一至二道折弯路径，以改善线型的稳固性。折弯路径适合高要求、长线弧的线型。折弯路径产生在完成第一点焊球之后，朝第二点绑定方向相反的方向进行。第一次折弯的目的是增强稳固性及在第二点绑定之前调整线型角度。比较长的线型 (如 2.5～3 mm) 则需增加第二次折弯路径，是指在第一次折弯的基础上再朝第二点绑定方向的相反方向折弯，产生一个清晰的轮廓。第二次折弯路径是为了在较长线条件下使线型更加稳固，且提供一个有一定长度的平坦线型区域，用于拉长线弧，如图 2-52 所示。

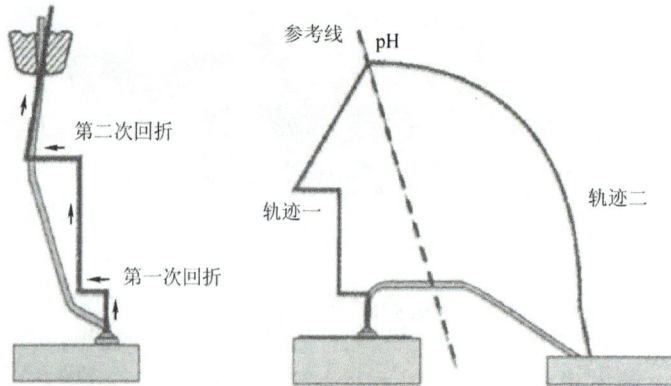

图 2-52　线弧形成过程

(4) 第二点落下。第二点落下区域开始于劈刀最高点，止于绑线焊盘，落下轨迹严格按照设置的参数进行，如图 2-53 所示。在此过程中，焊球上方的线颈脖区域受拉力作用敏感，容易发生颈脖式断裂，需特别注意设置相关参数。

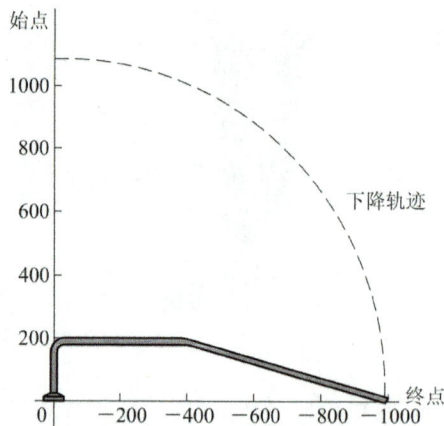

图 2-53　第二点落下过程

(5) 焊接第二点。劈刀落至第二点焊盘，劈刀上方的夹子夹紧金线，劈刀下压，伴随超声波振动和焊盘底部加热，如图 2-54 所示。

图 2-54　焊接第二点

(6) 拉断金线。完成金线与焊盘的粘接后，劈刀将会抬起并拉断金线，在焊盘上留有鱼尾，如图 2-55 所示。

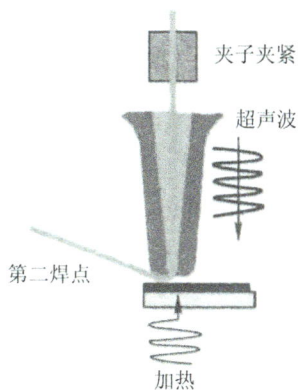

图 2-55　劈刀抬起

引线键合的整个过程如图 2-56 所示。

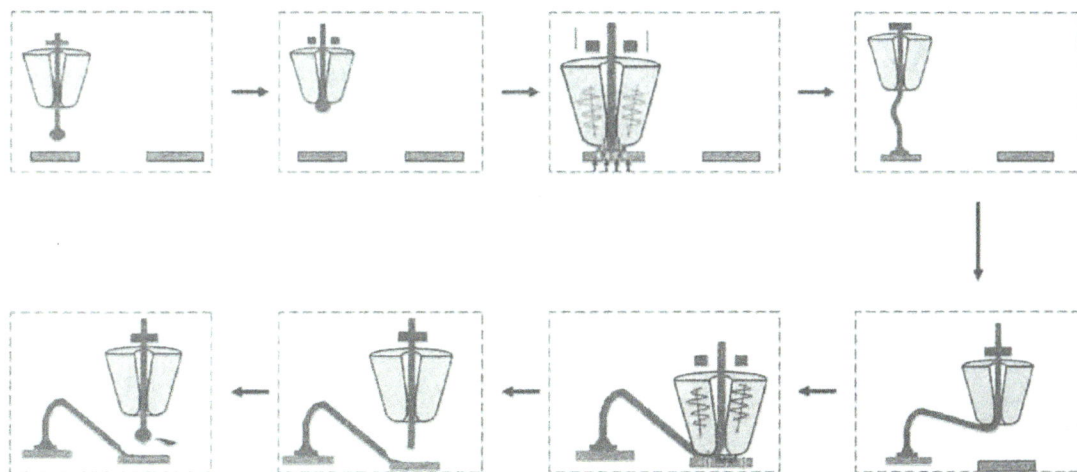

图 2-56　引线键合流程图

5. 引线键合设备

引线键合通过键合机实现。根据其自动化程度的不同，键合机可分为手动键合机和自动键合机。图 2-57 为自动键合机，它是将多种功能集合于一身的设备，主要功能如下：

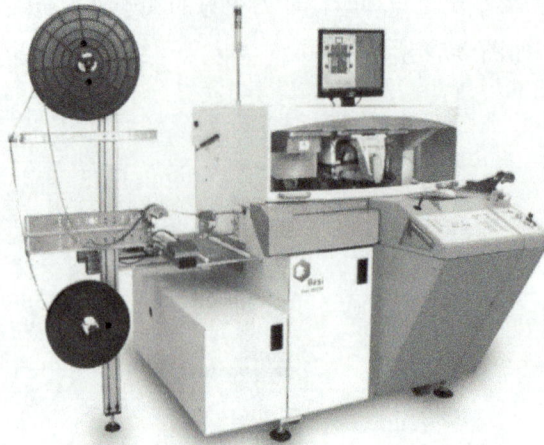

图 2-57　自动键合机

（1）自动识别功能。在高速中央处理器的帮助下，自动键合机能对图像进行分析处理，能找出图像的共同点，从而达到根据图像定位的目的。相关组成部分有计算机、摄像头、图像处理电路等。

（2）自动送料功能。自动键合机能在完成目前单元的基础上自动送料，以达到全自动生产的效果。相关组成部分有工作台和升降台等。

（3）自动焊接功能。计算机根据图像处理后的信息，驱动焊接平台运动到工作坐标，完成焊接工作。其中包含一系列的动作，如利用高压放电来制造金球、检测焊接过程的完好程度等。

（4）自动控温功能。自动键合机能自动控制工作区的温度。

图 2-58 是自动键合机的键合区。

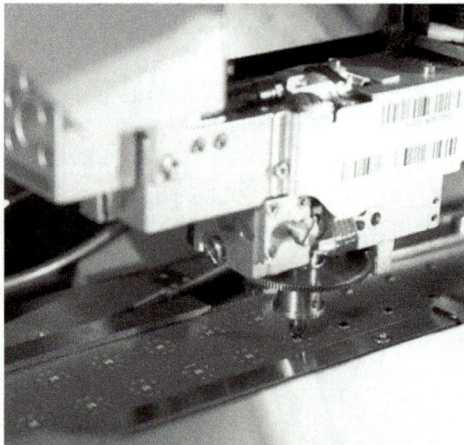

图 2-58　自动键合机的键合区

6. 引线键合的工艺操作

装片合格品进入引线键合工序时，由操作员进行键合的工艺操作。引线键合的工艺操作具体包括领料确认、装料、参数设置、键合、收料、质量检查等。

（1）领料确认。引线键合的操作员整理工位后领取引线键合工序的物料，包括完成芯片粘接的引线框架、键合线、料盒等，需要更换劈刀时则还要领取对应型号的劈刀。首先进行产品质量与信息确认，如果发现问题应立即通知质量工程师或工艺工程师。需要进行确认的信息如下：

① 芯片表面是否沾污。

② 键合程序、键合线型号、劈刀型号、料盒号是否与随件单一致。

③ 产品数量是否与随件单一致。

④ 引线框架表面镀层是否合格，应无严重划伤、无变形。

(2) 装料。信息确认无误后清洁焊盘和引线框架，一般有等离子清洁和紫外线臭氧清洁两种方式。然后开始装料，将装有完成装片的引线框架的料盒放置于键合机上料区，将空料盒放于键合机的下料区，将键合线穿入劈刀内。取用键合线时应拿住线轴空心处，手指不能触碰键合线，然后用镊子镊取线的一端进行装线操作。

(3) 参数设置。在操作系统的界面上进行参数设置。先调用程序，找到文件菜单内对应的键合程序进行调用，若无法找到更换的产品适用的程序，则必须要建立新的程序。编写新程序需要设置的参数包括参考点设定、跳过的点设定、劈刀高度测量、侦测功能设定等，并完成键合位置、键合次序的校正工作，确认后方可调取使用新程序。

调取程序后还需要进行设备的参数调整，包括轨道高度、料盒升降台、焊接参数、线弧、打火高度等参数设置。确认参数正常后，启动自动键合，开始键合操作。

(4) 键合。在键合机运行时，上料区的引线框架依次从料盒中进入运送轨道，到达键合区后键合机按照设定好的键合要求完成键合，每次进行键合时压板会自动下压以固定引线框架，引线框架上的芯片均键合完成后才会被送至下料区。键合操作如图 2-59 所示。

图 2-59　键合操作

(5) 收料。键合完成的引线框架由传输装置送至收料区的料盒中，料盒接收完该引线框架后下移一定位置，等待接收下一个完成键合的引线框架。当一个料盒装满后，键合机将其送至料盒收纳区，并夹持新的空料盒继续接收。

(6) 质量检查。引线键合的质量检查一般采用抽检的方式，在该工序完成一部分的键合之后，抽取部分成品，利用显微镜进行引线键合的质量检查，并记录抽检的检查结果。若发现问题，则应及时调整，待调整后方可继续生产。

所有工作完成后应及时打扫卫生，收拾物料，保持设备清洁，并与下一道工序的操作员进行产品交接工作。

7. 引线键合的注意事项

在引线键合操作过程中需要注意以下内容：

(1) 操作时必须保持轨道的清洁，确保送料顺畅。

(2) 操作过程中需保证键合线的洁净度，防止沾污。

（3）在键合机运行过程中要注意设备的运行情况，关注运行参数是否正常以及上料区、下料区、键合区是否缺乏物料，若是则应及时补料。

（4）高温状态下操作员在作业时需注意安全，防止烫伤。

（5）在上料区或下料区放置料盒时，需要小心，防止卡手。

8. 引线键合的键合对准

引线键合时第一焊点在芯片表面焊盘上，第二焊点在引线框架对应的引脚上，为保证键合位置的准确性，在开始键合前需要校准键合点的位置，该操作在键合机的显示器上进行。

校准由操作系统实现，通过视觉系统显示键合区的芯片焊盘和引线框架引脚的图像，对准时需要保证第一键合点和第二键合点在对应键合点的中央位置。键合时的图像显示如图 2-60 所示。

图 2-60　键合时的图像显示

键合点位置设置完成后需要手动运行，查看键合位置和键合质量是否合格，以测试校准情况。

2.3.3　装片机和键合机的日常维护与常见故障

芯片粘接和引线键合工艺中，最主要的设备为装片机和键合机，为保证其正常运行，需要定期对其维护和保养，以便及时发现异常情况。

1. 装片机的日常维护

为保证装片机的正常运行以及延长其使用寿命，在做好日常保养的同时需要定期进行检查和维护，日常维护作业时必须保证设备处于不带电状态。装片机中常见的一些定期检查与维护内容如下：

（1）检查设备中各个运动部分的平滑程度，确认是否有异常。

（2）检查各路气管是否有松脱或破损，及时加固或更换。

（3）检查控制电器元件，以免因此造成漏电及局部短路、接触不良。

（4）检查控制面板上的各操作按钮，如果出现故障要及时更换。

（5）维护和紧固各个联轴器。

（6）检查传感器、磁性开关、压力开关和微动开关是否工作正常。

（7）检查导向机构是否正常。

2. 装片机的常见故障

1）装片机运行过程中的异常情况

在装片机自动运行时，其绿色指示灯会亮起。使用过程中可能会遇到不同的异常现象，当设备运行异常时会发出报警或者提示，若影响操作，设备则会自动暂停，黄色指示灯亮起。装片机运行过程中的常见异常情况如下：

（1）引线框架上料区无料报警。

（2）承片台上无晶圆或晶圆已无合格晶粒，说明承片台上未放置晶圆或已完成该晶圆的粘接。

（3）收料区无空料盒。

(4) 引线框架在轨道中卡料。

(5) 运行过程中偶尔有晶粒在被吸取时掉落。

2) 装片机的设备故障

对于装片机运行过程中的异常情况，操作员可以直接进行处理；但当出现设备异常故障时则需要技术员进行维修，此时蜂鸣器会响起，红色指示灯亮起，同时弹出报警画面。装片机中比较常见的设备故障如下：

(1) 电源启动失败。

(2) 伺服电机运行失败。

(3) 传送引线框架失败。

(4) 吸起芯片失败。

(5) 电动执行器运行失败。

(6) 引线框架下料失败。

(7) 吸片失败或不牢。

遇到这些情况时，需要关闭设备电源，并立即报告当班技术人员进行处理。技术人员检查相应部件，然后开机进入手动模式进行相应部件操作测试。

3. 键合机的日常维护

键合机的日常维护包括以下内容：

(1) 检查机台气管及接头有无漏气现象，若有问题要及时更换。

(2) 校正热板温度与显示器上显示的温度是否一致。

(3) 定期检查加热块是否缺损，确认不合格的要及时报废处理，并安装新的加热板。

(4) 定期检查键合线夹具，若发现变形严重或长时间使用严重磨损的夹具应及时报废并更换，为减少夹具的磨损可在其背面贴耐温胶皮。

(5) 设备运行时需确认设备内部无不正常响声和气味，若发现异常应及时关闭设备，防止异常状态下运行造成不必要的损失。

(6) 确认设备的气压表指针在标识的范围内。

4. 键合机的保养项目

需按保养规范做好键合机的机台保养，保持机台的清洁。常见的键合机保养包含日保养、周保养、月/年保养。

1) 日保养

键合机日保养的内容如下：

(1) 外观。用无尘布沾少许酒精将机箱和真空泵表面擦拭干净，不可在机台上留有过多的酒精。保养过程中注意安全，保养完成后酒精瓶不能放在机台上。

(2) 打火杆。用棉花棒蘸酒精进行清洁，清洁完成后要重新穿线才可作业，防止滑球。

(3) 机台气压。观察机台总气压是否在规定范围内，一般大气压表为 0.5 MPa，小气压表为 0.3 MPa。

2) 周保养

键合机周保养的内容如下：

(1) 接地。观察机器设备有无接地，用万用表测量机台与地之间是否导通。

(2) 送线路径。用棉花棒蘸少许酒精对键合线路径进行擦拭，保证键合线路径的洁净，防止键合线在送线过程中受污染或者卡线。

(3) 空气过滤器。保养时需要清除空气过滤器内的废水、废油。其方法是将无尘布放在过滤器的废水出口处，按住开关按钮，待过滤器内的废水、废油排干净后，再将无尘布取走并丢入垃圾桶内。

(4) 气压。检查机台气管及接头有无漏气现象。

3) 月／年保养

机台内部需进行月／年保养。对机台平时未进行保养的部位进行全面清洁，包括马达驱动、电路板表面、开关内部等的灰尘清理。

5. 键合机的常见故障

键合机在运行过程中经常会出现一些运行故障，需要操作人员进行处理，待处理完成还需继续键合操作。常见的键合机故障报警内容如下：

(1) 没有烧成球或断线。

(2) 第一焊点或第二焊点不粘连。

(3) 芯片图像存在问题、第一焊点或第二焊点搜索失败、索引图像寻找超出范围等。

(4) 引线框架移动时在轨道卡料，引线框架上料或下料时在料盒中堵塞。

(5) 上料区无料或收料区无空料盒，键合线已用完。

(6) 引线框架位置错误。

(7) 推杆位置错误。

(8) 出料台面满。

(9) 进料或出料感应器错误。

(10) 打火杆无法正常工作。

课程思政

中芯国际创始人——张汝京

张汝京，1948年出生于江苏南京，早年随父母迁居中国台湾，并在美国取得了电子工程博士学位。在半导体行业积累了丰富的经验后，他毅然决然地选择报效祖国，投身于中国芯片产业的发展。这一决定，彰显了他深厚的爱国情怀和对祖国科技事业的无限忠诚。

2000年，张汝京在上海创立了中芯国际集成电路制造有限公司，并担任总裁。在他的领导下，中芯国际迅速崛起，成为中国半导体行业的领军企业。他凭借卓越的领导力和丰富的行业经验，带领团队攻克了一个又一个技术难关，成功实现了高端芯片的量产，极大地缩短了中国与全球半导体先进水平的差距。张汝京深知人才对于半导体行业的重要性，因此他非常重视人才的培养和引进。他积极倡导校企合作，与国内外多所知名高校建立合作关系，共同培养半导体领域的高素质人才。同时，他还亲自参与人才选拔和培养工作，为中芯国际乃至整个中国芯片产业输送了大量优秀的技术人才。

除了技术和人才方面的贡献，张汝京还积极推动中国芯片产业与国际市场的接轨。他与国际半导体巨头建立了广泛的合作关系，引进先进的技术和管理经验，提升了中芯国际的国际竞争力。同时，他还积极参与国际半导体行业的交流和合作，为中国芯片产业在国际舞台上赢得了更多的关注和机会。

张汝京的先进事迹不仅体现在他对中芯国际的卓越领导上，更体现在他对中国芯片产业的深远影响上。他的回国创业之举，激发了中国半导体行业的创新活力，推动了中国芯片产业的快速发展。

任务实施

首先需要完成芯片粘接与键合相关的资料收集任务，并将收集的资料作为编写方案的编制依据；再结合 AT89S51 的功能需求，编制完成 AT89S51 芯片粘接与键合的工艺操作方案。实施具体任务时，可参照表 2-14 所示的步骤。

表 2-14 任 务 实 施 单

项目名称	AT89S51 芯片封装		
任务名称	AT89S51 芯片粘接与键合	建议学时	4
计划方式	分组讨论		
序 号	实 施 步 骤		
1	明确目标： (1) 确定方案撰写的主题，如特定类型芯片的粘接和键合方案。 (2) 确定任务的交付成果，如完整的技术方案报告、相关资料的汇总文档		
2	组建团队： 明确团队成员的分工，如资料收集员、方案撰写人、审核人员等		
3	确定资料来源： (1) 查找学术文献数据库，获取芯片粘接和键合相关的科研论文、综述文章。 (2) 收集行业报告、企业技术手册和专利文献。 (3) 参考相关的国家标准、国际标准和行业规范		
4	资料筛选： (1) 根据任务主题，筛选出与目标芯片类型、应用场景相关的资料。 (2) 去除重复、过时或可靠性低的资料		
5	分类归档： (1) 将收集到的资料按照芯片粘接和键合的不同方面进行分类，如粘接材料、键合工艺、质量检测方法等。 (2) 为每个类别建立文件夹或电子文档，便于管理和查找		
6	资料分析： (1) 对资料中的关键数据、技术要点进行提取和总结。 (2) 分析不同资料之间的关联性和差异性，如不同粘接材料的优缺点对比		
7	方案撰写： (1) 确定技术方案的整体结构，包括引言、原理概述、粘接和键合工艺方案、质量控制方案、结论等章节。 (2) 根据资料分析结果，在各章节中列出主要内容要点。依据资料和分析内容，详细撰写各章节。在工艺方案中，要明确粘接和键合的步骤、参数选择依据等。 (3) 在质量控制方案中，阐述检测指标、检测方法和标准。 (4) 检查方案中的语言表达，确保准确、专业、简洁。 (5) 按照统一的格式要求，对方案文档进行排版，包括字体、字号、图表编号等		
8	审核与完善： (1) 组织团队成员对撰写好的方案进行审核，从专业知识、逻辑结构、数据准确性等方面进行检查。 (2) 收集审核意见，对方案中的问题进行标记和记录。 (3) 根据审核意见，对方案进行修改和完善。 (4) 检查修改后的方案，确保所有问题都得到解决		
9	文档整理： 将最终的技术方案报告和资料汇总文档进行整理，确保文件完整、清晰，并归档		
10	总结		

在任务实施过程中，重要的工作内容可以参照表 2-15 进行编制。

表 2-15 "AT89S51 芯片粘接与键合工艺操作方案"示例

项目名称	AT89S51 芯片封装			
任务名称	AT89S51 芯片粘接与键合			
芯 片 粘 接				
工艺流程				
材料选择				
生产过程	设 备	步 骤		参数要求
引 线 键 合				
工艺流程				
材料选择				
生产过程	设 备	步 骤		参数要求
（表格可添加）				

任务习题

一、单选题

1.芯片粘接工艺中常用的粘接材料是（　　）。

A.导电胶　　　　　　　　　　B.硅胶

C.环氧树脂　　　　　　　　　D.焊锡

2.芯片粘接的主要目的是（　　）。

A.固定芯片位置　　　　　　　B.提高芯片性能

C.增强芯片散热　　　　　　　D.降低芯片成本

3.引线键合工艺中常用的键合线材料是（　　）。

A.金线　　　　　　　　　　　B.铜线

C.铝线　　　　　　　　　　　D.银线

4.引线键合的主要目的是（　　）。

A.连接芯片和封装基板　　　　B.提高芯片性能

C.增强芯片散热　　　　　　　D.降低芯片成本

二、多选题

1.芯片粘接工艺可能面临的问题有（　　）。

A.粘接强度不足　　　　　　　B.气泡产生

C.粘接位置偏差　　　　　　　D.成本过高

2.引线键合工艺可能面临的问题有（　　）。

A.键合强度不足　　　　　　　B.键合线断裂

C. 键合位置偏差　　　　　　　　D. 成本过高

3. 影响引线键合质量的因素有 (　　)。

A. 键合线材料性能　　　　　　　B. 键合工艺参数

C. 基板表面状态　　　　　　　　D. 操作人员技术水平

三、判断题

1. 芯片粘接工艺对芯片的电气性能没有影响。　　　　　　　　　　　　(　　)

2. 硅胶是芯片粘接工艺中最常用的材料。　　　　　　　　　　　　　　(　　)

3. 铜线是引线键合工艺中最常用的材料。　　　　　　　　　　　　　　(　　)

2.4　任务四　AT89S51 芯片塑封成型

任务目标

1. 掌握芯片塑料封装、激光打码和去飞边毛刺的工艺目的。

2. 掌握芯片塑料封装、激光打码和去飞边毛刺的操作过程。

3. 掌握芯片塑料封装、激光打码工艺过程中常见问题的解决方法。

任务准备

本任务需要完成双列直插式封装和方型扁平式封装的塑封成型工艺操作，并通过查询资料，进一步完善实际工艺中芯片塑封成型工艺的知识储备，解决工艺过程中常见的产品问题。任务单如表 2-16 所示。

表 2-16　任　务　单

项目名称	AT89S51 芯片封装
任务名称	AT89S51 芯片塑封成型
任 务 要 求	
1. 任务准备。 (1) 分组讨论，每组 3～5 人。 (2) 自行收集所需资料。 2. 完成芯片塑封成型工艺的资料收集与整理。 3. 提交 AT89S51 芯片塑封成型的工艺操作方案	
任 务 准 备	
1. 知识准备。 (1) 芯片成型工艺分类。 (2) 芯片塑料封装常用的工艺。 (3) 芯片塑料封装成型工艺过程。 (4) 打码常用的工艺类型。 (5) 去飞边毛刺的作用。 2. 设备支持。 在该任务实施过程中需要准备的工具包括： (1) 仪器：塑封机、激光打标机或者虚拟工作平台。 (2) 工具：计算机、书籍资料、网络	

自主学习资讯及对应的国家职业技能标准如表 2-17 所示。

表 2-17　自主学习资讯及对应的国家职业技能标准

自主学习资讯	国家职业技能标准
1. 常用的封装材料。 2. 塑料封装的特点。 3. 常用的塑料封装工艺	《国家职业技能标准 - 集成电路工程技术人员》(2-02-09-06)：封装设计基础知识
1. 激光打标的工艺流程。 2. 去除飞边毛刺的作用。 3. 工艺操作的注意事项	《国家职业技能标准 - 半导体分立器件和集成电路装调工》(6-25-02-06)：塑封操作及检查

任务资讯

2.4.1　塑料封装

塑料封装

1. 封装形式

集成电路密封的目的包括以下几个方面：

(1) 使芯片与外界环境隔绝，保护电路不受环境 (外部冲击、热、水等) 影响，并保证其表面的清洁。

(2) 以机械方式支持引线框架。

(3) 散热，将内部产热排出。

(4) 提供可手持的形体。

根据封装材料的不同，封装形式可分为玻璃封装、金属封装、陶瓷封装和塑料封装等，但是从成本的角度和其他方面综合考虑，塑料封装是最为常用的封装方式，占据了市场份额的 90% 左右。表 2-18 介绍了不同封装材料封装形式的特点。

表 2-18　不同封装材料封装形式的特点

封装方法	特　点
玻璃封装	气密性好，重量轻，价格便宜，但机械性和散热性差
金属封装	稳定性、可靠性高，散热好，具有电磁屏蔽作用，但成本高、重量大、体积大，高频工作有寄生效应。它主要用于军工或航天技术
陶瓷封装	高频绝缘性好，多用于高频、超高频和微波器件。它优于金属封装，也多用于军事产品
塑料封装	重量轻，体积小，有利于微型化，成本低，生产效率高，但机械性能差，导热能力弱，对电磁不能屏蔽。它主要用于消费电子产品

2. 塑封工艺介绍

为了防止外部环境的冲击，芯片连接好后即可进行封装，即将裸露的芯片与引线框架"包装"起来。图 2-61 为塑料封装前后的对比图。

塑料封装具有成本低、工艺简单、工作温度低、可靠性高等优点，目前使用的封装材料大部分都是聚合物。塑封之后的形体称为塑封体。

塑料封装的成型技术包括转移成型技术、喷射成型技术、预成型技术，其中转移成型技术最为普遍。转移成型法密封微电子器件有许多优点，它的技术和设备都比较成熟，工艺周期短，成本低，适合大批量生产；当然它也有一些明显的缺点，例如，塑封料的利用率不高，对于高密度封装有限制。

(a) 注塑前　　　　　　　　　　　(b) 注塑后

图 2-61　塑料封装前后的对比图

3. 塑封设备

转移成型技术的典型工艺过程为：将已贴装好芯片并完成芯片互连的引线框架置于模具中，并将塑料材料预加热 (90～95℃)，然后放进转移成型机的转移罐中；在转移成型活塞的压力之下，塑封料被挤压到浇道中，并经过浇口注入模腔 (170～175℃)；塑封料在模具中快速固化，经过一段时间的保压，使得模块达到一定的硬度，然后用顶杆顶出模块并放入高温烘箱进一步固化。

转移成型技术的设备包括高频预热机、塑封机 (即压机) 和固化炉 (即高温烘箱)。若引线框架预热时需要自动排片，还需要使用自动排片机。图 2-62 为转移成型技术中的各设备示意图。

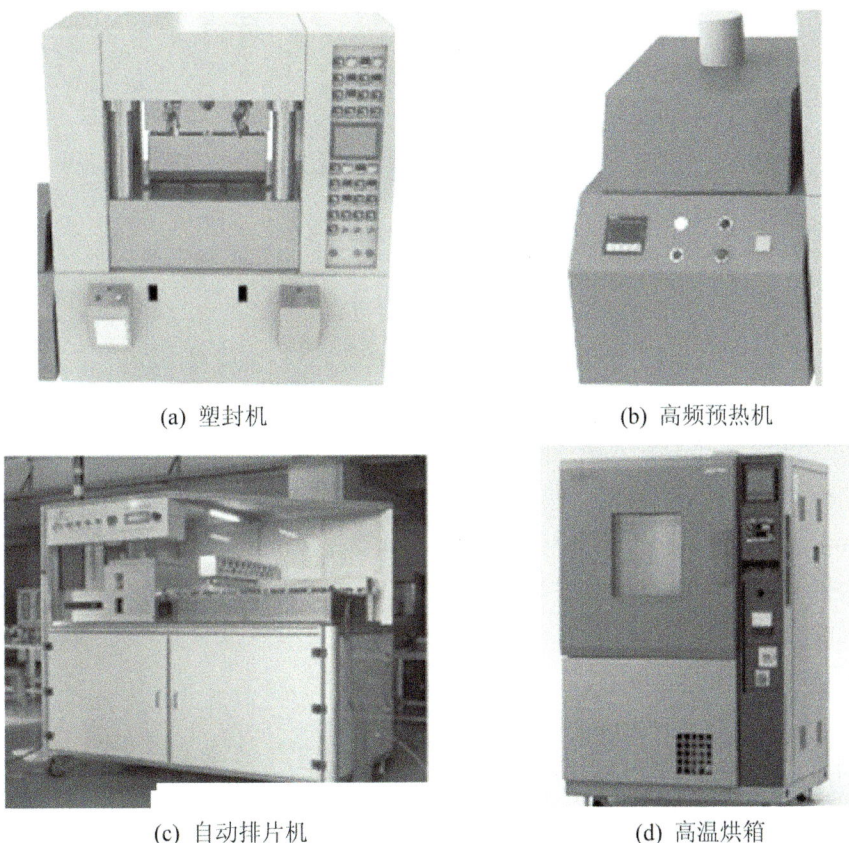

(a) 塑封机　　　　　　　　　　　(b) 高频预热机

(c) 自动排片机　　　　　　　　　　(d) 高温烘箱

图 2-62　转移成型技术中的各设备

塑封机主要包含设置区、控制区和注塑区 3 部分，其注塑成型过程如图 2-63 所示。

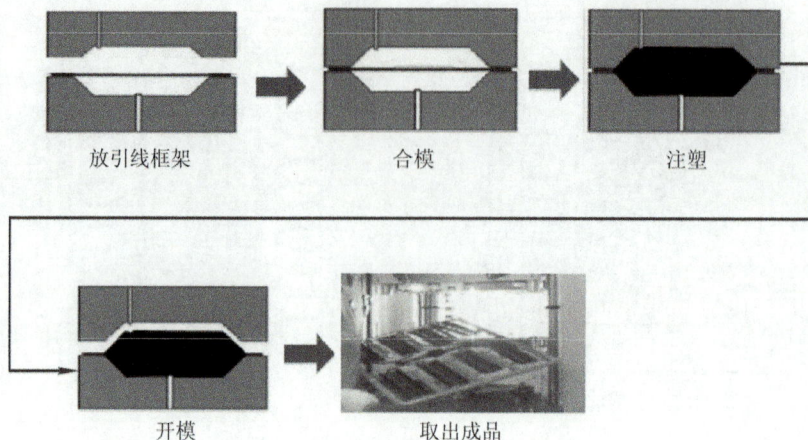

| 放引线框架 | 合模 | 注塑 |

开模　　　　　　　取出成品

图 2-63　塑封机注塑成型过程

4. 塑封材料与模具

1) 塑封材料

塑封一般采用热固性塑料作为塑封料。热固性塑料是以热固性树脂为主要成分而制成的塑料，当它在低温时是塑性的或流动的；但加热到一定温度时，聚合物分子发生交联反应，形成刚性固体；若继续加热，则聚合物只能变软而不能熔化、流动。塑封料又称为环氧塑封料，如图 2-64 所示，它主要应用于半导体器件、集成电路芯片的封装，它是以环氧树脂、酚醛树脂为基体树脂，硅微粉为填料配合多种助剂加工制成的。

图 2-64　塑封料

根据用户需要，环氧塑封料可制成各种不同颜色，一般使用黑、红、绿 3 种颜色，其中黑色最为常见。

在生产中，在进行塑料的选择时，需注意以下几点要求：

(1) 与器件及引线框架的黏着力较好。

(2) 必须由高纯度材料组成，特别是离子级不纯物要极少。

(3) 吸水性、透湿率低。

(4) 热膨胀系数要低，导热率高。

(5) 成型收缩率和内部应力要小。

(6) 成型、硬化时间要短，脱模性要好。

(7) 流动性及充填好，飞边少。

2) 塑封模具

塑封模具一般可分为 3 类，分别为传统模、MGP 模和自动模，其中传统模和 MGP 模比较常见。图 2-65 为利用不同塑封模具完成注塑的产品。

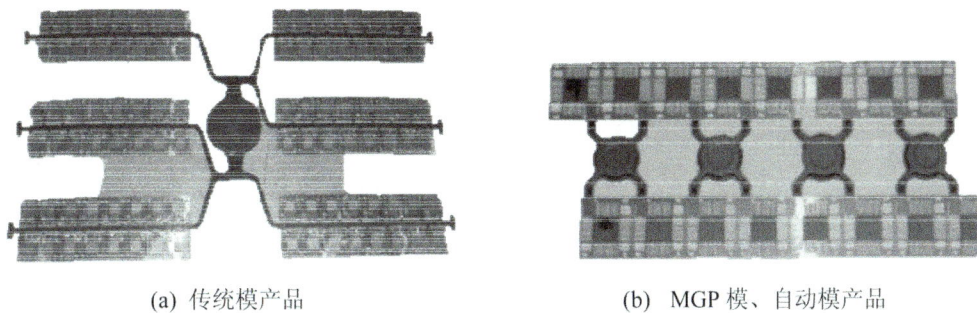

(a) 传统模产品   (b) MGP 模、自动模产品

图 2-65 注塑产品

传统模即手动模，MGP 模即半自动多注塑头塑封模具。自动模的自动化程度最高，其全自动过程包括上料、塑封、冲胶道口、收料等。

注塑模具的结构主要包括上模、下模、定位块、模盒、型腔镶条、料筒、注塑头和顶杆等部分。注塑模腔 (即型腔) 的形状决定了芯片外形 (即塑封体的形状)。图 2-66 为注塑模具的上下模。

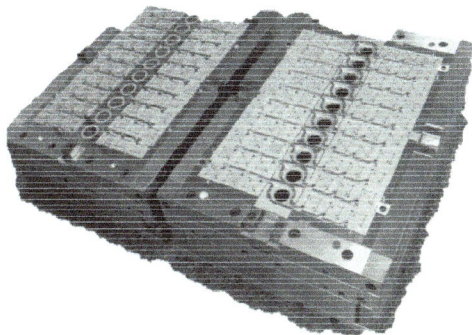

图 2-66 注塑模具的上下模

5. 塑封的工艺流程

塑封工艺的主要操作步骤为领料确认、设置塑封机参数、上料合模、投料 (即投放塑封料)、注塑成型、开模清模、高温固化。

(1) 领料确认。领料前，整理工位，需保证本工位整洁且无其他批次产品，避免混料。塑封工艺操作员接收到键合后的制品时，需要核对产品物料信息与随件单上信息是否一致，核对内容包括产品名称、批次编号、来料数、装片与键合工序中不良品的条数及颗数、料盒编号等，并检查引线框架有无明显变形、氧化、沾污等现象，保证引线框架质量符合要求。核对信息正确后需要在随件单上签字确认。若信息不符，则要及时反馈给上道工序操作员，并通知技术人员，待问题解决后方可进行塑封作业。

(2) 设置塑封机参数。塑封机的参数设置在参数设置区完成，该区域主要包括温度设置盘、系统界面以及启动按键。

运行塑封机前需要完成参数设置，主要包括模具温度、合模压力、注塑时间、注塑压力和固化时间的设置。

(3) 上料合模。在上料前，要完成引线框架预热和塑封料预热。

① 引线框架预热。引线框架的预热即将需要注塑的制品进行塑封前加热，将引线框架加热至设定温度。该操作可以缩短引线框架在塑封机模具内的加热时间，提高生产效率，预热

温度低于注塑时的加热温度，一般设定为150℃。需要将上料架放置到预热台上，启动预热台使温度达到设定值。上料架和预热台分别如图2-67和图2-68所示。

图2-67　上料架

图2-68　预热台

② 塑封料预热。塑封料预热即将饼状塑封料加热至设定温度，使其软化，便于投入到塑封机中进行灌胶，缩短其在模具里的加热时间，提高生产效率，预热温度一般设定为85~95℃。图2-69为高频预热机的预热区，预热位置放有塑封料。

图2-69　高频预热机的预热区

预热工作完成后，即可开始上料操作，将装有预热引线框架的上料架水平拿起放入塑封模具中，正确定位，并完成固定，保证框架都嵌入到模具对应的框架槽内，如图2-70所示。

上料完成后，按下"合模"按钮，合模时通常是下模具台向上移动，使下模具与上模具紧密闭合，为注塑成型做好准备。

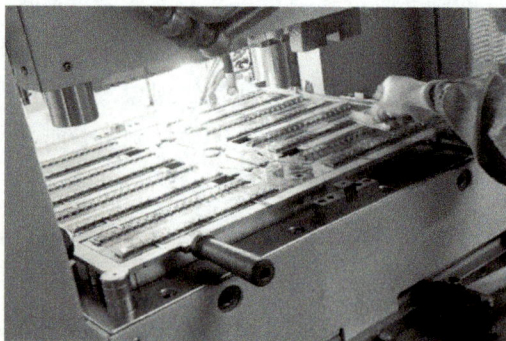

图2-70　上料

(4) 投料。合模后将预热好的塑封料放入模具料筒内。

(5) 注塑成型。完成上料和投料后，即可开始注塑。双手同时按下"安全连锁"和"注进"按钮进行注塑，注进进入慢速后，才可以松开"安全连锁"和"注进"按钮。注塑完成后，设备会自动开始固化。

(6) 开模清模。到达设定的固化时间后，设备自动开模，通过顶针自动将定型好的制品从模具中顶出。操作员从模具上取出上料架，并取出已塑封好的引线框架，将引线框架与废弃塑封料分离，如图 2-71 所示。分离时手法要正确，确保引线框架不变形且引线框架上没有废料。

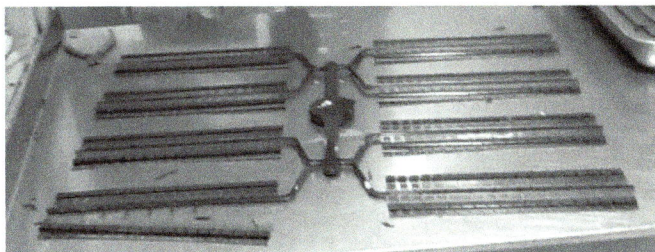

图 2-71 下料

下料之后用气枪对模具进行清理，如图 2-72 所示，并准备下一次作业。重复上料注塑的几个步骤操作，直至整批塑封完毕。作业完毕后清理工作台，准备下一次作业。

图 2-72 用气枪清理模具

为保证塑封的生产质量，在塑封过程中需进行质量检查，通常采用抽检的方式。另外，在设备开机或调试、换班、换批、清模等情况下，需要进行首检，即对首模产品进行检查，检验人员确认符合质量要求后，方可进行批量塑封生产。

(7) 高温固化。完成塑封的产品需要将塑封树脂进一步高温固化，称为后固化，其作用是消除塑封体内部的应力，保护芯片。该操作在高温烘箱内进行，通常固化温度设置为 $175 \pm 5℃$，时间在 8 h 左右。

6. 塑封工艺的注意事项

在塑封工艺的操作过程中，每一步都会影响最终产品的质量，需要注意以下内容：

(1) 塑封料领取后需要先在常温下进行回温，具体的回温时间根据塑封料以及室温确定(通常在 24 h 左右)，并且塑封料从冷藏状态取出后必须在规定的有效期内使用完毕。

(2) 生产时只能使用按工艺回温好的塑封料，并优先使用回温早的塑封料，且不得放在塑封机台上，应该放置在附近的凳子或桌面上。

(3) 新更换的模具必须使用特定的清洗剂洗模后使用，正在使用的模具必须定期进行清洗，需清洗干净，保证生产满足质量要求，不允许有洗模残渣留在上下模。

(4) 作业前应穿戴好个人防护用品，避免作业途中高温烫伤。

(5) 上料时需保证模具表面清洁，引线框架定位良好，防止模具压坏，并确保引线框架方向正确。

(6) 在生产中，操作人员严禁更改工艺参数，技术人员可根据生产的需要更改工艺参数，但需向工程师（产品负责人）申请（调试时例外），更改过的工艺参数需及时做好确认和交接。

(7) 使用高温烘箱前应进行检查，确认烘箱内无易燃物及其他无关物件。

(8) 必须保证产品在烘箱内冷却半小时。

7. 塑封机的日常维护与常见故障

1) 塑封机的日常维护

塑封机的日常维护需要定期进行，具体包含以下内容：

(1) 检查上料框架动作是否顺畅，上料是否到位。若存在问题，则需重新调整上料框架。

(2) 检查挤胶环磨损状况，观察挤胶头是否偏单边磨损。若发现问题，则应及时更换挤胶环，并重新对模调整挤胶头和料筒中心位置。

(3) 检查模具表面、齿、模腔表面是否有损伤，模具维护要小心谨慎，不得用硬物刮或敲打模具，若有磨损应及时更换。

(4) 检查模具定位块有无磨损，是否偏单边。若存在问题，则需调整上下模定位块的方向，重新对模。

(5) 检查模具定位针有无损伤，及时更换损伤的定位针。

(6) 检查顶针深度是否正常，复位是否良好，若发现顶针磨损应进行更换。

(7) 检查浇口镶件有无磨损，对后道有无影响，及时更换新的浇口镶件。

(8) 检查挤胶头和料筒磨损情况，及时更换挤胶头或料筒。

(9) 检查上料框架压板有无缺损，螺丝是否松动，定位块有无磨损。若发现问题，则要及时更换压板，螺丝点胶锁紧，及时更换定位块。

2) 塑封机的常见故障

塑封机在运行过程中会发生一些故障而影响生产，操作员在操作时需留意设备的运行情况，及时发现故障并做出相应处理，以减少损失。

塑封机运行时的常见故障如下：

(1) 设备运行噪声大。

(2) 上下模具错位或合模不均。

(3) 溢胶。

(4) 引线框架压痕过深。

(5) 黏模。

(6) 顶杆磨损或断裂。

(7) 浇口堵塞。

(8) 开合模异常。

(9) 无法注进。

(10) 模具未加热。

2.4.2 激光打标

塑封后的塑封体表面是没有任何标记的，此时如果发生混料或散落等情况会很难辨识，而且也不便于后期的跟踪，所以塑封之后通常会在产品的正面或背面进行打标操作。

打标的目的就是在塑封模块的顶面印上无法去除、字迹清楚的字母和标志，包括（但不局限于）制造商的信息、国家、器件代码、商品的规格、产品名称、生产日期、生产批次等，主要是为了识别和跟踪。封装过程中要保证良好的打标质量,避免因为打标不清晰或字迹断裂而导致退货重新打标的情况发生。

1. 打标方式

在芯片上打标的方式有很多,主要包括:

(1) 直印式:直接像印章一样将内容印在塑封体上。

(2) 转印式:使用转印头,从字模上将内容蘸印,转而将字印在塑封体上。

(3) 镭射刻印式:利用激光直接在塑封体上刻印内容。

直印式和转印式均使用油墨,油墨打标字迹比较深,对比清晰,但对模块表面要求较高,若模块表面有沾污现象,则油墨就不易印上去,且油墨比较容易擦除。

镭射刻印式打标也称为激光打标,其精度较高、字迹不易擦除,且不产生机械挤压和应力,不会损害被加工芯片,热影响区域也较小,但相较于油墨打标而言,它的字迹较淡,对比不明显。激光打标利用高能量、高密度的激光对工件某一个部分进行照射,使其表层材料汽化或发生颜色变化,从而留下永久性的标记,如图 2-73 所示。

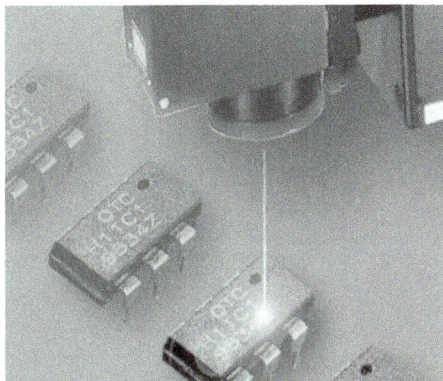

图 2-73　激光打标

塑封或激光打标之后,需要通过电镀或浸锡的方式在引线框架外露的部位覆上防氧化的锡层,用于保护外露的芯片引脚。

2. 激光打标设备

激光打标一般在激光打标机上进行,图 2-74 为激光打标机。

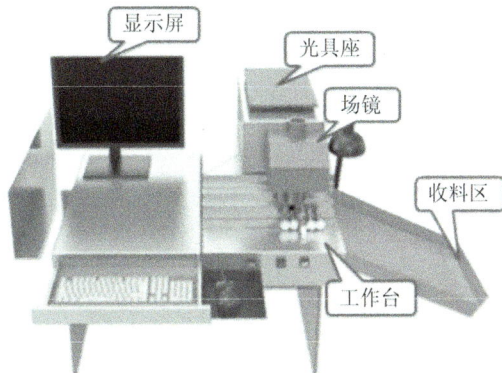

图 2-74　激光打标机

激光打标机最关键的部分是工作台,即打标区,将已完成塑封待打标的引线框架放入轨道中,通过滚轮转动移动引线框架,当塑封体经过激光束的位置时便已刻印上设置好的内容。图 2-75 为激光打标工作区。

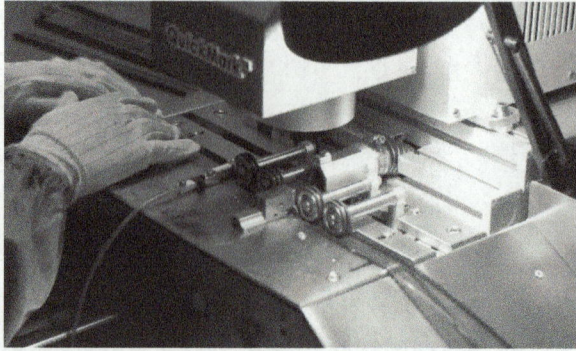

图 2-75　激光打标工作区

3. 激光打标的工艺操作

1) 打标文件的调用与编辑

通过系统软件调取打标文件，利用激光打标软件可以自由设计所要加工的图形内容。图 2-76 为某激光打标软件界面。不同打标软件的界面会有所不同，但功能都大同小异。打标文件的调用即指打开已经编辑好内容的打标文件，打开后即可进行该内容的打标，当然也可以对打开的文件进行编辑。若无对应的打标文件，则需要重新创建一个新的文件来绘制需要打标的内容。

图 2-76　某激光打标软件界面

2) 激光打标的操作流程

激光打标的操作相对简单，其操作流程主要为领料确认、打标文件确认、打标、收料，具体操作如下：

(1) 领料确认。领料前，整理工位，需保证本工位整洁且无其他批次产品，避免混料。激光打标工艺操作员接收到塑封后的产品时，需要核对产品物料信息与随件单上信息是否一致，核对内容包括产品名称、批次编号、来料数等，信息核对正确后需要在随件单上签字确认，准备进行打标作业。

(2) 打标文件确认。启动设备后调整光路，并打开激光打标机的软件系统，根据随件单信息调取对应的打标文件，打开打标内容并进行确认，若有问题，则需要呼叫工程师进行文件确认或修改编辑，在确认无误后方可进行打标操作。

(3) 打标。调整完毕，开始打标。批量打标前，需进行预打标，防止批量出错影响生产效率，以保证打标质量。首条引线框架作为试片进行打标确认，观察检测试片。若刻写位置正确、刻写线条均匀、文字图案都清晰无误，则可开始批量生产；若有问题则应重新调整，调整合格后再开始批量生产。

(4) 收料。打印完成的物料会落入激光打标机的收料区，收料区内框架条应统一收取。所有工作完成后应及时打扫卫生，收拾物料，保持设备清洁，而引线框架被送至电镀工序中进行镀锡操作。

3) 激光打标的操作注意事项

在激光打标工艺操作过程中，需要注意以下内容：

(1) 各光学零件表面严禁用手、棉纱、硬物接触或擦拭，也严禁用嘴对着光元件吹气。

(2) 激光束能量较大，可能会烧伤皮肤或损坏眼睛，存在一定的危险性，故在操作时需注意保护皮肤和眼睛，避免直接接触皮肤或眼睛直视，防止受到伤害。

(3) 不要用反射物质遮挡激光束，以免激光束反射后对人体造成伤害。

(4) 选择打标文件时，需确定该文件与该批次产品相对应。

(5) 操作员不可擅自修改打标内容，发现问题时应向工程师和技术人员上报。

(6) 框架条轻推入轨道后自动进入打标区，此时禁止人为拉扯框架条，否则可能会导致芯片与设备的损坏。

(7) 光路调整需要技术人员操作，严禁私自调整。

4. 激光打标机的日常维护与常见故障

1) 激光打标机的日常维护

为保证激光打标机能长期有效地运行，需要定期对其进行维护，以便及时发现问题并做出处理，延长其使用寿命。激光打标机中常见的维护内容如下：

(1) 出现漏水、拉弧、烧保险丝、激光器有异常响声时，应立即切断电源。

(2) 平时注意盖好水箱盖，长期不使用时应将冷却水排尽。

(3) 注意冷水机的水温是否在所设定的控制范围内，如果水温一路上升，无法冷却，则说明制冷机不制冷，应立即关机检修。

(4) 定期检查激光打标质量是否存在异常，及时排查处理。

(5) 定期检查工作中的滚轮是否松动、卡住或磨损，及时加固、润滑，若磨损则需要更换。

(6) 定期检查各水管接口处是否漏水，若有则应及时加固或更换。

2) 激光打标机的常见故障

激光打标机的常见故障主要包括电路故障和光路故障，具体故障如下：

(1) 控制盒电源绿色指示灯不亮，或者报警红色指示灯亮。

(2) 二极管激光电源不通电。

(3) 激光不稳或能量弱。

(4) 激光打标机打标时，出现微小波浪线或刻写线不均匀。

(5) 首次撞击或换水时制冷机报警。

(6) 冷却系统故障，如冷却无效果、漏水等。

(7) 标记过程中出现漏光现象。

(8) 标记时激光点只沿一个方向 (水平或竖直) 移动。

(9) 不扫描工作。

(10) 传感器故障。

2.4.3　去飞边毛刺

封胶完成后需先将引线框架上多余的残胶去除，并且经过电镀以增加外引脚的导电性及抗氧化性，而后再剪切成型。若是塑封料只在模块外的引线框架上形成薄薄的一层，面积也很小，通常称为树脂溢出。若渗出部分较多、较厚，则称为毛刺或飞边毛刺。造成溢料或毛刺的原因很复杂，一般认为是与模具设计、注模条件及塑封料本身有关。毛刺的厚度一般小于 10 μm，会给后续工序如切筋打弯等带来麻烦，甚至会损坏机器。因此，在切筋打弯工序之前，要进行去飞边毛刺。

随着模具设计的改进以及注模条件的严格控制，毛刺问题越来越少。在一些比较先进的封装工艺中，已不需要再进行去飞边毛刺的工序了。

去飞边毛刺工序的工艺主要有：介质去飞边毛刺、溶剂去飞边毛刺、水去飞边毛刺。另外，当溢出塑封料发生在引线框架堤坝背后时，可用切除工艺。其中，介质和水去飞边毛刺的方法用得最多。用介质去飞边毛刺，是将研磨料（如粒状塑料球）和高压空气一起冲洗模块。在去飞边毛刺过程中，介质会将引线框架引脚的表面轻微擦毛，这将有助于焊料和金属引线框架的黏连。天然的介质如粉碎的胡桃壳和杏仁核曾被使用，但由于它们会在引线框架表面残留油性物质而被放弃。用水去飞边毛刺工艺是利用高压水流来冲击模块，有时也会将研磨料和高压水流一起使用。用溶剂去飞边毛刺通常只适用于很薄的毛刺。溶剂包括 N- 甲基吡咯烷酮 (NMP) 或双甲基呋喃 (DMF)。

⭐ 课程思政

卓越企业家——张忠谋

张忠谋被誉为"半导体教父"，他在半导体行业精耕细作超过 50 年，是台积电这一全球半导体巨头的奠基者和领航者。作为台积电的创始人，张忠谋以其卓越的战略眼光和创新精神，彻底改变了半导体行业的格局。

张忠谋在半导体领域拥有丰富的经验和深厚的专业知识。他早年曾在德州仪器等知名企业担任高管，对半导体行业的运作模式有着深刻的理解。1987 年，他毅然决然地创立了台积电，并引入了创新的 Foundry(晶圆代工) 模式。这一模式专注于晶圆代工制造，打破了传统的IDM(集成设备制造商) 模式，即设计、制造、封测一体化的模式。台积电通过为芯片设计公司提供高质量的代工服务，使得这些公司能够专注于芯片设计，而无须投入巨资建设芯片制造厂。

在张忠谋的领导下，台积电迅速崛起，成为全球最大的芯片代工厂之一。台积电不仅拥有世界领先的芯片制造技术和设备，还建立了完善的质量管理体系和客户服务体系，赢得了全球众多芯片设计公司的信赖和支持。张忠谋的创新理念和领导才能，为台积电的成功奠定了坚实的基础。

张忠谋的贡献不仅限于台积电的成功。他的远见卓识和领导才能，为全球半导体产业的发展树立了典范。他推动了半导体行业的分工合作，促进了芯片设计公司和代工厂之间的紧密合作，加速了半导体技术的创新和发展。同时，他还注重人才培养和团队建设，为台积电乃至整个半导体行业培养了大量高素质的专业人才。

⚙ 任务实施

首先需要完成与芯片塑封成型相关的资料收集任务，并将收集的资料作为编写方案的编制依据；再结合 AT89S51 的功能需求，编制完成 AT89S51 芯片塑封成型工艺操作方案。实施具体任务时，可参照表 2-19 所示的步骤。

表 2-19 任务实施单

项目名称	AT89S51 芯片封装		
任务名称	AT89S51 芯片塑封成型	建议学时	4
计划方式	分组讨论		
序 号	实 施 步 骤		
1	**目标明确：** 确定待塑封芯片的类型、规格、应用场景，以及塑封后需达成的性能指标，如防潮性、机械强度、电气绝缘性等		
2	**团队组建：** 明确各成员职责，如资料收集员、工艺设计师、文档管理员等		
3	**资料收集：** (1) 检索学术数据库，获取芯片塑封成型的前沿研究成果、理论基础资料。 (2) 收集行业内知名企业的塑封工艺标准、技术手册，了解市场主流做法。 (3) 查阅相关国家标准、国际标准，确保方案合规		
4	**塑封材料调研与选型：** (1) 分析常见塑封材料，如环氧树脂、硅橡胶等的物理化学特性，包括热稳定性、流动性、固化收缩率等。 (2) 研究材料对芯片性能的影响，如对电信号传输的干扰、散热性能的改变等。 (3) 根据芯片需求和应用场景，结合成本考量，选择最合适的塑封材料		
5	**模具选择：** (1) 依据芯片尺寸、引脚布局等参数，确定模具型腔的尺寸、形状。 (2) 考虑脱模便利性、模具的机械强度等因素，选择合理的模具结构。 (3) 组织内部评审，邀请相关专家进行审核，提出修改意见		
6	**工艺方案制定：** (1) 初步确定塑封过程中的关键参数，如注塑温度、注塑压力、固化时间等。 (2) 考虑不同参数对塑封质量的影响，制定参数调整策略，以应对实际生产中的变化。 (3) 设计完整的塑封工艺流程，包括芯片预处理（如清洁、干燥）、注塑成型、固化、后处理（如去毛刺、外观检查）等环节。 (4) 明确各环节的操作要点、质量控制点及所需设备工具		
7	**方案审核与优化：** (1) 组织团队成员对塑封工艺方案进行全面审核，从材料选择、模具设计到工艺流程，逐一检查是否存在漏洞、不合理之处。 (2) 邀请外部专家，如资深芯片封装工程师，参与审核，提供专业意见。 (3) 根据审核意见，对方案进行针对性优化，如调整工艺参数、改进模具结构设计等。 (4) 重新审视优化后的方案，确保满足芯片塑封的各项要求		
8	**报告撰写：** (1) 编写芯片塑封成型任务实施报告，涵盖任务背景、目标、实施过程、方案成果等内容。 (2) 在报告中详细记录材料选型依据、模具选择、工艺参数等关键信息，以便后续查阅		
9	**资料归档：** 将收集到的资料和审核意见等整理归档，建立完整的项目档案		

在任务实施过程中，重要的工作内容可以参照表 2-20 进行编制。

表 2-20　"AT89S51 芯片塑封成型工艺操作方案" 示例

项目名称	AT89S51 芯片封装			
任务名称	AT89S51 芯片塑封成型			
塑 料 封 装				
工艺流程				
材料选择				
生产过程	设　备	步　　骤		参数要求
激 光 打 标				
工艺流程				
材料选择				
生产过程	设　备	步　　骤		参数要求
去 飞 边 毛 刺				
工艺流程				
工艺目的				
（表格可添加）				

⚙ 任务习题

一、单选题

1. 塑封工艺中常用的塑封材料是（　　）。

A. 环氧树脂 　　　　　　　　B. 硅胶

C. 聚碳酸酯 　　　　　　　　D. 聚苯乙烯

2. 塑封的主要目的是（　　）。

A. 保护芯片 　　　　　　　　B. 提高芯片性能

C. 增强芯片散热 　　　　　　D. 降低芯片成本

3. 激光打标工艺中常用的激光类型是（　　）。

A. 二氧化碳激光 　　　　　　B. 固体激光

C. 光纤激光 　　　　　　　　D. 半导体激光

4. 激光打标的主要目的是（　　）。

A. 美化芯片外观 　　　　　　B. 提高芯片性能

C. 标识芯片信息 　　　　　　D. 降低芯片成本

二、多选题

1. 塑封工艺可能面临的问题有（　　）。

A. 气泡产生　　　　　　　　　　B. 塑封材料开裂

C. 塑封不完全　　　　　　　　　D. 键合强度过高

2. 影响塑封质量的因素有 (　　　)。

A. 塑封材料性能　　　　　　　　B. 塑封工艺参数

C. 芯片和封装结构　　　　　　　D. 操作人员技术水平

三、判断题

1. 塑封工艺对芯片的电气性能没有影响。　　　　　　　　　　　　　　　(　　)

2. 聚苯乙烯是塑封工艺中最常用的材料。　　　　　　　　　　　　　　　(　　)

3. 激光打标工艺对芯片的电气性能没有影响。　　　　　　　　　　　　　(　　)

2.5　任务五　AT89S51 芯片引脚成型

任务目标

1. 掌握引脚电镀和切筋成型的工艺目的。

2. 掌握引脚电镀和切筋成型的操作过程。

3. 掌握引脚电镀和切筋成型工艺过程中常见问题的解决方法。

任务准备

本任务需要完成双列直插式封装和方型扁平式封装的引脚成型工艺操作，并通过查询资料，进一步完善实际工艺中芯片引脚成型工艺的知识储备，解决工艺过程中常见的产品问题。任务单如表 2-21 所示。

表 2-21　任　务　单

项目名称	AT89S51 芯片封装
任务名称	AT89S51 芯片引脚成型
任 务 要 求	
1. 任务准备。 (1) 分组讨论，每组 3～5 人。 (2) 自行收集所需资料。 2. 完成芯片引脚成型工艺的资料收集与整理。 3. 提交 AT89S51 芯片引脚成型的工艺操作方案	
任 务 准 备	
1. 知识准备。 (1) 电镀的工艺目的。 (2) 电镀常用的工艺及工艺过程。 (3) 切筋成型的工艺目的。 (4) 切筋成型的常用工艺及工艺过程。 2. 设备支持。 在该任务实施过程中需要准备的工具包括： (1) 仪器：电镀机、切筋机或者虚拟工作平台。 (2) 工具：计算机、书籍资料、网络	

自主学习资讯及对应的国家职业技能标准如表 2-22 所示。

表 2-22　自主学习资讯及对应的国家职业技能标准

自主学习资讯	国家职业技能标准
1. 电镀的作用。 2. 电镀的方法及材料	《国家职业技能标准——集成电路工程技术人员》(2-02-09-06)：封装设计基础知识
1. 切筋成型的工艺目的。 2. 切筋成型工艺过程中的缺陷。 3. 切筋成型工艺过程中缺陷出现的原因	《国家职业技能标准——半导体分立器件和集成电路装调工》(6-25-02-06)：塑封操作、电镀操作及检查

任务资讯

电镀和切筋成型

2.5.1　电镀

1. 电镀与浸锡简介

封装后框架外引脚的后处理包括电镀和浸锡工艺，该工序是在框架引脚上做保护性镀层，以增加其可焊性。电镀目前都是在流水线式的电镀槽中进行的，其工艺步骤是首先进行清洗，然后在不同浓度的电镀槽中进行电镀，最后冲洗、吹干，放入烘箱中烘干。浸锡的工艺步骤也是首先清洗，然后将预处理后的元器件在助焊剂中浸泡，再浸入熔融的铅锡合金镀层，其工艺流程为去飞边、去油、去氧化物、浸助焊剂、热浸锡、清洗、烘干。

比较以上两种方法，浸锡容易引起镀层不均匀，一般是由于熔融焊料表面张力的作用使得浸锡部分中间厚、两边薄；而电镀的方法会造成所谓的"狗骨头"问题，即四周厚、中间薄，这是因为在电镀时容易造成电荷聚集效应，更大的问题是电镀液容易造成离子污染。

焊锡的成分一般是 63%Sn/37%Pb，它是一种低共熔合金，其熔点在 183～184℃ 之间，也有使用成分为 85%Sn/15%Pb、90%Sn/10%Pb、95%Sn/5%Pb 的焊锡，有的日本公司甚至使用 98%Sn/2%Pb 的焊料。减少焊料中铅的用量，主要是出于环境的考虑，因为铅对环境的影响正日益引起人们的高度重视。而镀钯工艺可以避免铅的环境污染问题。但是，由于通常钯的黏性并不好，因此需要先镀一层较厚、较密的富镍阻挡层，钯层的厚度仅为 76 μm。由于钯层可以承受成型温度，所以可以在成型之前完成框架的上焊锡工艺。并且钯层对于芯片粘接和引线键合都适用，可以避免在芯片粘接和引线键合之前必须对芯片焊盘和框架内引脚进行选择性镀银（以增加其黏结性），因为镀银时所用的电镀液中含有氰化物，会给安全生产和废物处理带来麻烦。

2. 电镀工艺与操作流程

封装完成后，在元器件表面镀上一层金属，可提高元器件的防锈蚀能力，延长元器件的使用寿命，也可以保护外露的芯片引脚，增加其可焊性。塑料封装一般采用镀锡的方法，金属封装大多采用镀镍的方法。

1) 镀锡

电镀锡工艺需要由镀锡成套设备完成，一套设备集镀锡、清洗、烘干于一体。镀锡工艺流程如下：

(1) 毛刺处理。对于有毛刺的元器件，需要使用高压喷砂机进行去毛刺处理，再将塑封后的框架送入设备进料口。

(2) 镀锡。首先对元器件进行清洗，然后在不同浓度的电镀槽中进行电镀，最后冲洗、吹干，放入烘箱烘干。

（3）成品。镀锡烘干后的元器件会自动从出口掉进成品箱，电镀工艺操作员对完成镀锡工艺的框架条进行目检，选出引脚、注塑有质量问题的元器件。

2）镀镍

金属封装采用的镀镍方法一般为化学镀镍工艺。次亚磷酸盐作为还原剂，将镍盐还原为镍，同时使金属层表面含有一定的磷。沉淀的镍膜具有催化性，可使反应继续，镍与磷共同沉积形成 Ni-P 合金。金属封装镀镍的基本流程如下：

（1）镀镍准备。使用清水和去离子水清洗镀槽系统，检查镀槽是否满足导电率、清洁度等要求，再按规范配制化学镀镍溶液。

（2）去油污。金属封装元器件的去油污处理一般是将其放入浓度小于 4% 的碱溶液中加热煮沸 10 min，取出后冲洗干净、沥干，然后使用无水酒精脱水。

（3）去锈。将元器件使用盐酸溶剂浸泡，再冲洗干净、沥干，然后使用无水酒精脱水，最后烘干。

（4）镀镍处理。将烘干后的元器件放入镀镍盆中，倒入镀液，放置在电炉上加热。在 85℃下保持 1 h，待镀液与元器件无反应后，停止镀镍。将元器件从镀液中捞出，再放入新的镀液再次电镀。

（5）清洗烘干。将完成镀镍的元器件取出，用去离子水冲洗，然后使用无水酒精脱水，再放入干燥箱烘干。

（6）检验装盒。目检产品，将表面清洁、光亮度均匀、一致的元器件放入样品盒送检。

（7）收尾工作。关掉电炉电源等，清洗镀镍盆等工具设备，填写工艺记录。

2.5.2　切筋成型

1. 切筋成型的定义与目的

切筋成型实际上是两道工艺——切筋与成型，但通常是同时完成的。有时会在一台机器上完成，有时也会分开完成。所谓的切筋工艺，是指切除框外引脚之间的堤坝以及框架带上相连接处。所谓的成型工艺，则是将引脚弯成一定的形状，以满足装配的需要。

对于成型工艺，最主要的问题是引脚的变形。对于通孔插装装配要求而言，由于引脚数较少，引脚又比较粗，引脚变形的情况很少发生。而对表面贴装装配来讲，尤其是高引脚数目引线框架和细微间距引线框架器件，一个突出的问题是引脚的非共面性。造成非共面性的主要原因有两个：一是工艺过程中的不恰当处理，但随着生产自动化程度的提高，人为因素大大减少，使得这方面的问题几乎不存在了；二是成型过程中产生的热收缩应力，在成型后的降温过程中，由于塑封料再继续固化收缩，进而造成引线框架带翘曲，引起非共面问题。所以，针对封装模块越来越薄、引线框架引脚越来越细的趋势，需要对引线框架带重新设计，包括材料的选择、引线框架带长度及引线框架形状等，以克服这一困难。

现在，集成电路封装工业似乎正把注意力集中于无引脚封装的发展，但是引脚产品特别是翅型表面贴装封装，还在集成电路市场上扮演着重要的角色。集成电路封装的引脚可以分成直线引脚、J 型引脚和翅型引脚三大类，如图 2-77 所示。

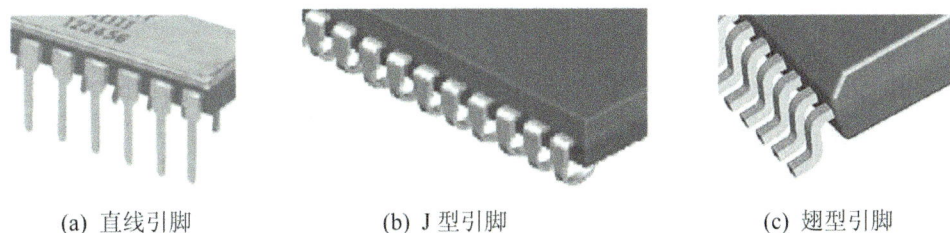

(a) 直线引脚　　　(b) J 型引脚　　　(c) 翅型引脚

图 2-77　集成电路封装的引脚类型

2. 引脚形状的质量要求

虽然用户通常都有自己严格的尺寸与外观质量要求，但是封装外形一般都要符合 JEDEC（固态技术协会）或 EIAJ（日本电子机械工业协会）的规格标准。重要的参数如下：

(1) 共面性。

(2) 引脚位置，可进一步分为引脚歪斜和引脚偏移。

(3) 引脚分散。

(4) 站立高度。对于引脚的外观质量，其主要问题是引脚末端的毛刺、焊锡擦伤和焊锡破裂。

3. 共面性

共面性是最低落脚平面与最高引脚之间的垂直距离（见图 2-78），一般是通过轮廓投射仪或光学引脚扫描仪来测量的。通常，基于外加工要求的最大共面公差不超过 0.05 mm。

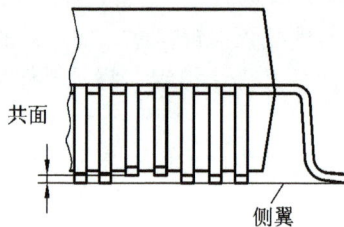

图 2-78　共面性

造成最大共面性问题的因素是档条整形与封装翘曲。档条整形设计可以影响共面性，如果剪切的毛刺过多，或者档条交替剪切，那么在档条区域的引脚宽度可能不同。同时，产生的毛刺可能是交替的形式，这将造成截面上引脚的位置变化，因此在成型之后会产生不同角度的弹回。

对于方型扁平式封装，在共面性与封装翘曲之间有一个线性的关系。对于 TSOP，翘曲对站立高度和总的封装高度的影响相对更大，这在使用 TSOP 的应用中一般都是很重要的。

4. 成型机制

各种成型方法无外乎基本的固体成型机制和复杂的滚轮成型系统两种。固体成型是指利用压力装置和模具使板材产生分离或塑性变形，从而获得成型件或制品的成型方法。滚轮成型是利用压力和模具的形状使板材变形，从而达到成型的目的。后者已经发展到可接纳不同封装类型的工艺要求。

无论哪一种成型方法都有优点和缺点。为某一产品类型选择一种特定的机制主要取决于封装和工艺要求。例如，对于 TSOP 成型，首选凸轮固体成型机制和摆动凸轮滚轮成型机制。虽然凸轮固体成型机制有不少缺点，如焊锡累积和擦伤，但它确实具有简单的工具设计、低成本应用的优点。而摆动凸轮滚轮成型机制虽然在防止焊锡积累方面有较好的表现，但是通常这个方法工具成本较高。

不同成型工具的详细评估结果显示，在成型期间，滚轮成型在引脚上会产生比固体成型工艺小得多的应力。由固体成型引起的较高应力可能是扩大造成引脚歪斜或移动的因素。

5. 切筋成型设备

切筋机的作用简单来讲就是将整条片状的框架条切割成独立的电路，并在引脚成型后将封装好的芯片放进料管或者料盘中。切筋机如图 2-79 所示。

切筋机主要由上料区、显示区、切筋成型区和下料区构成。合格的镀锡框架条装盒会被放置于切筋机的上料区。设备启动后，框架条会被送到轨道上。然后机械滑块会将框架条送到指定位置，进行切筋与成型的操作，上下模闭合，切断连筋。最后成型冲头下压，将引脚弯成所需的形状，就完成了切筋与成型的操作。成型后的元器件通过下料轨道被收入收料管。

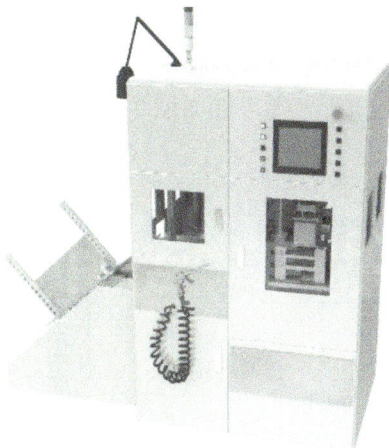

图 2-79　切筋机

切筋机的显示屏主要用来设置该批芯片的参数，调用相关的程序，设有开关键、紧急键、警示灯等控件。在机械动作中若有紧急状况发生，则可以立刻采取相关措施。

6. 切筋成型模具

1) 切筋成型模具结构

切筋成型模具由上模和下模组成，由于每批产品型号不同，所以模具要进行一次性调整，直到产品更换再调整。切筋成型模具如图 2-80 所示。

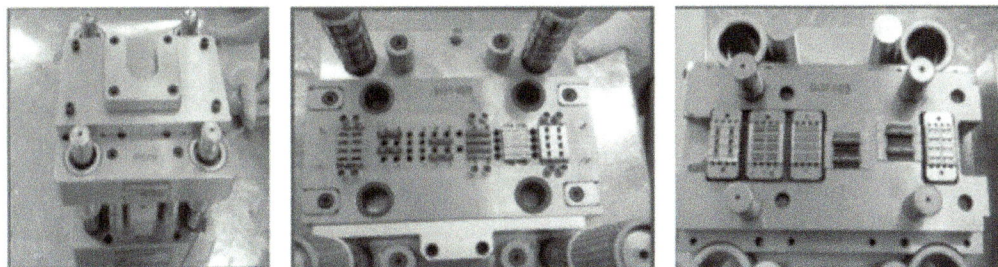

(a) 切筋成型模具　　　　(b) 下模　　　　(c) 上模

图 2-80　切筋成型模具

切筋成型模具采用榫卯连接的方式，即通过板块之间的压力，使结构在承受水平外力时，能有一定的适应能力。上模是凸模，由凸模固定板固定。下模部分由凸模、凹模固定板、垫板和下模座组成。框架条通过沟槽固定在相应位置，利用凹槽进行定位。

凸模和凹模都采用镶嵌结构，这样便于采用线切割加工。凸模由凸模固定板和螺钉固定。凹、凸模固定板如图 2-81 所示。

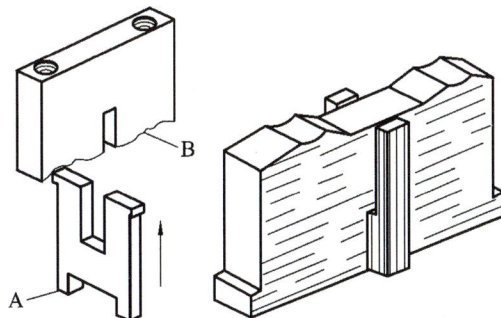

图 2-81　凹 (A)、凸 (B) 模固定板

2) 不同封装形式的切筋方式

芯片的封装形式多样，不同的封装形式要选择不同的切筋方式。下面将介绍三种切筋方式。

方式一：推压移动产品单边固定，其原理图如图 2-82 所示。

方式二：产品移动、刀口固定，其原理图如图 2-83 所示。

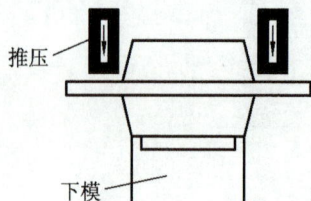

图 2-82　推压移动产品单边固定原理图　　　图 2-83　产品移动、刀口固定原理图

方式三：产品两边固定推压移动 (BGA 系列使用)，其原理图如图 2-84 所示。

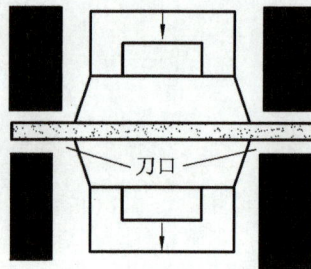

图 2-84　产品两边固定推压移动原理图

3) 切筋成型模具选择的原则

选择切筋成型模具主要遵循以下 3 点原则：

(1) 主要根据芯片大小、封装形式、引脚等进行选择，设备的上模、下模与轨道三者都需要对应。

(2) 模具要与芯片精准贴合，将其控制在指定范围内。如果模具不匹配，可能会导致在切筋成型过程中挤压芯片，从而造成芯片损坏或引脚损坏。

(3) 轨道要与模具相匹配。框架条通过轨道直接被传送到模具的相应位置，如果轨道与模具不匹配，很可能会导致芯片滑出轨道，造成芯片损伤。

7. 切筋成型的操作流程

切筋成型的操作流程为开机、设置参数、装料、上料、切筋与成型、下料、关机。图 2-85 为切筋成型示意图。

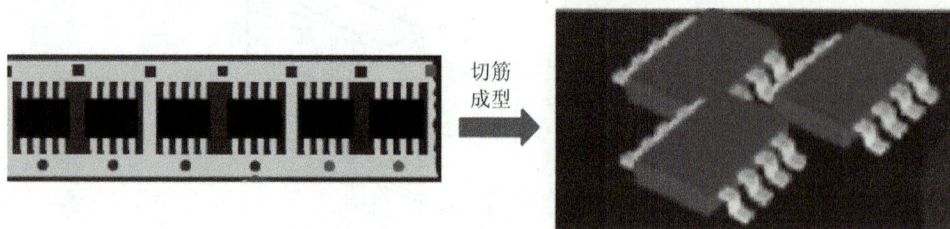

图 2-85　切筋成型示意图

(1) 开机。启动切筋机的主要步骤如下：

① 打开机器后面的空气开关及压缩空气阀。

② 打开面板上的电源及照明 (三种指示灯会同时闪烁)，过几秒后，按一下复位键，系统将自动完成复位操作，同时启动灯会闪烁。

③ 用点动方式完成模具运行 (用手单击显示屏上的"手动"按钮，然后同时按住"手动"和"停止"按钮，这时模具会慢慢下降，注意听一下模具里有没有异常的声音)，然后按一下"启动"按钮，空运转一分钟后单击屏上的"测试"按钮，系统将带料运行。

(2) 设置参数。单击切筋机显示屏上的"数据设置"，选择相对应的模具型号来调用对应的切筋成型程序，并选择数据和参数。界面上不仅会显示调用的程序，还会显示根据随件单创建的批次等信息。参数设置流程如图 2-86 所示。

$$数据设置 \longrightarrow 选择程序 \longrightarrow 创建批次等信息$$

图 2-86　参数设置流程

(3) 装料。装料前先对框架条进行检验，一般检查是否存在注塑料缺损、引脚断裂、镀锡露铜等情况，对不合格的产品进行剔除；同时，还要对不平整的引线框架进行调整，防止切筋成型时卡料或者模具损坏，如图 2-87 和图 2-88 所示。

图 2-87　剔除不合格品

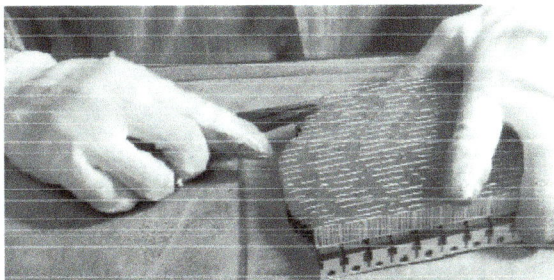

图 2-88　调整引线框架

(4) 上料。设备开始运行，上料机械手会自动夹取上料区的框架条，将其放在轨道上；然后机械滑块将轨道上的框架条向前推送至指定位置，如图 2-89 和图 2-90 所示。

框架条

图 2-89　将框架条放置到轨道上

图 2-90　机械滑块推动框架条

（5）切筋与成型。设备自动将推送过来的框架条挪动至模具的相应位置，切筋机自动校对，然后切筋模具的上模下压，使其与下模闭合，从而切断连筋（引线框架条上引脚相连的多余筋条）。成型冲头继续下压，使引脚弯成所需形状，于是便形成了不同的封装形式，切筋成型图解如图 2-91 所示。

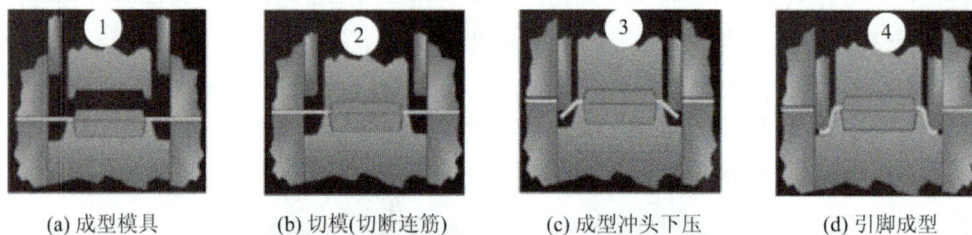

(a) 成型模具　　　　(b) 切模(切断连筋)　　　　(c) 成型冲头下压　　　　(d) 引脚成型

图 2-91　切筋成型图解

（6）下料。在模具作用下，切筋成型后的元器件从下料口落入收料管，装满的料管被放入成品箱，切断的多余筋条被回收到一起，如图 2-92 所示。

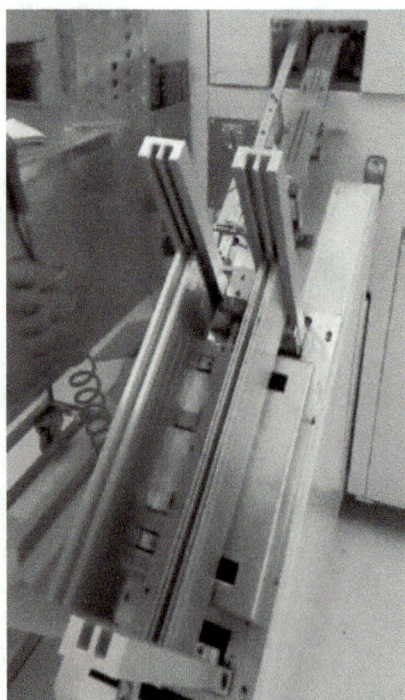

图 2-92　下料

（7）关机。关机时，首先关闭面板上的电源开关及照明，然后关闭总电源及压缩空气阀。

8. 切筋机的常见故障

切筋机在运行时发生故障是不可避免的，如表 2-23 所示为切筋机的常见故障及原因。

表 2-23　切筋机的常见故障及原因

序号	故障名称	故 障 原 因
1	上料料盒供给	上料料盒没有上机； 上料料盒没有夹持到位； 上料料盒供给放置方向错误
2	上料抓取真空吸盘	框架条放置不当或没有吸上； 框架条没有上升到位或传感器检测不良
3	上料框架条插入	框架条插入上料导轨卡住或掉落； 传送过程不顺； 料盒缺料或抓手未抓到框架条
4	模具料片插入	框架条传送到模具口的过程不顺畅； 模具入口检测传感器没有检测到
5	探针（定位不良）	框架条放反； 框架条变形； 框架条背面有树脂残留
6	拨抓（设置）	框架条放反； 框架条变形； 框架条背面有树脂残留
7	上模针损坏	上模检测不良
8	制品下落	断筋的电路掉入模具内
9	产品切断排出前	切筋分离出来的电路在分离模口处，推出杆不能正常工作（堵料）
10	产品切断排出后	芯片在导轨中间或入管口，没有排入料管
11	模具位置	模具在合模时未到位或模具瞬间未工作
12	可动凹模	可动凹模卡住
13	料管供给	没有料管供给； 料管没有放好
14	料管排列	料管左边或右边方向错误； 料管传送不到位或拱起，没有检测到位

9. 切筋机与切筋模具的日常维护

1）设备一级维护

周期：每天。

测试人员每天上班前负责切筋机及操作台表面的清洁，用气枪除去下料轨道、测试区等机构的灰尘。

2）设备二级维护

周期：3 个月。

切筋机与切筋模具二级维护的主要内容如下：

(1) 固定螺丝。不论出厂时螺丝固定得再紧，在运转一段时间后都有可能松动。此时需要检查各部位螺丝是否松动，并加以固定。使用内六角扳手长端时拧松螺丝，非沉孔螺丝均用弹簧垫圈紧固。当搬运机器时，应进行检查以避免机器产生偏差而发生故障。

(2) 机台清洁。机台要保持清洁，特别是在芯片滑动的轨道中常会有微细的粉末，使用者应经常将这些灰尘清除，避免卡料或影响感测器的动作。

(3) 润滑。任何有相对运动的机构都会发生摩擦，所以都需要润滑，以延长机器的使用寿命，减少磨损的发生。润滑位置为皮带轮轮轴和直线滑轨，应予以注油润滑。

(4) 定位销检查。机器下料轨道、测试区等重要部件均采用定位销安装，在使用与维修的过程中不要轻易取消定位销装置，应定期检查定位销的安装是否正常。

★ 课程思政

优秀企业——中芯国际

中芯国际集成电路制造有限公司，简称中芯国际，是中国大陆领先的集成电路晶圆代工企业，被誉为中国芯片制造行业的佼佼者。

中芯国际成立于 2000 年，总部位于中国上海，拥有全球化的制造和服务基地。公司专注于为全球客户提供高品质的晶圆代工与技术服务，涵盖从 0.35 μm 到 FinFET 等先进制程节点的产品。中芯国际在上海、北京、天津、深圳等地建有多座先进的晶圆厂，并在美国、欧洲、日本等地设立营销办事处，形成了广泛的全球服务网络。

中芯国际在技术实力和创新方面表现出色。公司致力于先进制程技术的研发，成功实现了 14 nm 及更先进制程技术的量产，可为客户提供高性能、低功耗的芯片解决方案。同时，中芯国际还不断投入研发，推动技术创新，力求在全球芯片制造领域保持领先地位。公司拥有一支高素质的研发团队，与全球多家知名高校和研究机构建立了紧密的合作关系，共同推动半导体技术的进步。

中芯国际在全球晶圆代工市场中占据重要地位。根据最新数据，中芯国际已成为全球第三大晶圆代工企业，仅次于台积电和三星。公司在 CIS（接触式图像传感器）、PMIC（电源管理集成电路）、物联网和 DDIC（显示驱动集成电路）等应用领域具有显著的代工市场份额。中芯国际的成功不仅得益于其强大的技术实力，还得益于其卓越的市场洞察力和灵活的服务模式。

中芯国际作为中国芯片制造行业的领军企业，以其强大的技术实力、卓越的市场洞察力和灵活的服务模式，赢得了全球客户的广泛认可和信赖。未来，中芯国际将继续致力于成为全球领先的集成电路晶圆代工企业，为中国乃至全球半导体产业的发展做出更大贡献。

⚙ 任务实施

首先需要完成与芯片引脚成型工艺相关的资料收集任务，并将收集的资料作为编写方案的编制依据；编制完成 AT89S51 芯片引脚成型工艺操作方案。实施具体任务时，可参照表 2-24 所示的步骤。

表 2-24　任 务 实 施 单

项目名称	AT89S51 芯片封装		
任务名称	AT89S51 芯片引脚成型	建议学时	4
计划方式	分组讨论		
序 号	实 施 步 骤		
1	明确需求： (1) 确定芯片型号、引脚数量、引脚间距以及最终产品对引脚成型的精度要求。 (2) 了解芯片的应用场景，如消费电子、工业控制等，以便适配相应的引脚成型标准		
2	组建团队： 清晰划分团队成员职责，设立项目负责人、技术工程师、文档记录员等岗位		
3	资料收集： (1) 查阅芯片引脚成型相关的学术文献，掌握最新的理论研究成果与技术方法。 (2) 收集行业内主流企业的引脚成型工艺规范、操作手册，了解实际生产中的最佳实践。 (3) 参考相关国家标准与国际标准，确保设计与操作符合规范		
4	电镀需求分析： (1) 根据芯片引脚的功能和应用环境，确定电镀的目的，如提高引脚的导电性、耐腐蚀性、可焊性等。 (2) 选择合适的电镀金属，常见的有金、银、锡等，需综合考虑成本、性能等因素。 (3) 研究不同的电镀方法，如常规电镀、脉冲电镀等，了解其优缺点和适用场景。根据芯片引脚特点和批量要求，选定最适宜的电镀工艺		
5	引脚成型工艺调研与设计： (1) 分析常见的引脚成型工艺，如冲压成型、折弯成型、滚压成型等的优缺点。 (2) 考虑芯片引脚材质（如铜、铝等）特性对成型工艺的影响，研究不同工艺下材料的应力应变情况。 (3) 根据芯片的具体要求、批量大小以及成本预算，选定最合适的引脚成型工艺。 (4) 制定初步的工艺流程图，明确各工序的先后顺序及相互关系		
6	成型设备选型： (1) 依据选定的工艺，确定所需设备的关键参数，如冲压机的吨位、折弯机的折弯角度精度、滚压机的滚压速度等。 (2) 考虑设备的兼容性，确保能适应不同型号芯片的引脚成型需求		
7	模具或工装夹具选择： (1) 对于冲压、折弯等成型工艺，根据芯片引脚形状、尺寸，选择配套的模具或工装夹具。 (2) 根据模具或夹具的耐用性、易操作性以及与设备的适配性进行选择		
8	方案审核与完善： (1) 组织团队成员对引脚成型工艺方案进行全面审核，检查从工艺设计、设备选型到参数设置等各个环节是否合理、有无漏洞。 (2) 邀请芯片封装领域专家参与审核，听取专业意见和建议。 (3) 根据审核意见，对方案进行针对性优化。 (4) 再次审核完善后的方案，确保满足芯片引脚成型的质量与效率要求		
9	报告撰写： (1) 编写芯片引脚成型任务实施报告，涵盖任务背景、目标、实施过程、方案成果等内容。 (2) 详细记录工艺选型依据、设备参数、模具选择细节等关键信息，便于后续查阅与参考		
10	资料归档： 将收集到的资料、审核意见和试验报告等整理归档，建立完整的项目档案		

在任务实施过程中，重要的工作内容可以参照表 2-25 进行编制。

表 2-25 "AT89S51 芯片引脚成型工艺操作方案"示例

项目名称	AT89S51 芯片封装			
任务名称	AT89S51 芯片引脚成型			
电　镀				
工艺流程				
材料选择				
生产过程	设　备	步　骤		参数要求
切 筋 成 型				
工艺流程				
材料选择				
生产过程	设　备	步　骤		参数要求
（表格可添加）				

⚙ 任务习题

一、单选题

1. 塑料封装的电镀工艺中，常用的电镀金属是（　　）。

A. 金 　　　　　　　　　　　　B. 银

C. 锡 　　　　　　　　　　　　D. 镍

2. 电镀工艺的主要目的是（　　）。

A. 提高封装的美观度

B. 增强封装的机械强度

C. 提高封装引脚的抗氧化性和可焊性

D. 降低封装成本

3. 切筋成型工艺中常用的刀具是（　　）。

A. 高速钢刀具 　　　　　　　　B. 硬质合金刀具

C. 金刚石刀具 　　　　　　　　D. 陶瓷刀具

4. 切筋成型的主要目的是（　　）。

A. 提高封装美观度 　　　　　　B. 分离芯片与框架

C. 增强封装强度　　　　　　D. 降低封装成本

二、多选题

1. 电镀工艺可能面临的问题有 (　　)。

A. 镀层不均匀　　　　　　　B. 镀层结合力差

C. 电镀液污染　　　　　　　D. 成本过高

2. 影响电镀质量的因素有 (　　)。

A. 电镀液成分　　　　　　　B. 电镀工艺参数

C. 基底材料性质　　　　　　D. 操作人员

3. 切筋成型工艺可能面临的问题有 (　　)。

A. 切口不整齐　　　　　　　B. 芯片损坏

C. 刀具磨损快　　　　　　　D. 成本过高

三、判断题

1. 电镀工艺对封装的机械强度没有影响。　　　　　　　　　　　　(　　)

2. 金是塑料封装电镀工艺中最常用的金属。　　　　　　　　　　　(　　)

3. 切筋成型工艺对芯片性能没有影响。　　　　　　　　　　　　　(　　)

职业能力目标

通过本项目的教学，应达成以下能力目标：

(1) 能够阐述气密性封装的特点。

(2) 能够识别常见的气密性封装与非气密性封装。

(3) 能够阐述陶瓷封装、金属封装的工艺流程。

(4) 能够操作常见的封帽工艺设备。

(5) 能够对封帽设备进行日常维护。

(6) 能够判别常见的不同工艺中的产品缺陷及分析原因，并以创新的精神提出解决方案。

(7) 能够协同团队成员处理常见故障。

(8) 能够以严谨的科学态度和精益求精的工匠精神撰写相关报告。

(9) 能够使用精准的专业语言与专业人员进行交流。

项目引入

集成电路封装的主要目的之一是为芯片提供保护，避免不适当的电、热、化学及机械等因素的破坏。不同使用场景对集成电路封装可靠性有一定的要求。

在航空、航天、军事、船舶等领域，对于集成电路封装可靠性有极高要求。气密性是集成电路可靠性的重要指标之一，特别是有源器件的可靠性。有源器件对很多潜在的失效机理都很敏感，例如可能受到水汽的侵蚀，导致元器件从钝化的氧化物中浸出磷而形成磷酸，这样又会进一步侵蚀铝键合焊盘。

塑料封装因其工艺简单、成本低廉等特点被广泛应用，占据了整个封装市场的 90% 以上。但其材料通常为高分子树脂材料，水分子通常在数小时内就能侵入封装，因此塑料封装不能达到所谓的气密性要求。金属封装、陶瓷封装的气密性较好，常被用于航空、航天、军事、船舶等领域，此类封装也被称为气密性封装。

本项目将以最常见的功率三极管封装为例，探索气密性封装的工艺流程以及各个工序的设备使用方法。

3.1 任务一 功率三极管封装比选

任务目标

1. 掌握气密性封装与非气密性封装的定义。

2. 掌握气密性封装的类型。

3. 掌握陶瓷封装工艺流程。

⚙ 任务准备

本任务需要先熟悉气密性封装与非气密性封装的特点，通过查询资料进一步了解气密性封装的种类及典型气密性封装的工艺流程，并为功率三极管选择合理的封装方案。任务单如表 3-1 所示。

表 3-1　任　务　单

项目名称	功率三极管封装
任务名称	功率三极管封装比选
任 务 要 求	
1. 任务装备。 (1) 分组讨论，每组 3～5 人。 (2) 自行收集所需资料。 2. 完成封装材料的资料收集与整理。 3. 提交功率三极管封装比选方案	
任 务 准 备	
1. 知识准备。 (1) 常见的气密性封装与非气密性封装。 (2) 各类封装工艺流程。 2. 设备支持。 在该任务实施过程中需要准备的工具包括： (1) 仪表：无。 (2) 工具：计算机、书籍资料、网络	

自主学习资讯及对应的国家职业技能标准如表 3-2 所示。

表 3-2　自主学习资讯及对应的国家职业技能标准

自主学习资讯	国家职业技能标准
气密性封装与非气密性封装	《国家职业技能标准——半导体分立器件和集成电路装调工》(6-25-02-06)：3.1 五级 / 初级工，8 封帽
典型的气密性封装	《国家职业技能标准——半导体分立器件和集成电路装调工》(6-25-02-06)：3.1 五级 / 初级工，9 封帽后处理
金属封装的概念及特点	《国家职业技能标准——半导体分立器件和集成电路装调工》(6-25-02-06)：3.2 四级 / 中级工，8 封帽
陶瓷封装的概念及特点	《国家职业技能标准——半导体分立器件和集成电路装调工》(6-25-02-06)：3.2 四级 / 中级工，9 封帽后处理
塑料封装的概念及特点	《国家职业技能标准——半导体分立器件和集成电路装调工》(6-25-02-06)：3.3 三级 / 高级工，8 封帽
气密性封装的方法 陶瓷封装的工艺流程	《国家职业技能标准——半导体分立器件和集成电路装调工》(6-25-02-06)：3.3 三级 / 高级工，9 封帽后处理

集成电路封装通常可分为气密性封装和非气密性封装两大类别，所谓气密性封装是指完全能够防止污染物（液体或固体）的侵入和腐蚀的封装。

气密封装元器件的散热性相对较好，环境适应性强，军品和宇航级元器件额定工作环境温度能达到 $-55 \sim +125℃$。塑封非气密性封装元器件的散热性较差，根据应用领域不同一般分为商业级和工业级，商业级额定工作环境温度为 $0 \sim 70℃$，工业级额定工作环境温度为 $-40 \sim 85℃$，也有一些工业级塑封元器件工作上限温度可达到 $+125℃$，达到军品级温度水平。

3.1.1 气密性封装

集成电路封装的核心目的是为 IC 芯片提供全方位的保护，防止其受到电、热、化学及机械等外部因素的损害。在这些外部侵害中，水汽是最具破坏性的因素之一。由于 IC 芯片内部的导线间距极小，一旦水汽侵入，就会在电场作用、电解反应等效应的影响下，迅速导致 IC 芯片的短路、断路，甚至完全损坏。

为了有效应对这一挑战，气密性封装应运而生。它主要采用具有空腔结构的金属、陶瓷或玻璃外壳进行封装。这些材料因其出色的抗渗透能力和热学性能，能够为芯片和组件提供更为可靠的保护。因此，气密性封装在航空、航天、军事、船舶等可靠性要求极高的领域得到了广泛应用。

对于气密性封装而言，其内部的水分含量控制至关重要。为确保封装内部环境的稳定，其水分含量在整个使用寿命期间不得超过 0.5%。在如此低的湿度下，露点远低于冰点，水分以冰晶形式存在，从而避免了腐蚀等问题的发生。

评估封装的气密性有特定的方法，微量泄漏测试是一种常用的方法。该方法通过向封装内部注入氦气作为示踪气体，并测量其在一定压力下的溢出速度来判断封装的气密性。在测试过程中，封装首先被置于高氦气压力下，若存在泄漏，则氦分子会渗入封装内部。随后，封装被转移至真空测试室中，通过检测溢出的氦气量来确定泄漏情况。根据测得的氦气泄漏率，可以进一步计算出标准泄漏率，以评估封装在 25℃ 和大气压等"正常"运行条件下的气密性能。

气密性封装的标准因应用和行业需求而异。例如，在军事领域，由于对产品可靠性和寿命的要求极高，气密性封装的标准通常非常严格。相比之下，非气密性封装则主要用于对气密性要求不高的场合，其标准相对宽松。然而，即便在这些场合，也需要确保封装内部的水分含量保持在合理范围内，以防止腐蚀和其他潜在问题的发生。

1. 金属封装

金属封装是采用金属壳体或底座，IC 芯片直接或通过基板安装在外壳或底座上，引线穿过金属壳体或底座，大多采用金属封装技术的一种封装形式。金属封装管壳如图 3-1 所示。

金属封装

金属材料具有最优良的水分子渗透阻绝能力，并且具有良好的散热能力和电磁屏蔽，故金属封装具有较高的可靠性，常被作为高可靠性要求和定制的专用气密封装。在分立式芯片元器件封装、专用集成电路封装、光电器件封装等领域，金属封装仍然占有相当大的市场，在高可靠度需求的军用电子封装方面应用尤其广泛。

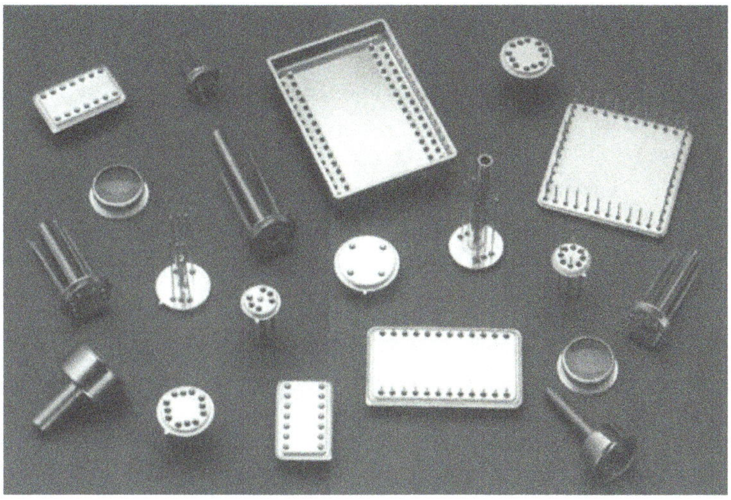

图 3-1 金属封装管壳

金属封装具有精度高、适合批量生产、价格较低、性能优良、应用面广、可靠性高以及可以得到大体积的空腔等特点。金属封装的形式多样，加工灵活，可以和某些部件融合为一体，适合于低 I/O 数的单芯片和多芯片的封装，也适合于微机电 (MEMS)、射频、微波、光电、声表面波和大功率器件 (见图 3-2)，可以满足小批量、高可靠性的要求。此外，金属封装材料可作为热沉或散热片以提供封装的散热。

图 3-2 金属封装的光电二极管

金属封装材料要实现对芯片支撑、电连接、热耗散、机械和环境的保护，应具备以下要求：

(1) 具有与芯片或基板匹配的低热膨胀系数，以减少或避免热应力的产生。

(2) 具有良好的导热性、导电性，提供热耗散，以减少传输延迟。

(3) 具有良好的电磁和射频屏蔽能力。

(4) 具有较低的密度、足够的强度和硬度，具有良好的加工或成型性能。

(5) 具有可镀覆性、可焊性和耐蚀性，易实现与芯片、盖板、PCB 的可靠结合，实现密封和环境的保护。

金属材料的选择与金属封装的质量和可靠性有着直接的关系。

1) 传统金属封装材料

传统金属封装材料包括铝、铜、钼、钨、可伐合金等。为降低铜的热膨胀系数，可以将铜与热膨胀系数较小的物质，如钼、钨复合，得到诸如铜/钨、铜/钼金属复合材料。这些材料具有较高的导电、导热性能，同时融合了钨和钼的低热膨胀系数、高硬度的特性。

2) 新型金属封装材料

除铜/钨和铜/钼以外，传统金属封装材料都是单一金属或合金，目前新开发了很多种金属基复合材料 (Metal Matrix Composite，MMC)。这种新型材料是以镁、铝、铜、钛等金属或金属间化合物为基体，以颗粒、晶须、短纤维或连续纤维为增强体的一种复合材料。相比传统的金属封装材料，其主要有以下优点：

(1) 可以通过改变增强体种类、体积分数、排列方式或改变基体合金，来改变材料的热物理性能。

(2) 材料制造灵活，成本不断降低。

(3) 特别研制的低密度、高性能金属基复合材料非常适合于航空、航天领域。

金属基复合材料的基体材料很多，但作为热匹配复合材料用于封装的主要是铜基和铝基复合材料。

金属封装是一种具有空腔结构的封装，通常用镀镍或金的金属基座以固定 IC 芯片。为降低硅与金属热膨胀系数的差异，金属封装基座表面通常又焊有一层金属片缓冲层以缓和热应力并增加散热能力。针状引脚是以玻璃绝缘材料固定在基座的钻孔上，并将其与芯片的连线再以金线或铝线的打线接合完成。IC 芯片粘接方式通常以硬焊或焊锡接合完成。基座周围再以熔接、硬焊或焊锡等方法与另一金属封盖接合。密封方法的选择除了考虑成本与设备的因素，产品密封速度、合格率与可靠度等均为考虑的因素。熔接所获得的产品密封速度、合格率与可靠度最佳，是最为普遍使用的方法，但利用熔接方法所得的产品不能移去封盖进行再修护，此为该方法的不足之处。硬焊或焊锡的方法则能移去封盖进行再修复。

图 3-3 是一个金属封装结构示意图，图中金属封装管壳包括用金属材料加工而成的管帽和管座，在管座上用玻璃管和可伐合金丝烧结出电极引线。IC 芯片被固定在基板上，通过键合丝与外引线连接。管座与管帽间通过一个槽口内置（如低温焊料）熔封而成。

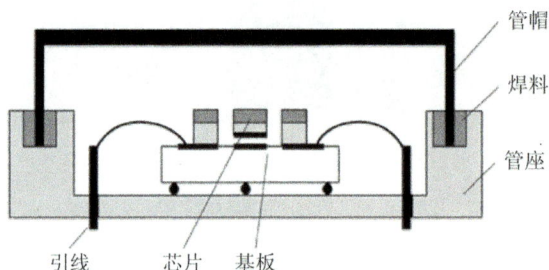

图 3-3　金属封装结构示意图

2. 陶瓷封装

陶瓷封装（见图 3-4）也是一种气密性封装，与金属封装相比，其价格较低。陶瓷被用作集成电路封装材料，主要是因其在热、电、机械特性等方面极为稳定，并且陶瓷材料的特性可以通过改变其化学成分和工艺的控制调整实现。陶瓷不仅可以作为封盖材料，还可以作为各种微电子产品重要的基板。

图 3-4　陶瓷封装

陶瓷封装中最常见的材料是氧化铝，其他比较重要的陶瓷封装材料有氮化铝、碳化铝、玻璃与玻璃陶瓷以及蓝宝石等。

氧化铝是陶瓷封装中最常见、应用最为成熟的封装材料，其价格低廉，耐热冲击性、电绝缘性较好，制作和加工技术成熟。但是，氧化铝热导率相对较低，因此其在大功率集成电路中的应用受到限制。

氮化铝的导热性能好，是氧化铝的 5～7 倍；其热膨胀系数与硅热膨胀系数相近，比氧化铝低一半。

氮化铝绝缘性好、电阻率大、无毒，且有良好的温度稳定性，其综合性能优于氧化铝，是大规模集成电路、超大规模集成电路基板和封装的理想材料。然而，氮化铝陶瓷对制备工艺和原材料要求高，成本高，商品化程度较低。

陶瓷封装的性能卓越，在航空、航天、军事等方面被广泛应用，其优点主要有：

(1) 气密性好，封装体的可靠性高。

(2) 具有优良的电性能，可实现多信号、地和电源层结构，并具有对复杂的器件进行一体化封装的能力。

(3) 导热性能好，可降低封装体热管理体积限制和成本。

陶瓷封装并非完美无缺，其主要缺点包括以下几点：

(1) 与塑料封装相比，陶瓷封装的工艺温度较高，成本更高。

(2) 工艺自动化与薄型化封装的能力弱。

(3) 陶瓷封装具有较高的脆性，容易引发应力破坏。

(4) 烧结装配时尺寸精度差、介电系数高，价格昂贵。

陶瓷封装能提供高可靠性与密封性的原因是利用玻璃与陶瓷、可伐合金、Alloy 42 合金引脚架材料间能形成紧密接合。

以陶瓷双列直插式封装 (CDIP) 为例，将 IC 芯片粘接在陶瓷基座上，芯片通过引线键合的方式与引线框架连接。引线框架被夹持在陶瓷基座和陶瓷盖之间，最后用低温玻璃材料将陶瓷盖和基座密封，如图 3-5(a) 所示。

陶瓷针栅阵列封装 (CPGA) 与晶粒承载器 (CLCC) 封装的密封则是在基板及封盖的周围以厚膜技术镀上镍或金的密封环，再以焊锡或硬焊的方法将金属或陶瓷的封盖与基板接合，如图 3-5(b) 所示。此外，熔接、玻璃及金属密封垫圈等亦可被用于接合密封盖与基板。

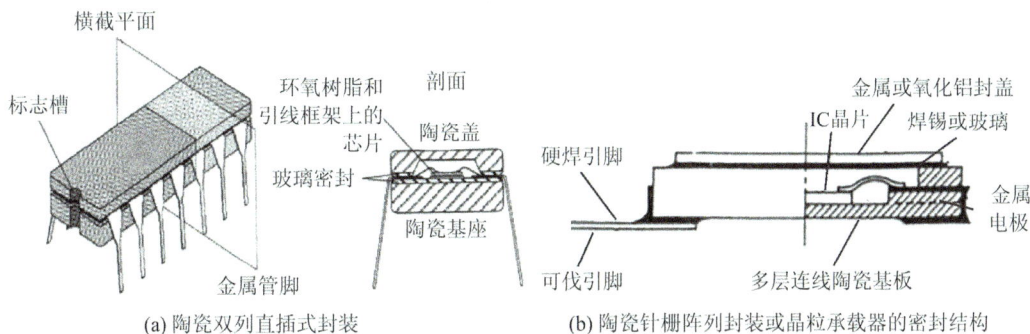

(a) 陶瓷双列直插式封装　　　　　(b) 陶瓷针栅阵列封装或晶粒承载器的密封结构

图 3-5　陶瓷双列直插式封装与针栅阵列封装

3. 玻璃封装

从 20 世纪 50 年代晶体管出现开始，玻璃即为电子元器件重要的密封材料，它除了具有良好的化学稳定性、抗氧化性、电绝缘性与致密性，还可以调整其成分，从而获得各种不同的热性质以配合工艺需求。图 3-6 为一个玻璃封装的齐纳二极管。

图 3-6 玻璃封装的齐纳二极管

玻璃封装可应用在各种封装类型中，从最早封装的第一个晶体管的 TO 帽，到金属封装、陶瓷封装都用到了玻璃封装。TO 帽中玻璃被用来形成玻璃与金属的直接封装，同时通过金属板或帽的小孔完成封装引线的输入/输出连接。盖板和 IC 芯片的陶瓷基板之间可用玻璃制成密封的夹心层。

在金属封装中，玻璃用来固定自金属圆罐或基台的钻孔伸出的针脚，它除了提供电绝缘的功能，还能形成金属与玻璃间的密封。在陶瓷双列直插式封装的开发过程中，密封材料的选择为工艺的瓶颈，一直到一种特殊玻璃（足以提供氧化铝陶瓷、金属引脚间的密封粘接）开发后，这一瓶颈问题才得以解决。随后各种性质的玻璃先后被开发出来，成为集成电路封装中主要的密封材料。

玻璃和陶瓷材料间通常具有良好的黏着性，但金属与玻璃之间的黏着性一般不佳。控制玻璃在金属表面的润湿能力是形成稳定粘接最重要的技术，也是集成电路封装中密封技术的关键所在。一种界面氧化物饱和理论说明，当玻璃中溶解的低价金属氧化物达到饱和时，其润湿能力最佳。实验数据也说明，最佳的润湿发生在含有饱和金属氧化物浓度的玻璃与干净的金属表面接触时，金属与玻璃的粘接即利用了这一结果。许多工业应用证实金属氧化物的溶解是形成金属与玻璃间密封接合的关键步骤，玻璃在没有任何表层氧化物的金属上无法形成粘接。

玻璃与金属间的压缩密封则无须金属氧化物的辅助，这种方法要选择热膨胀系数低于金属的玻璃材料进行粘接。在密封完成冷却时，金属将有较大的收缩从而压迫玻璃造成密封。压缩密封所得的强度及密封性均高于匹配密封，但其接面的热稳定性则逊于匹配密封。玻璃密封的主要缺点为材料本身的强度低、脆性高。在密封的过程中，除了要注意前述金属氧化层的特性影响，也应避免在玻璃中产生过高的残留应力而导致破裂，在运输取放过程中也应小心注意以免造成损毁。

3.1.2 非气密性封装

非气密性封装作为电子封装技术的一个重要分支，指的是封装材料无法完全隔绝环境中气体和湿气的侵入，从而允许一定程度的气体渗透。这种封装方式以其成本低、加工简便和应用领域广泛而著称，但同时，其非气密性的特点也限制了它在某些对环境要求极为苛刻的电子器件中的应用。塑料封装是对 IC 芯片采用树脂等材料进行包封的一类封装，塑料封装一般被认为是非气密性封装。

1. 常见的塑料

常见的塑料一般分为两大类，即热塑性塑料和热固性塑料。

(1) 热塑性塑料：受热软化并熔融，成为可流动的黏稠液体，在此状态下成型为一定形状的塑件，经冷却保持原有形状。如果再次加热该材料，又可软化熔融，可再次成型。这种循环是可逆的，可以重复多次，在成型过程中一般只有物理变化而无化学变化。

(2) 热固性塑料：在成型过程中既有物理变化又有化学变化，其反应过程可以分为两个阶段。第一阶段和热塑性材料类似，生产长链分子，即软化；第二阶段是在模具中的温度和压力作用下，进一步发生化学反应，材料内部形成密集的网状组织，材料冷却后再次加热时不能软化，若温度过高，则材料碳化并分解，这是不可逆过程。

目前，使用最多的塑料封装材料是以合成树脂和二氧化硅、硅粉为主体，并配入多种辅料混炼而成的材料，主要产品为环氧树脂系列和硅酮树脂系列。

2. 常见的塑料封装工艺

塑封的过程就是塑封料在型腔中填充焊有芯片和金线的框架，常见的塑料封装工艺有传递模塑、压缩模塑和反应注射模塑等。

(1) 传递模塑：使用冲头或柱塞，将流化的模塑配合料输送到模子中。模塑的压力低，不会损坏模腔中间的精细电子器件。模塑的模子一般为上下两块，合在一起中间形成的型腔成为封装的外形。加注到型腔中的环氧树脂固化后就可以开模取出，这样封装的器件各个面都是光滑的。利用注塑模具，用注塑头将塑封料压入模具型腔，可将芯片和引脚完全包裹，形成完整的封装体，然后去除料饼和主/子胶道的残胶。图 3-7 就是传递模塑成型后得到的 IC 块结构。

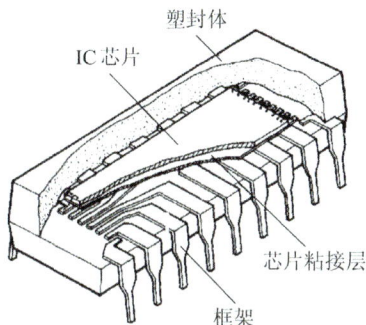

图 3-7 传递模塑成型后得到的 IC 块结构

(2) 压缩模塑：将干燥颗粒或油灰状的环氧树脂配合料放在阳模上，然后扣上阴模施加压力，热和压力使配合料熔融并流动，充满模腔。这种方法适合大规模生产形状复杂的电子器件。

(3) 反应注射模塑：将化学活性的树脂和硬化剂在压力下冲击混合，混合的液流直接压入模腔，模子的热量和反应放热使器件在 2~5 min 的时间内固化。这一模塑工艺因周期短而具有制造上的优越性。

塑料封装制造工艺已经在本书项目二中介绍，此处不再赘述。

3. 包封技术

以高分子树脂密封塑料封装时，水分子通常在数小时内即能侵入，塑料封装也称为包封。

包封通过将 IC 芯片或其他元器件和环境隔离以实现保护元器件的目的，同时芯片和封装材料形成一体，以达到机械保护的目的。包封一般采用以环氧树脂为基础成分添加各种添加剂的混合物。目前，趋向高端化的集成电路对包封材料性能的要求主要有以下 8 个方面：

(1) 由高纯材料组成，离子型不纯物极少。

(2) 与元器件及引线框架的黏附力好。

(3) 吸水性、渗水性低。

(4) 内部应力和成型收缩率小。

(5) 热膨胀系数小，热导率高。

(6) 成型、硬化时间短，脱模性好。

(7) 流动性及填充性好，飞边少。

(8) 具有良好的阻燃性。

最常见的包封材料可分为环氧类、氰酸酯类、聚硅酮类和氨基甲酸乙酯类 4 种类型。目前集成电路封装中使用环氧树脂类的较多，该类材料具有耐湿、耐燃、易保存、流动填充性好、电绝缘性高、应力低、强度大和可靠性好等特点。

常用的包封封装法一般是将树脂置于 IC 芯片上，使其与外界环境隔绝。覆盖树脂的方法有 5 种，分别为涂布法、浸渍法、滴灌法、流动浸渍法和模注法。

1) 涂布法

涂布法是指用笔或毛刷等蘸取树脂，在 IC 芯片上涂布，然后加热固化，从而完成封装。涂布法要求树脂黏度略低。图 3-8 为涂布法操作示意图。

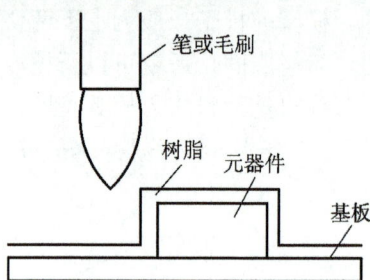

图 3-8　涂布法操作示意图

2) 浸渍法

浸渍法操作示意图如图 3-9 所示。浸渍法是指将 IC 芯片浸入装满树脂液体的浴槽中，浸渍一段时间后再拉出，然后加热固化以完成封装。使用这种方法需要注意避免 I/O 引脚变形和搭接，要采用掩模等方法避免树脂在不需要的部位上附着。

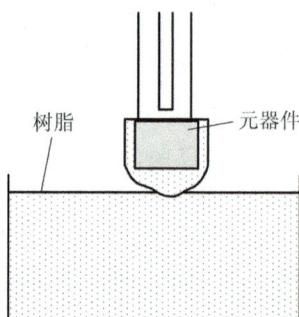

图 3-9　浸渍法操作示意图

3) 滴灌法

滴灌法又称为滴下法，是指用注射器等将液体树脂缓慢滴灌在 IC 芯片上，然后加热固化以完成封装。该方法要求树脂黏度比较低。滴灌法操作示意图如图 3-10 所示。

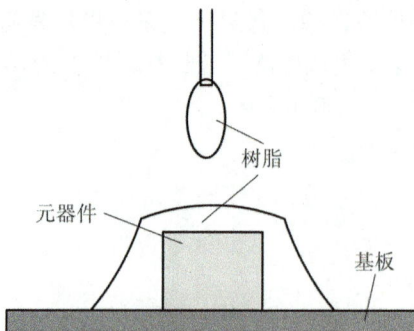

图 3-10　滴灌法操作示意图

4) 流动浸渍法

流动浸渍法又称为粉体涂装法，是指将 IC 芯片置于预热状态，浸入装满树脂与氧化硅粉末的混合粉体，并置于流动状态的流动浴槽中，浸渍一段时间，待粉体附着达到一定厚度后，加热固化以完成封装。图 3-11 为流动浸渍法操作示意图。

图 3-11　流动浸渍法操作示意图

5) 模注法

模注法是指将 IC 芯片放入比其尺寸略大的模具或树脂盒以构成模块，再向模块间隙中注入液体树脂，然后加热固化，从而完成封装。这是最常见的一种包封形式。图 3-12 为模注法操作示意图。

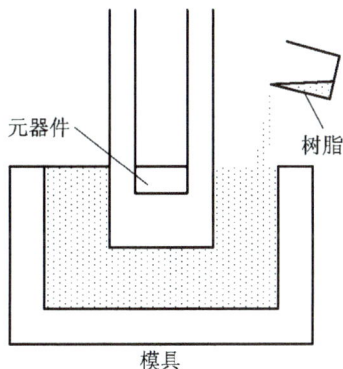

图 3-12　模注法操作示意图

以上方法均属于树脂封装，因此不可避免地会浸入一定程度的湿气。这些方法主要用于小规模、价格较低、对可靠性要求不高的一些元器件产品。

4. 非气密性封装与气密性封装的区别

非气密性封装主要以塑料作为集成电路外壳，这些塑料通常是热固性塑料，如有机硅类、聚酯类、酚醛类和环氧类等，其中环氧树脂的应用最为广泛。其封装方式主要采用传递模注塑封装成型 (低压传递模注成型)、液态树脂封装成型、树脂块封装成型等。这种封装方式的特点在于其制造工艺相对简单，生产效率高，且成本较低。同时，非气密性封装还具有重量轻、适合电路小型化和微型化、绝缘性能好以及性价比高等优点。然而，它的机械性能相对较差，散热性和耐热性较弱，容易受到环境因素的影响。

非气密性封装的应用领域非常广泛，特别是在消费电子、医疗器械及汽车电子等领域。在消费电子领域，如手机、平板电脑等设备，非气密性封装能够保护设备免受汗水、灰尘及化学品的侵害，确保设备的正常使用。在医疗器械中，非气密性封装也用于实现器械的防水、防尘及防腐蚀等功能，以满足特定的使用需求。而在汽车电子领域，非气密性封装能够在高温、污染及振动等恶劣环境中发挥出色作用，保障汽车电子设备的稳定运行。

气密性封装则是指能够防止水汽和其他污染物侵入的封装，它属于高可靠性封装。气密性封装的材料包括金属、陶瓷和玻璃等，这些材料通过激光等技术可实现高气密性和可靠性。在封装前，通常需要加热到较高的温度以去除水汽，从而确保封装的可靠性。然后通过精密的焊接或封接技术，确保封装内部与外部完全隔离，以达到高气密性。气密性封装能够有效地防止污染，提高电路的可靠性，特别是有源器件的可靠性。

气密性封装的应用领域主要集中在需要高可靠性和严苛环境的场合。例如，在半导体芯片封装中，气密性封装能够保护芯片免受环境中的氧气和水分的损害。在电容和电感器封装中，气密性封装也能够在极端环境下保持其性能稳定。此外，在光学器件和医疗器械等领域，气密性封装也得到了广泛应用。这些器件和材料对湿度、氧气和紫外线等环境因素非常敏感，因此需要进行气密性封装以保障其稳定性和使用寿命。

在区分这两种封装方式时，通常采用的方法包括气体渗透测试、湿度敏感性测试以及封装材料的微观结构分析等。通过这些测试方法，可以直观地了解封装材料对气体和湿气的阻隔性能，从而判断其是否属于气密性或非气密性封装。

5. 塑料封装属于非气密性封装的主要原因

塑料封装通常是指对 IC 芯片采用高分子树脂材料进行封装，作为现代电子工业中广泛采用的一种封装技术，它具有成本低、加工性好、重量轻等优点。然而，其气密性不佳一直是制约其应用范围和可靠性的重要因素。塑料封装的气密性不佳主要有以下几个原因：

(1) 封装材料的分子结构疏松。塑料封装的主要材料是高分子树脂，如环氧树脂、聚酰亚胺等。这些树脂的分子链间存在较大的空隙，使得气体和湿气易于渗透。高分子链的排列方式和链间空隙的大小受树脂种类、分子量、交联度等因素的影响。一般来说，分子链排列松散、分子量较小的树脂，其分子链间空隙较大，气密性较差。

(2) 封装材料与电子元件之间的界面问题。封装材料与电子元件之间的界面是气体和湿气渗透的主要通道之一。由于塑料的热膨胀系数、弹性模量等物理性质与金属、陶瓷等材料存在差异，塑料封装的工艺过程会导致封装体产生微小的裂纹和缝隙，使得气体和水汽能够通过这些界面渗透进入封装内部。

(3) 材料老化。太阳光中的紫外线具有较高的能量，能够破坏塑料分子的化学键，使其发生降解反应。例如，紫外线会使塑料分子中的不饱和双键发生交联反应，形成网状结构，导致塑料变硬、变脆。同时，紫外线还会使塑料分子中的发色基团发生变化，导致塑料变色。塑料材料也容易受温度影响，在高温下，塑料分子的运动加剧，分子间的作用力减弱，容易加速降解反应。此外，高温还会加速塑料中添加剂的挥发和分解，降低塑料的稳定性。氧气作为一种强氧化剂，能够与塑料分子发生氧化反应，导致塑料的老化。在氧化反应过程中，塑料分子中的氢原子会被氧原子取代，形成羟基、羰基等官能团，使塑料的性能下降。塑料封装采用的材料在使用过程中可能会受到光照、温度、湿度等环境因素的影响，导致材料老化、性能下降，而老化的塑料材料也更容易产生裂纹和缝隙，使得气密性难以保证。

6. 气密性封装与非气密性封装工艺流程对比

在电子封装领域，气密性封装形式至关重要，它们为 IC 芯片提供了安全稳定的保护环境，其中金属封装、陶瓷封装以及玻璃封装是最为常见的 3 种形式。每种封装方式都采用了空腔结构设计，旨在将 IC 芯片稳固地粘接在管壳或基板上，并通过盖板实现严密密封，以确保内部元器件免受外界环境的侵扰。

金属封装作为一种传统的气密性封装技术，其工艺流程严谨而复杂。在金属封装过程中，首先需要将 IC 芯片精确地放置在金属管壳或基板的预定位置上，并通过特定的黏结剂进行固定。随后，使用盖板对管壳或基板进行密封，这一步骤依赖于焊料焊、钎焊或熔焊等先进的气密封装技术。这些技术能够确保金属封装在极端环境下依然保持卓越的气密性，为IC芯片提供坚不可摧的保护屏障。金属封装的工艺流程包括晶圆减薄、划片、贴片、引线键合、金属封装(封帽)、镀镍和打标等多个环节。典型的金属封装工艺中，金属盖板与金属封装壳体分别制备，并在壳体上制作气密的电极，以提供电源及信号的输入/输出引脚。然后，将芯片进行减薄、划片，并按照类似塑封前段的工艺进行贴片、键合。最后，通过封帽步骤进行封装，封帽过程也是影响金属封装质量的关键，通过金属封帽的封装，可以构成气密且坚固的封装结构，后续将对封帽工艺进行专门的项目化教学。

陶瓷封装以其出色的电、热和机械性能，在气密性封装领域占据了显著地位。在陶瓷封装的工艺流程中，首先需要将IC芯片精确地粘贴在载有引脚架或厚膜金属导线的陶瓷基板孔洞内。随后，通过精密的电路互连技术，将芯片与引脚或厚膜金属键合点连接起来。完成电路互连后，封装工艺进入关键阶段，使用另一片陶瓷或金属封盖，通过玻璃、金锡或铅锡焊料等密封材料，与基板进行紧密粘接，形成气密性封装。这一步骤不仅要求极高的工艺精度，还需确保封装的气密性和长期可靠性。陶瓷封装的整个工艺流程包括芯片粘接、电路互连、封盖密封等多个环节，每一步都至关重要，共同构成了陶瓷封装的高品质保证。值得注意的是，在陶瓷封装中，为了提升焊接效果并确保与陶瓷基板的良好结合，金属表面通常会覆盖一层由厚膜法、共烧结铜或钨合金等材料制成的金属封接带，并通过适当的电镀处理来增强其焊接性能。目前，综合考虑经济性、可靠性和工艺可行性等因素，熔焊密封技术已成为陶瓷封装中最常用的方法，它能够确保封装体在长期使用过程中保持卓越的气密性和稳定性。图3-13将陶瓷封装与塑料封装的工艺进行了比较，相比气密性良好的陶瓷封装，塑料封装虽然具有成本低、工艺简单等优点，但在气密性方面却存在明显短板。

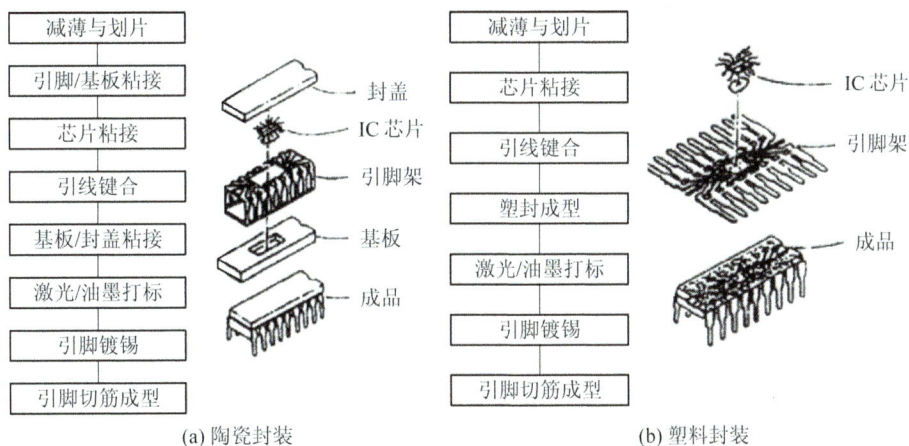

图3-13　陶瓷封装与塑料封装工艺流程对比

此外，玻璃封装也是气密性封装的一种重要形式，通常也采用空腔结构设计，并通过特定的密封材料与盖板进行紧密粘接，以确保封装的气密性。玻璃封装在光电器件、传感器等领域具有广泛应用，其独特的透明性和气密性为这些器件提供了优越的保护环境。

课程思政

中国集成电路产业发展的历史事件

一、早期探索与起步

20世纪50年代半导体研究起步：中国的半导体研究起步于20世纪50年代，在广大科技人员的努力下，成功研制出了锗、硅晶体管。这为后续的集成电路封装产业发展奠定了基础。

20 世纪 60 年代集成电路研制成功：中国的科研机构成功研制出了集成电路，如电子工业部第 13 所于 1965 年设计定型了我国第一个实用化的硅单片集成电路 GT31。

20 世纪 70 年代封装技术初步形成：随着集成电路的研制成功，封装技术也开始初步形成，虽然当时的封装技术相对简单，但为后续的发展积累了宝贵的经验。

二、改革开放后的快速发展

20 世纪 80 年代技术引进与合作：改革开放后，中国集成电路产业开始大量引进国外先进技术和设备。例如，国营江南无线电器材厂（无锡 742 厂）从日本东芝公司引进全套的设备和技术生产彩色电视机用的集成电路。这不仅提升了中国集成电路的生产能力，也推动了封装技术的发展。

20 世纪 90 年代的无锡微电子工程：作为我国电子工业在"七五"时期的头号工程，无锡微电子工程不仅建立了微电子研究中心，还引进了 3 μm 技术的集成电路生产线（MOS 工艺），扩建了 5 μm 生产线，并建设了其他配套设施。这一工程对集成电路封装技术的发展起到了重要的推动作用。

20 世纪 90 年代的"908"工程和"909"工程：这两个工程分别建设了 6 英寸和 8 英寸集成电路生产线，并涵盖了集成电路设计中心、上下游配套产业以及生产设备、硅片等产业链的大部分环节。这些工程不仅提升了中国集成电路的生产能力，也推动了封装技术的升级和进步。

三、新世纪以来的快速发展

中芯国际的成立：中芯国际的成立标志着中国内地首家集成电路晶圆代工企业的诞生，为集成电路封装产业提供了新的发展机遇。

封装技术的不断创新：随着技术的不断进步，中国集成电路封装产业开始采用更先进的封装技术，如晶圆级封装、系统级封装等。这些技术的应用不仅提高了集成电路的性能和可靠性，也推动了封装产业的快速发展。

国家集成电路产业投资基金的成立：该基金的成立为集成电路封装产业提供了重要的资金支持，推动了封装技术的研发和应用。

先进封装项目的遍地开花：近年来，中国集成电路封装产业出现了多个先进封装项目，如长电微电子的晶圆级微系统集成高端制造项目、芯德科技的晶圆级芯粒先进封装基地项目等。这些项目的实施不仅提升了中国集成电路封装产业的技术水平，也推动了产业的发展壮大。

任务实施

首先需要完成与气密性封装相关的资料收集任务，并将收集的资料作为比选方案的编制依据；再结合功率三极管的气密性封装特点，编制完成功率三极管封装比选报告。实施具体任务时，可参照表 3-3 所示的步骤。

表 3-3 任务实施单

项目名称	功率三极管封装		
任务名称	功率三极管封装比选	建议学时	4
计划方式	分组讨论		
序 号	实 施 步 骤		
1	**明确需求：** (1) 了解功率三极管的工作特性、使用环境、功率等级、散热要求等。 (2) 确定封装形式对功率三极管性能的影响，如热阻、电性能、机械强度等		

续表

序　号	实　施　步　骤
2	**选择封装类型：** (1) 气密性封装：如果功率三极管需要在恶劣环境下工作，如高温、高湿、强振动等，且对可靠性要求极高，如军用、航空、航天等领域，应优先考虑气密性封装。在气密性封装中，根据功率三极管的功率等级和散热要求，选择合适的金属封装或陶瓷封装。 (2) 非气密性封装：如果功率三极管用于一般工业或商业应用，对可靠性要求不是特别高，且成本预算有限，可以考虑非气密性封装。在非气密性封装中，塑料封装是常见的选择
3	**确定具体封装形式：** (1) 根据功率三极管的具体尺寸、引脚数量、封装密度等要求，选择合适的封装形式，如DIP(双列直插式封装)、SOP(小外形封装)、QFP(方型扁平式封装)等。 (2) 考虑封装形式的可制造性、可测试性、可维修性等因素
4	**评估与验证：** (1) 对选择的封装方案进行热仿真、电仿真等评估，确保满足功率三极管的工作要求。 (2) 进行样品制作和测试，验证封装方案的可行性和可靠性
5	**制定封装规范：** (1) 根据评估与验证结果，制定详细的封装规范，包括封装材料、工艺流程、质量控制标准等。 (2) 确保封装规范与功率三极管的设计、生产、测试等环节相协调
6	**生产与应用：** (1) 按照封装规范进行批量生产，并对生产过程中的质量进行严格把控。 (2) 将封装好的功率三极管应用于实际电路中，进行性能测试和可靠性验证

在任务实施过程中，重要的工作内容可以参照表 3-4 进行编制。

表 3-4　"功率三极管封装比选报告"示例

项目名称	功率三极管封装					
任务名称	功率三极管封装比选					
封装种类	分　类	材　料	结　构	封装技术的优缺点		应用及举例
				优　点	缺　点	
(表格可添加)						
封装类型	工　艺　流　程					
(表格可添加)						

🔧 任务习题

一、选择题

1. 集成电路封装的主要目的是 (　　)。

A. 提高芯片的性能

B. 提供 IC 芯片的保护，避免不适当的电、热、化学及机械等因素的破坏

C. 降低芯片的生产成本

D. 提高芯片的集成度

2. 下列材料中不是常见的金属封装材料的是（　　）。

A. 铝　　　　　　　　　　　B. 铜

C. 塑料　　　　　　　　　　D. 可伐合金

3. 关于陶瓷封装，下列描述中不正确的是（　　）。

A. 陶瓷封装气密性好，封装体的可靠性高

B. 陶瓷封装导热性能好，可降低封装体热管理体积限制和成本

C. 陶瓷封装工艺温度较低，成本比塑料封装低

D. 陶瓷封装在航空、航天、军事等方面被广泛应用

4. 非气密性封装中，最常见的包封材料是（　　）。

A. 环氧类　　　　　　　　　B. 金属类

C. 陶瓷类　　　　　　　　　D. 玻璃类

5. 下列封装技术中，通过将 IC 芯片或其他元器件和环境隔离以实现保护元器件的目的的是（　　）。

A. 气密性封装　　　　　　　B. 塑料封装

C. 包封技术　　　　　　　　D. 金属基复合材料封装

二、判断题

1. 气密性封装必须使用金属或陶瓷材料来实现完全密封。　　　　　　　　　（　　）

2. 环氧树脂封装的气密性优于陶瓷封装。　　　　　　　　　　　　　　　　（　　）

3. 气密性封装在军用电子中广泛应用，因其能耐受极端温度和湿度。　　　　（　　）

4. 金属封装仅用于电磁屏蔽场景，不涉及散热功能。　　　　　　　　　　　（　　）

三、简答题

1. 为什么金属基复合材料（如 Cu/W）在气密性封装中更具优势？

2. 如何测试气密性封装的质量？列举两种常用方法并说明原理。

3. 陶瓷封装与金属封装在气密性应用中的主要区别是什么？

3.2　任务二　功率三极管封帽

任务目标

1. 掌握封帽工艺的目的。

2. 掌握封帽工艺的操作流程。

3. 掌握封帽工艺过程中常见问题的解决方法。

封帽工艺

任务准备

　　本任务需要先了解集成电路封装工艺流程，并通过查询资料进一步了解芯片封帽工艺流程、常见设备操作及日常保养方法等，完成功率三极管封帽工艺操作方案。任务单如表 3-5 所示。

表 3-5 任 务 单

项目名称	功率三极管封装
任务名称	功率三极管封帽

任 务 要 求

1. 任务准备。
(1) 分组讨论，每组 3～5 人。
(2) 自行收集所需资料。
2. 完成金属封装封帽的资料收集与整理。
3. 提交功率三极管封帽的操作方案

任 务 准 备

1. 知识准备。
(1) 金属封装封帽工艺作用。
(2) 金属封装封帽工艺流程。
2. 设备支持。
在该任务实施过程中需要准备的工具包括：
(1) 仪器：储能封帽机或者虚拟工作平台。
(2) 工具：计算机、书籍资料、网络

自主学习资讯及对应的国家职业技能标准如表 3-6 所示。

表 3-6 自主学习资讯及对应的国家职业技能标准

自主学习资讯	国家职业技能标准
金属封装的典型方法及相关设备	《国家职业技能标准——半导体分立器件和集成电路装调工》(6-25-02-06)：3.4 二级 / 技师，8 封帽
金属封装封帽方法	《国家职业技能标准——半导体分立器件和集成电路装调工》(6-25-02-06)：3.4 二级 / 技师，9 封帽后处理
金属封装工艺流程	《国家职业技能标准——半导体分立器件和集成电路装调工》(6-25-02-06)：3.5 一级 / 高级技师，8 封帽
封帽机的日常保养、维护	《国家职业技能标准——半导体分立器件和集成电路装调工》(6-25-02-06)：3.2 一级 / 高级技师，9 封帽后处理

任务资讯

3.2.1 封帽工艺

封帽是金属封装和陶瓷封装这类具有腔体的封装与塑料封装不同的一个工艺步骤。与塑料封装的工艺流程相比，其作用相当于塑封成型。封帽有多种工艺方法，最常见的有平行缝焊、激光封焊、钎焊封焊和超声焊接。

1. 平行缝焊工艺

平行缝焊是单面双电极接触电阻焊，是滚焊的一种。平行缝焊利用两个圆锥形滚轮电极压住待封的金属盖板和管壳上的金属框，焊接电流从变压器次级线圈一端经其中一个锥形滚轮电极分为两股电流，一股电流流过盖板，而另一股电流流过管壳，经另一锥形电极，回到变压器次级线圈的另一端，整个回路的高电阻在电极与盖板的接触处，由于脉冲电流产生大量的热，使接触处呈熔融状态，在滚轮电机的压力下，凝固后即形成一连串的焊点。这些焊点相互交叠，也就形成了气密填装焊缝。对矩形管座而言，在焊接好盖板的两条对边后，将外壳相对电极旋转90°，在垂直方向上再焊两条对边，这样就形成了外壳的整体封装；而对圆形（椭圆）管座来说，只需要工作台旋转180°（一般比180°大）就可完成整个外壳的封装。图3-14为平行缝焊工艺示意图。

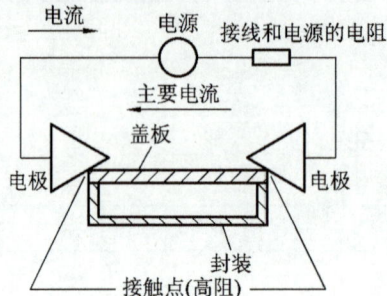

图3-14　平行缝焊工艺示意图

与熔封炉焊接相比，缝焊工艺热量集中在密封区局部，器件内部芯片未受到高温的作用。平行缝焊的特点是局部产生高温，外壳内部的芯片温度低，对芯片不产生热冲击。

2. 激光封焊工艺

激光封焊是利用激光束优良的方向性和高功率密度的特点，通过光学系统将激光束聚集在很小的区域和很短的时间内，使被焊处形成一个能量高度集中的局部热源区，从而使被焊物形成牢固的焊点和焊缝。激光封焊能够焊接不规则几何形状的盖板和外壳，而且具有焊缝质量高的特点。激光器能量高度集中且可控，加热过程高度局部化，不产生热应力，使热敏感性强的IC芯片、MENS器件免受热冲击。图3-15为激光封焊工艺示意图。

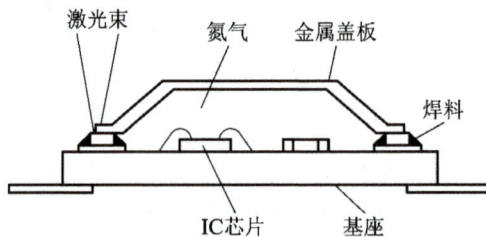

图3-15　激光封焊工艺示意图

3. 钎焊封焊工艺

钎焊可实现气体填充或真空封帽，它是将焊料放在盖板和外壳之间并施加一定的力，然后一同加热，焊料熔融并润湿焊接区表面，在毛细管力作用下扩散填充盖板和外壳焊接区之间的间隙，冷却后形成牢固焊接的过程。盖板焊料有Au-Su、Sn-Ag-Cu等。高可靠器件最常用的盖板钎焊材料是熔点为280℃的Au-Su共晶焊料。可以将焊料涂在盖板上，或根据盖板周边尺寸制成焊料环。图3-16是金锡焊环用于陶瓷封装气密封帽示意图。

影响焊接质量的工艺因素有炉温曲线、最高温度、气体成分、工夹具等。在炉内密封时需要采用惰性气体（一般为氮气）保护，以防止氧化；或采用真空焊接，焊接温度在280℃的共熔温度以上、约350℃的峰值温度以下，保温时间一般为3～5 min。选择好焊接参数，封帽成品率可在98%以上。

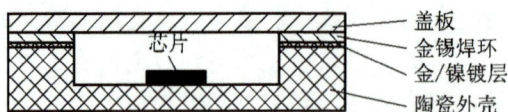

图3-16　金锡焊环用于陶瓷封装气密封帽示意图

4. 超声焊接工艺

超声焊接就是使用超声能量来软化或熔化焊点处的热塑性塑料或金属。其工作原理为：振动能量通过一个能放大波幅的增幅器传输，然后超声波传输到声极，直接把振动能量传递到要组装的零件，声极也能施加焊接所需的焊接压力，振动能量通过工件传输到焊接区，在焊接区通过摩擦，机械能再转换成热能，使材料软化或熔化合为一体。

通过施加一定的压力和超声振动，可以将盖板焊接到封装体上，典型频率为20 kHz、30 kHz或40 kHz。焊接质量取决于设备和零件的设计、焊接材料的性能以及能量过程，常规零件的超声焊接时间小于1 s。该工艺的特点是能效高、成本低、生产效率高、易实现自动化。

3.2.2 封帽工艺流程

1. 封帽设备

F型功率三极管封装一般采用平行缝焊工艺，可以使用储能封帽机。图3-17为常见的储能封帽机。这类封帽机一般具有电极调校封帽焊接等功能，其工作程序由PLC进行控制，专为小功率晶体管、小型TO封装、F型封装而设计制造。

封帽机的主要部件为电容储能单工位电阻焊机，它由主机和控制箱两部分组成。主机由焊接变压器、操作面板、焊接模架、气动系统、照明灯、充气系统等部分组成。控制箱由电容箱、限流电阻、焊接控制系统以及程序控制系统等部分组成。

图3-17 储能封帽机

2. 封帽工艺流程

下面以储能封帽机为例介绍金属封装封帽工艺的操作流程。金属封装封帽工艺的流程主要为清洗、封帽、生产完成。

(1) 清洗。将准备封帽的产品管壳或金属盖板放入烧杯，往烧杯中倒入去离子水，并将烧杯放入超声清洗机清洗；再将管壳或盖板取出用去离子水冲洗；反复多次清洗，再用脱水酒精脱水；最后放入烘箱中烘干。

(2) 封帽。为了保证金属封装器件在封装过程中不受污染，封帽机需在充满氮气的条件下进行封帽操作。封帽机的工作原理是将工件置于焊接模架上，同时按下左右两边的"启动"按钮，机头电磁阀得电，上电极下降，经预压、焊接、保压后，上电极复位，一次焊接结束。然后再次按下"启动"按钮，进行第二次焊接。将右侧充气室的门关上，调整操作箱左上方的流量仪充气室进行充氮。封帽机的具体操作步骤如下：

① 开机准备。将电源开关置于"关"位置，焊接开关置于"泄放"位置。电压表调节电位器旋至最小(逆时针到头)。将设备接上工作电源，同时接上氮气进气气源，调整箱内氮气流量。

② 开机。合上总电源开关，打开压缩空气和氮气进气阀门，按下控制面板上的红色电源开关，把操作面板的调整焊接按钮打到焊接位置。

③ 封帽。调整电压表电压，先采用小电流调整，根据产品焊接后的情况再逐步加大，而后将焊接夹具安装在焊盘上，并将底座及盖板放好，按下"启动"按钮，上电极下降，经预压、焊接、保压后，完成一次焊接过程。电极上抬到位后，取出工件。

(3) 生产完成。封帽完成后，将产品取出，按照程序关机。在焊接过程中，如果发现异常情况，可按下"紧急停止"按钮，上电极立即上升，从而中断以后的工作。在封帽机紧急停止后，应检查并排除故障，然后按下"启动"按钮，机器即可正常运转。

3. 使用封帽机的注意事项

使用封帽机时应注意以下事项：

(1) 必须将接地线接到整机的外壳上。

(2) 进气压力必须大于 0.6 MPa。

(3) 若发现焊接工件的焊接位置存在偏差和气密性下降，则必须进行电极调校，可采用无电状态手动调整电磁阀，使电极上下接触，用压印蓝纸的方法观察电极的平面度，必须使上下电极平面接触良好，才能保证焊接工件焊接端面的平整和气密性。

(4) 不得随意拆卸机器的密封部位，以防破坏机器的气密性。

(5) 后期保养时在气源三联件内应添加透明 1 号油 ISOVG32 或同级用油。

(6) 若电器部分发生故障，则应先将电容上的电放光，再打开控制箱后板进行检修，以免被电容内储存的余电电击。

(7) 焊接操作时必须用两只手同时按下"启动"按钮，切不可用其他物品按住"启动"按钮进行操作，以防止由于误操作而压伤手指。

⭐ **课程思政**

中国集成电路产业发展里程碑——"908"工程和"909"工程

"908"工程和"909"工程是中国集成电路产业发展历程中的两个重要里程碑。

一、"908"工程

背景与启动："908"工程启动于 1990 年，是国家在"八五"期间 (1991—1995 年) 为推动集成电路产业发展而实施的重要项目。该工程旨在通过建设大规模集成电路生产线，提升中国集成电路的自主生产能力。

建设内容："908"工程的核心是建设一条 6 英寸集成电路生产线，同时配套建设了一批集成电路设计中心、封装厂、掩模板制作中心，并对相关专用设备、仪器厂所进行了技术改造，形成了设备仪器的配套能力。此外，还建立了 150 mm 硅片及多晶硅的供应能力。

影响与成果："908"工程是中国集成电路产业发展史上的重要里程碑，它标志着中国开始大规模建设集成电路生产线，推动了集成电路产业链上下游企业的协同发展。然而，由于审批过程耗时过长、技术引进滞后等因素，"908"工程在投产时面临了较大的市场竞争压力。

二、"909"工程

背景与启动："909"工程启动于 1996 年，是国家在"九五"期间 (1996—2000 年) 为推动集成电路产业跨越式发展而实施的重要项目。该工程旨在通过建设更先进的集成电路生产线，缩小中国与国际先进水平的差距。

建设内容："909"工程的核心是建设一条 8 英寸集成电路生产线，同时配套建设了集成电路设计中心、硅单晶生产线等。该工程总投资达百亿元，是当时中国电子工业有史以来投资规模最大的国家项目。

影响与成果："909"工程的建设极大地提升了中国集成电路的生产能力，结束了中国没有 8 英寸芯片生产线的历史。该工程的成功实施，不仅推动了中国集成电路产业的发展，还促进了封装、测试等配套产业的协同发展。通过与国际先进企业的合作，中国集成电路企业学到了先进的技术和管理经验，提高了自身的技术水平和市场竞争力。

综上所述，"908" 工程和 "909" 工程的建设不仅提升了中国集成电路的生产能力，还推动了集成电路产业链上下游企业的协同发展，为中国集成电路产业的后续发展奠定了坚实基础。

任务实施

首先需要完成与芯片封帽工艺相关的资料收集任务，并将收集的资料作为编写方案的编制依据；再结合功率三极管的功能需求，编制完成功率三极管封帽工艺操作方案。实施具体任务时，可参照表 3-7 所示的步骤。

表 3-7　任 务 实 施 单

项目名称	功率三极管封装		
任务名称	功率三极管封帽	建议学时	4
计划方式	分组讨论		
序　号	实 施 步 骤		
1	**准备工作：** (1) 确保储能封帽机及其附属设备 (如氮气源、压缩空气源、焊接模架等) 处于良好工作状态，各部件连接紧固，无漏气、漏电现象。 (2) 清洗并烘干待封帽的功率三极管管壳和金属盖板，确保无油污、灰尘等杂质。 (3) 在封帽操作区设置氮气保护氛围，防止氧化		
2	**设备调试：** (1) 按照封帽机操作规程，合上总电源开关，打开压缩空气和氮气进气阀门，按下控制面板上的电源按钮，将焊接开关置于 "泄放" 位置。 (2) 根据功率三极管的材质、尺寸和焊接要求，调整电压表电压，设置合适的焊接电流、焊接时间和保压时间。 (3) 在无电状态下，手动调整电磁阀，使上下电极平面接触良好，确保焊接工件的焊接端面平整和气密性		
3	**封帽操作：** (1) 将清洗并烘干的功率三极管管壳和金属盖板放置在焊接模架上，确保定位准确。 (2) 关上充气室的门，调整操作箱左上方的流量仪，向充气室内充入氮气，确保封帽过程中器件不受氧化。 (3) 同时按下左右的 "启动" 按钮，上电极下降，经预压、焊接、保压后，完成一次焊接过程。电极上抬到位后，取出工件。 (4) 对焊接后的功率三极管进行外观检查和气密性测试，确保焊接质量符合要求		
4	**生产完成与关机：** (1) 将焊接合格的功率三极管从焊接模架上取下，放入指定容器内。 (2) 按照封帽机的操作规程，先将焊接开关置于 "泄放" 位置，再按下控制面板上的电源按钮关闭电源，最后断开总电源开关和氮气、压缩空气源		
5	**设备维护与保养：** (1) 每次使用后清理焊接模架和电极上的残留物，保持设备清洁。 (2) 按照设备维护计划，定期对封帽机进行检修和保养，包括更换易损件、检查电气线路等		

续表

序　号	实　施　步　骤
6	**安全与注意事项：** (1) 操作时必须佩戴防护眼镜和手套，防止焊接飞溅物伤人。 (2) 严禁在未断电的情况下进行设备检修或维护。 (3) 确保氮气源和压缩空气源稳定可靠，防止气源故障导致设备损坏或人员伤害
7	**质量控制与检验：** (1) 焊接后的功率三极管应无明显裂纹、变形或烧损现象。 (2) 采用氦质谱检漏仪或气泡法等方法对焊接后的功率三极管进行气密性测试，确保封装的气密性符合要求。 (3) 对焊接后的功率三极管进行电气性能测试，包括击穿电压、漏电流、放大倍数等指标的测试，确保器件性能满足设计要求
8	**任务完成报告：** (1) 编写任务完成报告，记录封帽工艺的操作过程、设备调试参数、焊接质量检查结果以及遇到的问题和解决方案等。 (2) 将任务完成报告提交给相关负责人审核，并根据审核意见进行改进和完善

在任务实施过程中，重要的工作内容可以参照表 3-8 进行编制。

表 3-8　"功率三极管封帽工艺操作方案"示例

项目名称	功率三极管封装			
任务名称	功率三极管封帽			
封　　帽				
工艺流程				
材料选择				
生产过程	设　备	步　　骤		参数要求
（表格可添加）				

任务习题

一、填空题

1. 封帽是金属封装和陶瓷封装中特有的一个工艺步骤，其作用在塑料封装中相当于 _____ 。

2. 平行缝焊工艺中，焊接电流通过 _____ 分为两股，分别流过盖板和管壳，形成高电阻区域并产生热量。

3. 激光封焊工艺利用激光束的 _____ 和高功率密度特点，实现局部快速加热和焊接。

4. 钎焊封焊工艺中，常用的焊料有 Au-Su 和 _____ ，它们能够在加热后润湿焊接区表面并形成牢固的焊缝。

5. 超声焊接工艺通过施加 _____ 和超声振动，使焊接材料软化或熔化，从而实现焊接。

二、简答题

简述封帽工艺在半导体封装中的作用及重要性。

项目四　大规模集成电路芯片封装

先进封装技术简介

职业能力目标

通过本项目的学习，应达成以下能力目标：

(1) 能够准确阐述 BGA 封装技术的特征。

(2) 能够阐述 BGA 封装的结构、工艺流程、基本特点及返修工艺流程。

(3) 能够阐述 CSP、FC、MCM、3D、WLP 封装的结构、特点及应用场所。

(4) 能够阐述我国大规模集成电路发展的历程和发展趋势。

(5) 能够协同团队成员处理学习中遇到的困难。

(6) 能够以严谨的科学态度和精益求精的工匠精神撰写相关报告。

(7) 能够使用精准的专业语言与专业人员进行交流。

项目引入

集成电路是现代电子设备中最基本的构件。为了使集成电路在储存、测试、运输、组装进电子设备以及在后期使用过程中得到保护，每块集成电路都要进行封装。中、小规模集成电路的标准封装形式是双列直插式封装 (DIP)，在管壳的两边有两排引脚。这种标准的引脚排列方式，对组成系统来说，与组装一台电子设备所需要的印制电路板装配、测试等操作同样重要。

双列直插式封装不能满足超大规模集成电路的需要。这种标准封装在 I/O 端数目超过 80 个时其体积会过于庞大，设计者只能寻求更有效的封装形式。而且，由于带宽的限制，双列直插式封装不能适应许多高频应用，即使再增加单独的电源和地线也不行。新的超大规模集成电路封装设计重点考虑的是 I/O 端较多、芯片功耗较大以及频带较宽的需要，因此发展先进封装技术以适应大规模集成电路发展是非常有必要的。

本项目主要介绍适用于大规模集成电路的新型封装。通过 BGA、CSP、MCM、3D、WLP 等新型封装的学习，尝试设计一款新型封装方案，该方案应针对大规模集成电路的特点，满足高引脚数、低功耗、宽频带以及小型化等要求。

4.1　任务一　BGA 封装

BGA 封装

任务目标

1. 掌握球栅阵列 (BGA) 封装主要特点和工艺流程。

2. 了解 BGA 封装的焊接技术和返修工艺。

任务准备

本任务需要完成 BGA 封装工艺的学习，通过查询资料进一步了解 BGA 封装的功能、类型及封装工艺，然后完成 BGA 封装工艺方案。任务单如表 4-1 所示。

表 4-1 任 务 单

项目名称	大规模集成电路芯片封装
任务名称	BGA 封装
任 务 要 求	
1. 任务准备。 (1) 分组讨论，每组 3~5 人。 (2) 自行收集所需资料。 2. 完成 BGA 封装的资料收集与整理。 3. 提交 BGA 封装的工艺方案	
任 务 准 备	
1. 知识准备。 (1) 常见的封装类型和封装工艺。 (2) BGA 封装的特点及分类。 2. 设备支持。 在该任务实施过程中需要准备的工具包括： (1) 仪表：BAG 返修工作台。 (2) 工具：计算机、书籍资料、网络	

自主学习资讯及对应的国家职业技能标准如表 4-2 所示。

表 4-2 自主学习资讯及对应的国家职业技能标准

自主学习资讯	国家职业技能标准
BGA 封装的结构、功能及特点	《集成电路开发与测试职业技能等级标准》：高级，6 集成电路应用
BGA 封装的工艺步骤	《集成电路开发与测试职业技能等级标准》：高级，6 集成电路应用
焊接工艺材料及技术	《高等职业学校微电子技术专业教学标准》(610103)：主要教学内容
BGA 封装的返修工艺流程	《高等职业学校微电子技术专业教学标准》(610103)：主要教学内容
BGA 封装返修工艺的注意事项	《高等职业学校微电子技术专业教学标准》(610103)：主要教学内容

任务资讯

4.1.1 BGA 封装工艺流程

球栅阵列 (BGA) 封装是由美国 Motorola 与日本 Citizen 等公司共同开发的先进高性能封装技术。BGA(Ball Grid Array) 意为球形触点阵列，也有人译为"焊球阵列""网格焊球阵列"和"球面阵"。它在基板背面按阵列方式制出球形触点作为引脚，在基板正面装配 IC 芯片 (有的 BGA 芯片与引脚端在基板的同一面)，是多引脚大规模集成电路芯片封装常用的一种表面贴装型技术。BGA 封装如图 4-1 所示。BGA 封装的载体是普通的印制板基材，如 FR-4、BT 树脂等。芯片通过引线键合的方式连接到多层载体的上表面，然后用塑料模压制成型。在载体的下表面连接有铅锡或无铅的焊球阵列，焊球阵列在器件底面上可以呈完全分布或部分区域分布。焊球的直径在 0.46 mm 以上。

图 4-1　BGA 封装

1. BGA 封装的主要特点

BGA 封装具有以下特点：

(1) 成品率高。采用 BGA 封装可将间距减小至 QFP 的万分之二、焊点的失效率减小两个数量级，无须对工艺做较大的改动。

(2) 设备简单。BGA 焊点的中心距一般为 1.27 mm，可以利用现有的 SMT 工艺设备，而 QFP 的引脚中心距如果小到 0.3 mm，引脚间距只有 0.15 mm，则需要很精密的封装设备以及完全不同的焊接工艺，实现起来极为困难。

(3) 引脚数量大。BGA 封装改进了元器件引出端数和本体尺寸的比率。例如，边长为 31 mm 的 BGA 封装，当间距为 1.5 mm 时有 400 只引脚，而当间距为 1 mm 时有 900 只引脚。相比之下，边长为 32 mm、引脚间距为 0.5 mm 的 QFP 只有 208 只引脚。

(4) 共面损坏小。BGA 封装明显改善了共面问题，极大地减少了共面损坏。

(5) 引脚牢固。BGA 封装的引脚牢固，不像 QFP 那样存在引脚变形问题。

(6) 电性能好。BGA 封装的引脚短，使信号路径短，减小了引线电感和电容，增强了节点性能。

(7) 散热性好。球形触点阵列有助于散热。

(8) 封装密度高。BGA 封装适合 MCM 的封装需要，有利于实现 MCM 的高密度、高性能要求。

2. BGA 封装的分类

BGA 的 4 种主要封装形式为塑封球栅阵列、陶瓷球栅阵列、陶瓷圆柱栅格阵列和载带球栅阵列。

(1) 塑封球栅阵列 (Plastic Ball Grid Array，PBGA)，也称为塑封球栅阵列载体 (Over Molded Plastic Array Carrier，OMPAC)，是最常用的 BGA 封装形式。PBGA 载体所采用的制造材料是 PCB 上所用的材料。采用阵列形式的低共熔点合金 (37%Pb/63%Sn) 焊料，并将其置于 PCB 载体的底部位置。这种阵列可以采用全部配置形式，也可以采用局部配置形式，焊球的直径大约为 1 mm，节距范围为 1.27～2.54 mm。PBGA 结构如图 4-2 所示。

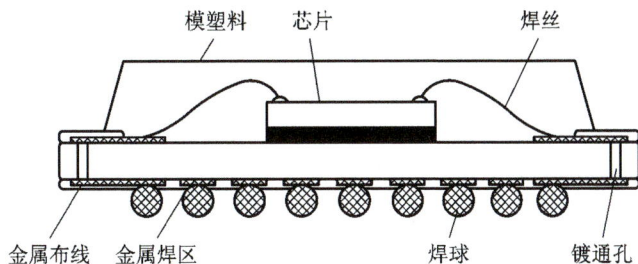

图 4-2　PBGA 结构

(2) 陶瓷球栅阵列 (Ceramic Ball Grid Array，CBGA)，也称为焊料球载体 (Solder Ball Carrier，SBC)，是将管芯连接到陶瓷多层载体的顶部表面所组成的。在连接好元器件以后，管芯经过气密性处理可以提高其可靠性和物理保护。在陶瓷载体的底部表面，安置有 90%Pb/10%Sn 的焊球，底部阵列可以采用全部填满形式，也可以采用局部填满形式。所用焊球的直径为 1 mm，节距为 1.27 mm。CBGA 结构如图 4-3 所示。

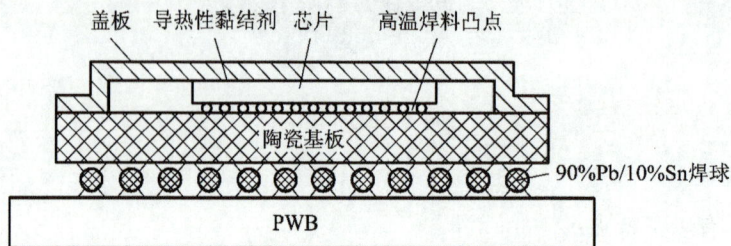

图 4-3　CBGA 结构

CBGA 的优点主要是：

① 组件拥有优异的热性能和电性能。

② 与 QFP 器件相比较，CBGA 器件很少会受到机械损坏的影响。

③ 当元器件装配到具有大量 I/O 应用的 PCB 上时 (高于 250 个 I/O)，会具有非常高的封装效率。另外，这种封装直接将管芯连接到倒装芯片上，比引线键合技术具有更高密度的互连配置。在许多场合，具有特殊应用的集成电路的管芯尺寸受到线焊焊盘的限制，尤其是在具有大量 I/O 端的应用场合。通过使用高密度的管芯互连配置，管芯的尺寸可以被缩小，而且不会对其功能产生任何影响。这样可以允许在每个晶圆上拥有更多的管芯并降低每个管芯的成本费用。

(3) 陶瓷圆柱栅格阵列 (Ceramic Column Grid Array，CCGA)，也称为圆柱焊料载体 (Solder Column Carrier，SCC)，是陶瓷体尺寸大于 32 mm × 32 mm 的 CBGA 器件的替代品。在 CCGA 器件中，采用 90%Pb/10%Sn 的焊料圆柱阵列来替代陶瓷底面的贴装焊球。这种阵列可以采用全部填充的方法，也可以采用局部填充的方法，圆柱的直径尺寸为 0.508 mm、高度约为 1.8 mm、节距为 1.27 mm。CCGA 结构如图 4-4 所示。

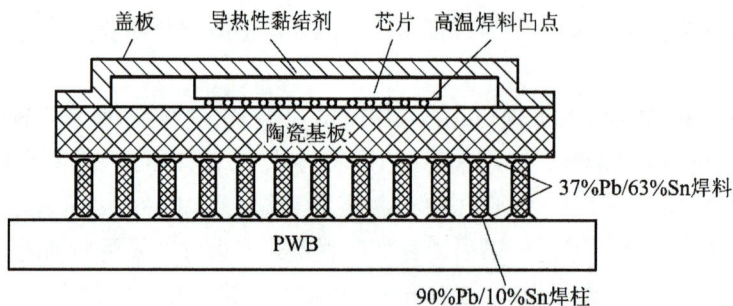

图 4-4　CCGA 结构

(4) 载带球栅阵列 (Tape Ball Grid Array，TBGA)，也称为阵列载带自动键合 (Array Tape Automated Bonding，ATAB)，是一种相对新颖的 BGA 封装形式。TBGA 是由连接至铜 / 聚酰亚胺的柔性电路组成的，或者是由管芯连接至两层球栅阵列的铜线组成的。引线键合、再流焊接或者热压 / 热声波内部引线连接等方法可以用来将管芯与铜线相连接。当连接成功后，对于管芯采用密封处理以提供有效的防护，焊球通过类似于引线键合的微焊工艺处理，并被逐一地连接到铜线的另外一端。TBGA 结构如图 4-5 所示。

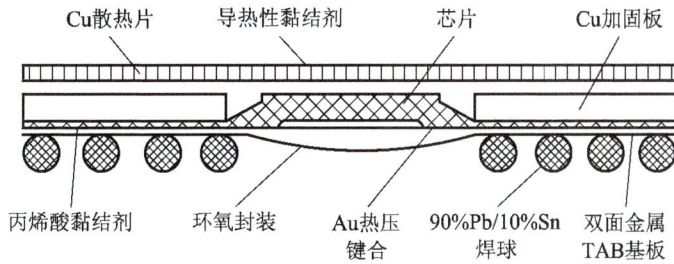

图 4-5 TBGA 结构

3. BGA 封装工艺流程

以 PBGA 为例，其工艺流程主要分为贴片、晶圆植入、晶圆切割、晶片粘接、烘烤、离子清除、打线接合、封模、烘烤、印记、烘烤、植球、助焊剂清除、单颗化、包装及运送，如图 4-6 和图 4-7 所示。其中除了植球和项目二中的 DIP 封装工艺不同，其他都相同。

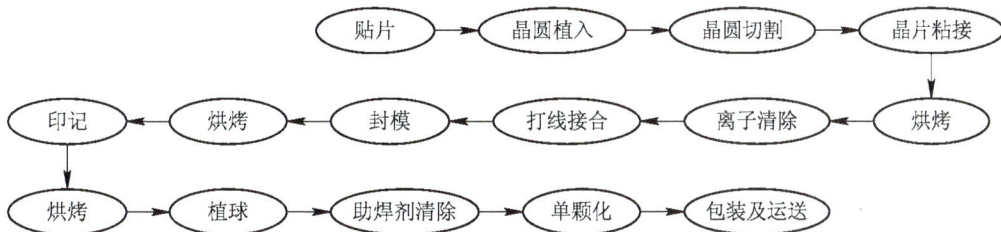

图 4-6 PBGA 封装工艺流程

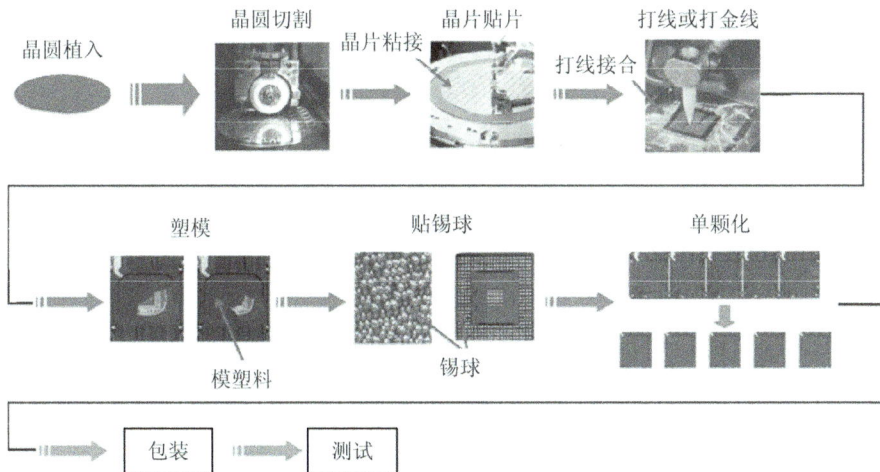

图 4-7 PBGA 封装工艺

在基板上装焊料球即植球。如今业内流行的植球法有两种：一是"锡膏"＋"锡球"，二是"助焊膏"＋"锡球"。

"锡膏"＋"锡球"是公认的最好、最标准的植球法，用这种方法植出的球焊接性好，光泽度好，熔锡过程不会出现跑球现象，较易控制并掌握。其具体做法是先将锡膏印刷到 BGA 的焊盘上，再在焊盘上放置一定大小的锡球，这时锡膏起的作用就是黏住锡球，并在加温时让锡球的接触面更大，使锡球的受热更快、更全面，从而使锡球熔锡后与 BGA 的焊盘焊接性更好，减少虚焊的可能。

"助焊膏"＋"锡球"就是用助焊膏来代替锡膏的角色。但助焊膏和锡膏有很大的不同，助焊膏在温度升高时会变成液状，容易致使锡球乱跑；再者助焊膏的焊接性较差，所以用第一种方法植球较理想。当然，这两种方法都需要植球座这样的专用工具才能完成。

采用"锡膏"＋"锡球"法植球的具体操作步骤如下：

(1) 准备好植球的工具，植球座要用酒精清洁并烘干，以免锡球滚动不顺。

(2) 把预先整理好的芯片在植球座上做好定位。

(3) 把锡膏自然解冻并搅拌均匀，然后均匀涂布到刮片上。

(4) 往定位基座上套上锡膏印刷框印刷锡膏，要尽量控制好刮膏时的角度、力度及拉动的速度，完成后轻轻脱开锡膏框。

(5) 确认 BGA 上的每个焊盘都均匀印有锡膏后，再把锡球框套上定位，然后放入锡球，摇动植球座，让锡球滚入网孔，确认每个网孔都有一个锡球后就可收好锡球并脱板。

(6) 把刚植好球的 BGA 从基座上取出待烤（最好使用回流焊，量小也可用热风枪）。这样就完成了植球。

采用"助焊膏"+"锡球"法植球的操作步骤除了将上述 (3) 和 (4) 步骤合并为一个步骤，即用刷子沾上助焊膏，不用钢网印刷而是直接均匀涂刷到 BGA 的焊盘上，其他的步骤和第一种方法的基本相同。

4.1.2 焊接材料

焊接材料主要有焊锡、锡膏和助焊剂等。

1. 焊锡

焊锡材料是电子行业的生产与维修工作中必不可少的，通常来说，常用焊锡材料有锡铅合金焊锡、加锑焊锡、加镉焊锡、加银焊锡、加铜焊锡。标准焊接作业时使用的线状焊锡被称为松香芯焊锡线或焊锡丝。焊锡主要的产品分为焊锡丝、焊锡条、焊锡膏三个大类，应用于各类电子焊接，适用于手工焊接、波峰焊接及回流焊接等工艺。根据焊锡的成分，可分为有铅焊锡和无铅焊锡。高铅含量的铅锡合金常被称为高温焊锡，其中的锡含量可达 10%，它们的强度事实上与共晶焊锡相似，但因为在 183～300℃的温度范围中能保持固体状态，所以这种焊锡适用于分段式焊接工艺，作为封装元器件的固定材料。高锡含量的铅锡合金通常供防腐蚀等特殊需求的焊接使用，锡的含量愈高，焊锡的机械强度愈高，但价格也随之增高。无铅焊锡是为了适应欧盟环保要求提出的 ROHS 标准。目前，研究的合金不下 20 种，其中有发展前途的合金有 Sn-Ag-Cu、Sn-Ag、Sn-Ag-Bi、Sn-Ag-Cu-Bi、Sn-Ag-Bi-In、Sn-Ag-Cu-In、Sn-Cu-In-Ga 等，最常用的合金是 Sn-Ag-Cu。

2. 锡膏

锡膏也叫焊锡膏，为灰色膏体。焊锡膏是伴随着 SMT 应运而生的一种新型焊接材料，是由焊锡粉、助焊剂以及其他表面活性剂、触变剂等加以混合，所形成的膏状混合物。锡膏如图 4-8 所示，主要用于 SMT 行业 PCB 表面电阻、电容、IC 等电子元器件的焊接。

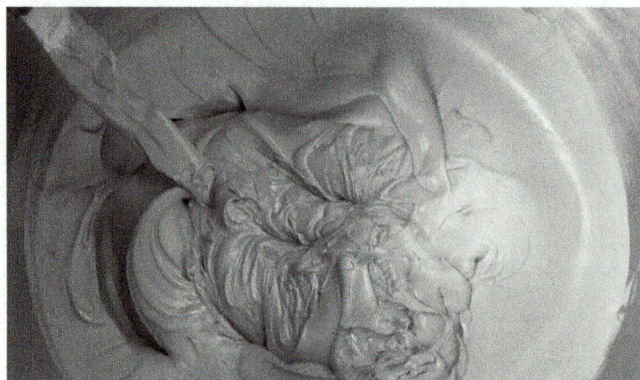

图 4-8　锡膏

3. 助焊剂

助焊剂是一种在焊接工艺中能帮助和促进焊接过程，同时具有保护作用、阻止氧化反应的化学物质。助焊剂有固体、液体和气体 3 种形式，其作用主要体现在辅助热传导、去除氧化物、降低被焊接材质表面张力、去除被焊接材质表面油污、增大焊接面积、防止再氧化等几个方面，其中比较关键的作用有两个，即去除氧化物与降低被焊接材质表面张力。

近几十年来，在电子产品生产锡焊工艺过程中，一般多使用主要由松香、树脂、含卤化物的活性剂、添加剂和有机溶剂组成的松香树脂系助焊剂。这类助焊剂虽然可焊性好，成本低，但焊后残留物高，其残留物含有卤素离子，会逐步引起电气绝缘性能下降和短路等问题，要解决这一问题，必须对印制电路板上的松香树脂系助焊剂残留物进行清洗。这样不但会增加生产成本，而且清洗松香树脂系助焊剂残留的清洗剂主要是氟氯化合物，这种化合物是大气臭氧层的损耗物质，属于禁用品且已被淘汰。仍有不少公司沿用的是属于前述采用松香树脂系助焊剂焊锡再用清洗剂清洗的工艺，其效率较低且成本偏高。

免洗助焊剂主要原料为有机溶剂、松香树脂及其衍生物、合成树脂表面活性剂、有机酸活化剂、防腐蚀剂、助溶剂、成膜剂。简单地说，免洗助焊剂是各种固体成分溶解在各种液体中形成均匀透明的混合溶液，其中各种成分所占比例不相同，所起作用亦不相同。

(1) 有机溶剂：酮类、醇类、酯类中的一种或几种混合物，常用的有乙醇、丙醇、丁醇、丙酮、甲苯异丁基甲酮、醋酸乙酯、醋酸丁酯等。作为液体成分，其主要作用是溶解助焊剂中的固体成分，使之形成均匀的溶液，便于给待焊元器件均匀涂布适量的助焊剂成分。同时，它还可以清洗重量较轻的污物和金属表面的油污。

(2) 表面活性剂：含卤素的表面活性剂活性强，助焊能力强，但因卤素离子很难清洗干净，离子残留度高，卤素元素 (主要是氯化物) 有强腐蚀性，故不适合用作免洗助焊剂的原料；不含卤素的表面活性剂活性稍弱，但离子残留少。表面活性剂主要是脂肪酸族或芳香族的非离子型表面活性剂，其主要功能是减小焊料与引脚金属两者接触时产生的表面张力，增强表面润湿力，增强有机酸活化剂的渗透力，也可起发泡剂的作用。

(3) 有机酸活化剂：由有机酸二元酸或芳香酸中的一种或几种组成，如丁二酸、戊二酸、衣康酸、邻羟基苯甲酸、葵二酸、庚二酸、苹果酸、琥珀酸等。其主要功能是去除引脚上的氧化物和熔融焊料表面的氧化物，它是助焊剂的关键成分之一。

(4) 防腐蚀剂：减少树脂、活化剂等固体成分在高温分解后残留的物质。

(5) 助溶剂：阻止活化剂等固体成分从溶液中脱溶的趋势，避免活化剂不良的非均匀分布。

(6) 成膜剂：引脚焊锡过程中所涂覆的助焊剂沉淀、结晶，会形成一层均匀的膜，其高温分解后的残余物因有成膜剂的存在，可快速固化、硬化、减小黏性。

4.1.3　焊接技术

项目二讲述了芯片与承载体之间的粘接与键合，本节主要讲述芯片与 PCB 之间的焊接和电连接技术。

回流焊与波峰焊是电子产品生产工艺中两种比较常见的电子产品焊接方式，两者的区别主要是：回流焊用于焊接 SMT 贴片型印制电路板，而波峰焊用于焊接插装型印制电路板。

1. SMT 回流焊接工艺

SMT 产品具有结构紧凑、体积小、耐振动、抗冲击、高频特性好、生产效率高等优点。SMT 在印制电路板装联工艺中占据了重要地位。

典型的 SMT 工艺分为 3 步，即施加焊锡膏、贴装元器件和回流焊接。

(1) 施加焊锡膏。其目的是将适量的焊膏均匀地施加在 PCB 的焊盘上，以保证贴片元器件与 PCB 相对应的焊盘在回流焊接时，达到良好的电气连接，并具有足够的机械强度。

焊膏是由合金粉末、糊状焊剂和添加剂混合而成的，具有一定黏性和良好电气特性的膏状体。常温下，由于焊膏具有一定的黏性，可将电子元器件粘接在 PCB 的焊盘上。在倾斜角度不是太大，也没有外力碰撞的情况下，一般元器件是不会移动的。当焊膏加热到一定温度时，焊膏中的合金粉末熔融再流动，液体焊料浸润元器件的焊端与 PCB 的焊盘，冷却后元器件的焊端与焊盘被焊料互连在一起，形成电气与机械相连接的焊点。

(2) 贴装元器件。用贴装机或手工将贴装片式元器件准确地贴装到印好焊膏或贴片胶的 PCB 表面相应的位置。贴装方法有贴装机贴装方式和人工手动贴装方式两种。使用贴装机贴装元器件的优点是可以大批量生产、生产效率高，缺点是使用工序复杂、投资较大。人工手动贴装元器件的主要工具是真空吸笔、镊子、IC 吸放对准器、低倍体视显微镜或放大镜等，其优点是操作简便、成本较低，缺点是生产效率与操作人员的熟练程度密不可分。

(3) 回流焊接。这里从 SMT 温度特性曲线来分析回流焊的原理，回流焊温度特性曲线如图 4-9 所示。

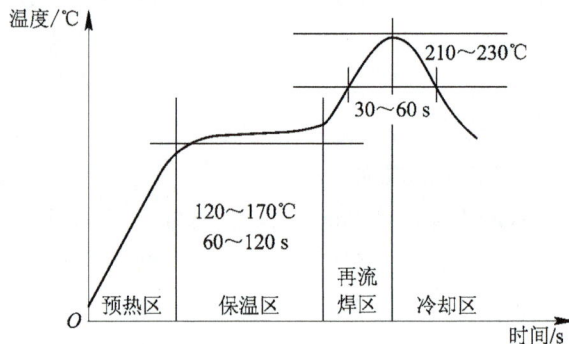

图 4-9　回流焊温度特性曲线

PCB 进入 140～160℃的预热温区时，焊膏中的溶剂、气体蒸发，同时，焊膏中的助焊剂润湿焊盘、元器件焊端和引脚，焊膏软化、塌落，随之覆盖焊盘，将焊盘、元器件引脚与氧气隔离，并使表面贴装元器件得到充分的预热；接着进入焊接区时，温度以每秒 2～3℃的标准升温速率迅速上升使焊膏达到熔化状态，液态焊锡在 PCB 的焊盘、元器件焊端和引脚上润湿、扩散、漫流和回流混合，并在焊接界面上生成金属化合物，形成焊锡接点；最后 PCB 进入冷却区使焊点凝固。

根据工艺流程不同，回流焊可以分为红外回流焊、热风回流焊和强制热风回流焊，它们各自具有不同的优势。

红外回流焊：辐射传导热效率高，温度陡度大，易控制温度特性曲线，双面焊时 PCB 上下的温度易控制；但有阴影效应，温度不均匀，容易造成元器件或 PCB 局部烧坏。

热风回流焊：对流传导温度均匀，焊接质量好，但温度不易控制。

强制热风回流焊：红外与热风混合加热，结合了红外和热风炉的优点，在产品焊接时，可得到优良的焊接效果。

由于回流焊工艺有再流动及自定位效应的特点，使回流焊工艺对贴装精度要求比较宽松，比较容易实现焊接的高度自动化与高速度。同时，也正因为该特点，回流焊工艺对焊盘设计、元器件标准化、元器件端头与印制板质量、焊料质量以及工艺参数的设置有更严格的要求。

回流焊接作为 SMT 生产中的关键工序，控制温度特性曲线是保证回流焊质量的关键。不恰当的温度曲线会使 PCB 出现焊接不全、虚焊、元器件翘立、焊锡球过多等焊接缺陷，影响产品质量。

SMT 是一项综合的系统工程技术，其涉及范围包括基板、设计、设备、元器件、组装工艺、生产辅料和管理等。SMT 设备和 SMT 工艺对操作现场的要求为：电压要稳定，要防止电磁干扰，要防静电，要有良好的照明和废气排放设施；除此之外，对操作环境的温度、湿度、空气清洁度等都有专门要求，操作人员也应经过专业技术培训。

2. 波峰焊接工艺

波峰焊是指将熔化的软钎焊料 (铅锡合金)，经电动泵或电磁泵喷流成设计要求的焊料波，亦可通过向焊料池注入氮气来实现，使预先装有元器件的印制电路板通过焊料波，实现元器件焊端或引脚与印制电路板焊盘间机械与电气连接的软钎焊。

波峰焊接工艺流程为：将元器件插入相应的元器件孔、预涂助焊剂、预烘 (温度为 90～1000℃，长度为 1～1.2 m)、波峰焊 (220～2400℃)、切除多余插件脚并检查。

3. 回流焊与波峰焊的区别

回流焊与波峰焊的区别在于，回流焊是通过预先在 PCB 焊接部位施放适量和适当形式的焊膏，然后经过加热，使焊膏中的焊料熔化并再次流动，以实现电子元器件与 PCB 焊盘之间的焊接；而波峰焊是将微量的贴片胶 (绝缘黏结剂) 印刷到或滴涂到元器件底部或边缘位置上 (贴片胶不能污染印制电路板焊盘和元器件端头)，再将片式元器件贴放在印制电路板表面规定的位置，然后将贴装好元器件的印制电路板放在再流焊设备的传送带上，进行胶固化，固化后的元器件被牢固粘接在印制电路板上，然后进行插装分立元器件，最后与插装元器件同时进行波峰焊接。两者的主要区别如下：

(1) 回流焊适用于贴片元器件的安装板，而波峰焊适用于手插板和点胶板，而且要求所有元器件要耐热。过波表面不能使用带有 SMT 锡膏的元器件，带有 SMT 锡膏的元器件只可使用回流焊，不可使用波峰焊。

(2) 波峰焊是指通过锡槽将锡条熔成液态，利用电机搅动形成波，让 PCB 与元器件焊接起来，一般用在手插件的焊接和 SMT 的点胶板。回流焊主要用在 SMT 行业，它通过热风或其他热辐射传导，将印刷在 PCB 上的锡膏熔化并与元器件焊接起来。

(3) 工艺不同。波峰焊要先喷助焊剂，再经过预热、焊接、冷却区；而回流焊不需要喷助焊剂，直接经过预热区、回流区、冷却区。

4.1.4　返修工艺

BGA 封装的返修通常是为了去除功能、引线损坏或者排列错误的元器件，重新更换新的元器件。或者说，就是使不合格的电路组件恢复成与特定要求相一致的合格的组件。手工返修时必须小心谨慎，其基本的原则是不能使电路板、元器件过热，否则极易造成电路板的电镀通孔、元器件和焊盘的损伤。BGA 封装返修工艺的流程主要包含拆焊、返修 BGA 和重新焊接。

1. 拆焊

拆焊的具体过程如下：

(1) 对 PCB 和 BGA 封装进行预热，去除 PCB 和 BGA 封装内部的潮气。可使用恒温烘箱进行烘烤。

(2) 选择适合 BGA 封装芯片大小的风嘴并安装到机器上，上部风嘴要完全罩住 BGA 封装芯片或者稍大 1~2 mm 为宜。上部风嘴可以大过 BGA 封装，但是绝对不能小于 BGA 封装，否则可能导致 BGA 封装受热不均。下部风嘴则选用大于 BGA 封装的风嘴即可。

(3) 将需要返修的 PCB 固定在 BGA 封装返修台上。调整位置，用夹具夹住 PCB 并使 BGA 封装对准下部风嘴 (不规则的 PCB 可使用异形夹具)。BGA 封装返修台如图 4-10 所示。

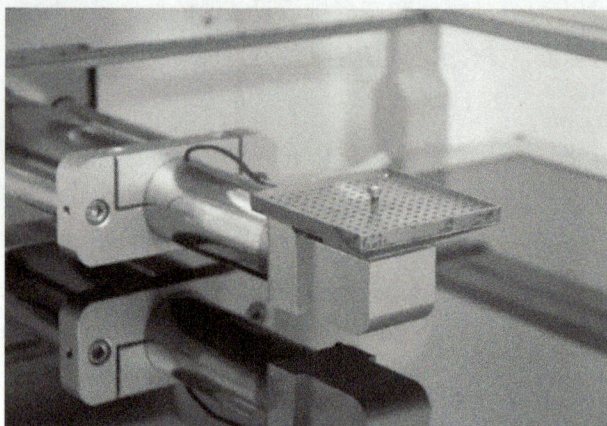

图 4-10　BGA 封装返修台

(4) 设定对应的温度曲线，有铅熔点为 183℃，无铅熔点为 217℃。可根据返修台内部自带的无铅标准温度曲线来进行适当调整。建议使用可以直接通过程序设定温度曲线的 BGA 封装返修台，这样操作比较简便，也可以实时监测温度，方便调整。

2. 返修 BGA 封装

返修 BGA 封装的具体过程如下：

(1) 清理焊盘。BGA 封装刚拆下时，应在最短的时间内清理 PCB 和 BGA 封装的焊盘，因为此时 PCB 与 BGA 封装未完全冷却，温差对焊盘的损伤较小。清理焊盘的步骤如图 4-11 所示。

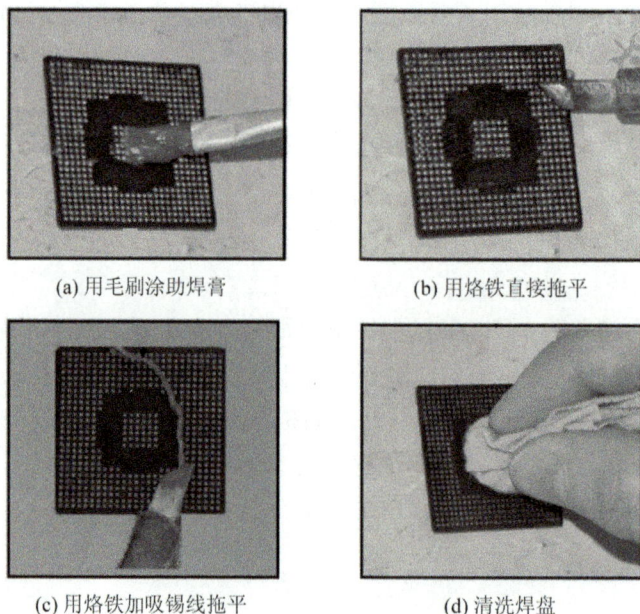

(a) 用毛刷涂助焊膏　　　　　　　　(b) 用烙铁直接拖平

(c) 用烙铁加吸锡线拖平　　　　　　(d) 清洗焊盘

图 4-11　清理焊盘的步骤

(2) BGA 封装植球。此处需要使用植球台、对应大小的锡球以及与 BGA 封装匹配的钢网，其工艺流程如图 4-12 所示。

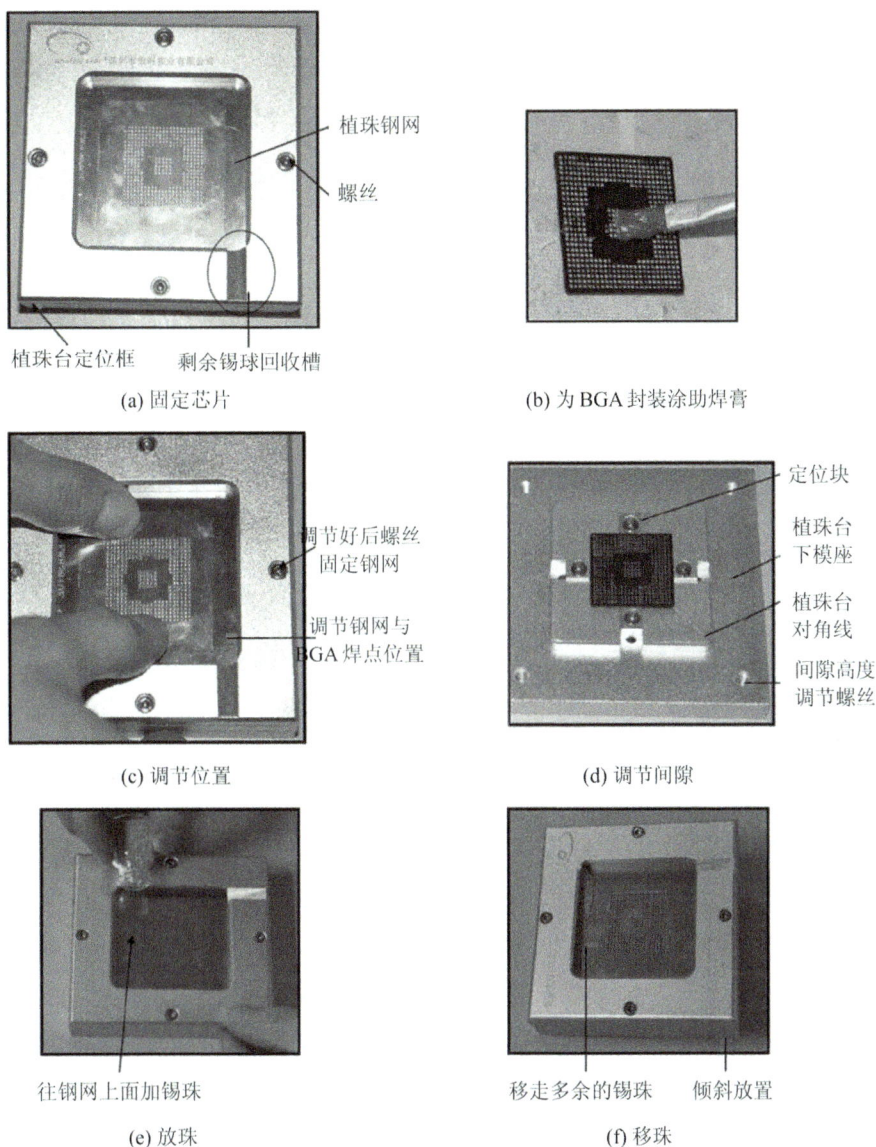

(a) 固定芯片

植珠钢网
螺丝
植珠台定位框 剩余锡球回收槽

(b) 为 BGA 封装涂助焊膏

(c) 调节位置

调节好后螺丝固定钢网
调节钢网与 BGA 焊点位置

(d) 调节间隙

定位块
植珠台下模座
植珠台对角线
间隙高度调节螺丝

(e) 放珠

往钢网上面加锡珠

(f) 移珠

移走多余的锡珠 倾斜放置

图 4-12　植球的工艺流程

(3) BGA 封装锡球焊接。设置加热台的焊接温度 (有铅约为 230℃，无铅约为 250℃)，将完成植球的 BGA 封装放在加热台焊接区的高温布上，并使用热风筒进行加热。当 BGA 封装的锡球处于熔融状态，且表面光亮，有明显液态感，锡球排列整齐时，将 BGA 封装移至散热台，让其冷却，焊接完成。

3. 重新焊接

重新焊接的具体过程如下：

(1) 涂抹助焊膏。为保证焊接质量，涂助焊膏前应先检查 PCB 焊盘上有无灰尘，应在每次刷涂助焊膏前都擦一下焊盘。将 PCB 放置在工作台上用毛刷在焊盘位置适量涂上一层助焊膏。助焊膏过多会造成短路，反之，则容易空焊。刷涂助焊膏可以去除 BGA 锡球上的灰尘杂质，增强焊接效果。

(2) 贴装。将 BGA 封装对正贴装在 PCB 上；以丝印框线作为辅助对位，将 BGA 封装焊盘与 PCB 焊盘基本重合，注意 BGA 封装表面上的方向标志应与 PCB 丝印框线方向标志对应，防止放反 BGA 封装。在锡球融化焊接的同时，焊点之间的张力会产生一定的自对准效果。

(3) 焊接。该步骤同拆焊步骤。将 PCB 放置在 BGA 封装返修台上，确保 BGA 封装与 PCB 对接无偏差，应用拆焊的温度曲线，进行焊接。待加热结束，自动冷却后即可取下，返修完成。

★ 课程思政

BGA 封装科技企业——长电科技

在 20 世纪 80 年代末，微处理器技术正经历着飞速的发展。然而，传统的封装技术如 DIP 和 QFP 已经无法满足日益增长的性能需求。引脚数量受限、散热性能不佳以及封装尺寸过大等问题，成为制约微处理器发展的瓶颈。

正是在这样的背景下，美国 Motorola 公司与日本 Citizen 公司携手合作，于 1990 年年初推出了 BGA 封装技术。这项技术通过在基板背面制出球形触点作为引脚，极大地提高了引脚密度和散热性能，同时减小了封装尺寸。BGA 封装的出现，为微处理器的发展注入了新的活力。

随着 BGA 封装技术的不断成熟，它迅速成为微处理器封装的主流技术。从最初的 Pentium 处理器到现在的最新一代微处理器，BGA 封装始终扮演着至关重要的角色。

国内做 BGA 封装的知名企业有多家，长电科技是其中的一家。

长电科技的前身是江阴晶体管厂，成立于 1972 年，总部位于江苏省江阴市。该公司致力于为全球客户提供全方位、一站式芯片成品制造解决方案，涵盖微系统集成、设计仿真、晶圆中测、芯片及器件封装、成品测试、产品认证以及全球直运等服务。长电科技在中国、韩国和新加坡拥有八大生产基地和两大研发中心，并在 20 多个国家和地区设有业务机构。

长电科技在半导体封装领域拥有先进和全面的芯片成品制造技术。晶圆级封装如扇入型晶圆级封装 (Fan-In Wafer Level Packaging，FIWLP) 和扇出型晶圆级封装 ((Fan-Out Wafer Level Packaging，FOWLP)，这些技术能够实现芯片尺寸的小型化和高性能。2.5D/3D 封装通过硅中介层或 TSV 技术，将多个芯片堆叠在一起，实现高密度的集成。系统级封装 (SiP) 将多个芯片、无源元件和其他器件集成在一个封装体内，提高系统的集成度和可靠性。倒装芯片封装 (FC) 采用倒装芯片技术，提高芯片的电气性能和散热性能。

长电科技在全球半导体封装测试市场中占据重要地位。2024 年，在全球委外封测 (OSAT) 排名中，长电科技位列第三，市场占有率达到 10.27%，为中国大陆企业中最高。同时，它也是全球排名第三的芯片成品制造企业，中国大陆排名第一。长电科技的技术实力和市场占有率体现了其在行业内的领先地位。

⚙ 任务实施

根据对 BGA 封装基础知识的学习和理解，完成 BGA 封装的资料收集与整理，再结合 BGA 的功能特点，选取不同类型的 BGA 封装，完成 BGA 封装工艺操作的可行方案，并对其进行分析和对比，同时结合 BGA 封装的返修工艺流程，编制完成 BGA 封装工艺方案。实施具体任务时，可参照表 4-3 所示的步骤。

表 4-3 任务实施单

项目名称	大规模集成电路芯片封装		
任务名称	BGA 封装	建议学时	6
计划方式	分组讨论		
序 号	实 施 步 骤		
1	前期准备与材料检查： (1) 准备所需材料 (焊锡膏、锡球、助焊剂、清洗剂等) 和设备 (植球机、回流焊炉等)。 (2) 检查并校准设备，确保正常运行		
2	贴片操作： (1) 使用自动贴片机或手动方式，将 BGA 芯片准确贴装到 PCB 基板上。 (2) 检查芯片位置，确保无偏移或倾斜		
3	晶圆植入与切割： 对于晶圆级封装，进行晶圆植入和切割操作，分离出单个芯片		
4	晶片粘接： 使用黏结剂将芯片牢固粘接到 PCB 基板上，确保无气泡或空隙		
5	烘烤与固化： 将粘接好的 PCB 基板放入烘箱中，按工艺要求进行烘烤，固化黏结剂		
6	离子清除： 使用离子清洗机去除芯片和 PCB 基板表面的静电和微小颗粒		
7	打线接合： 使用金丝球焊或铜丝球焊技术，将芯片焊盘与 PCB 焊盘连接		
8	封模与再次烘烤： 使用塑料等材料进行模压封装，然后再次烘烤以固化封装材料		
9	印记与标识： 在封装体表面印制标识信息，如型号、批次号等		
10	植球操作： 使用"锡膏"+"锡球"法进行植球，将锡球均匀分布在 BGA 焊盘上，并进行回流焊接		
11	助焊剂清除与清洗： 使用清洗剂或超声波清洗机去除残留的助焊剂		
12	单颗化： 对于多芯片封装，进行切割操作，将封装体分离成单个芯片		
13	包装与运送准备： 对封装好的 BGA 芯片进行包装，准备必要的运输文件和标签		
14	在线检测与质量控制： 使用 AOI 或 X-ray 检测设备对每一步操作进行在线检测，确保无缺陷或异常		
15	功能测试与验证： 对封装好的 BGA 芯片进行功能测试，确保其电气性能和可靠性符合设计要求		
16	数据记录与分析： 记录每一步操作的关键参数和结果，进行数据分析，以优化工艺流程		
17	项目总结与持续改进： 编写项目总结报告，总结经验教训，提出持续改进的建议和措施		

在任务实施过程中，重要的工作内容可以参照表 4-4 进行编制。

表 4-4 "BGA 封装工艺方案"示例

项目名称	大规模集成电路芯片封装			
任务名称	BGA 封装			
BGA 封装				
工艺流程				
材料选择				
生产过程	设 备	步 骤		参数要求
BGA 封装返修				
工艺流程				
材料选择				
生产过程	设 备	步 骤		参数要求
焊 接 材 料				
类 型	特 点	用 途	性能参数	生产商	价 格

（表格可添加）

任务习题

一、选择题

1. BGA 封装技术最初是由（　　）公司共同开发的。

A. IBM 与 Intel

B. Motorola 与 Citizen

C. Samsung 与 LG

D. Sony 与 Toshiba

2. 下列 BGA 封装形式中，使用陶瓷作为载体材料的是（　　）。

A. PBGA

B. CBGA

C. CCGA

D. TBGA

3. 在 BGA 封装工艺中，将焊锡膏均匀涂布到 BGA 焊盘上的步骤是（　　）。

A. 贴片

B. 植球

C. 烘烤

D. 离子清除

4. 下列焊接方式中，适用于 SMT 贴片型印制电路板的是（　　）。

A. 波峰焊

B. 回流焊

C. 手工焊　　　　　　　　　　D. 激光焊

5. BGA 封装技术的主要优点不包括(　　)。

A. 成品率高　　　　　　　　　B. 引脚数量大

C. 焊接工艺简单，无须专用设备　D. 散热性好

二、简答题

1. 简述 BGA 封装的主要特点，并解释为什么 BGA 封装适合高密度、高性能的 MCM(多芯片模块) 应用。

2. 描述 SMT 回流焊接工艺的主要步骤，并解释为什么控制温度特性曲线对于保证回流焊质量至关重要。

4.2　任务二　先进封装调研

任务目标

1. 掌握典型先进封装 (如 CSP、FC、MCM、3D、WLP) 的结构及功能。

2. 根据任务单要求进行任务实施。

任务准备

本任务需要先熟悉先进封装种类的相关知识，并通过查询阅读资料进一步了解先进封装的结构及功能，然后完成先进封装调研报告。任务单如表 4-5 所示。

表 4-5　任　务　单

项目名称	大规模集成电路芯片封装
任务名称	先进封装调研
任 务 要 求	
1. 任务准备。 (1) 分组讨论，每组 3～5 人。 (2) 自行收集所需资料。 2. 完成各种先进封装类型的资料收集与整理。 3. 提交先进封装调研报告	
任 务 准 备	
1. 知识准备。 (1) 了解 CSP、FC、MCM、3D、WLP 等先进封装的相关知识。 (2) 熟悉各类先进封装的结构及功能。 2. 设备支持。 在该任务实施过程中需要准备的工具包括: (1) 仪表:无。 (2) 工具:计算机、书籍资料、网络	

自主学习资讯及对应的国家职业技能标准如表 4-6 所示。

表 4-6　自主学习资讯及对应的国家职业技能标准

自主学习资讯	国家职业技能标准
1. CSP 封装及其结构、功能。 2. FC 封装及其结构、功能。 3. MCM 封装及其结构、功能。 4. 3D 封装及其结构、功能。 5. WLP 封装及其结构、功能	《高等职业学校微电子技术专业教学标准》(610103)：主要教学内容

任务资讯

4.2.1　芯片级封装 (CSP)

芯片级封装 (Chip Scale Package，CSP) 和 BGA 封装产生于同一时期，是整机小型化、便携化的结果。通常认为 LSI 芯片封装面积小于或等于 LSI 芯片面积 120% 的封装称为 CSP。由于 CSP 大多采用 BGA 封装的形式，因此最近两年封装界权威人士认为，焊球节距大于等于 1 mm 的为 BGA 封装，小于 1 mm 的为 CSP。CSP 实际上是在 BGA 封装小型化过程中形成的，所以有人也将 CSP 称为 μBGA(微型球栅阵列) 封装，其外形如图 4-13 所示。按照这一定义，CSP 并不是新的封装形式，只是其尺寸小型化的要求更为严格而已。

图 4-13　CSP 外形

1. CSP 的特点与优势

CSP 具有以下突出的特点与优势：

(1) 封装尺寸小。CSP 是目前体积最小的 VLSI 封装之一，其封装面积缩小到了 BGA 封装的 1/4～1/10，是近似芯片尺寸的超小型封装。

(2) 可容纳的引脚数最多。在各种相同尺寸的芯片封装中，CSP 可容纳的引脚数最多，甚至可以应用在 I/O 数超过 2000 的高性能芯片上。例如，对于 40 mm × 40 mm 的封装，QFP 的 I/O 端数最多为 304 个，BGA 封装可以达到 600～700 个，而 CSP 很容易达到 1000 个，不过目前的 CSP 还主要用于较少 I/O 端口电路的封装。

(3) 电性能优良。CSP 的内部布线长度 (仅为 0.8～1.0 mm) 比 QFP 或 BGA 封装的布线长度短得多，寄生引线电容、引线电阻及引线电感均很小，从而使信号传输延迟大为缩短。CSP 的存取时间比 QFP 或 BGA 封装短 1/5～1/6，同时 CSP 的抗噪能力强，开关噪声只有 DIP 的 1/2。这些主要电学性能指标已经接近裸芯片的水平，在时钟频率已超过双 G 的高速通信领域，LSI 芯片的 CSP 将是十分理想的选择。

(4) 测试、筛选、老化操作容易实现。MCM 技术是当今最高效、最先进的高密度封装技术之一，采用裸芯片安装，其优点是无内部芯片封装延迟，极大幅度地提高了组件封装密度。但它的裸芯片测试、筛选、老化问题至今尚未解决，合格裸芯片的获得比较困难，导致成品率较低，制造成本很高；而 CSP 可以进行全面老化、筛选、测试，并且操作、修整方便，能获得真正的 KGD 芯片 (Known Good Die，良品裸晶粒)。在目前情况下，用 CSP 替代裸芯片安装势在必行。

(5) 散热性能优良。CSP 通过焊球与 PCB 连接，由于接触面积大，因此芯片在运行时所产生的热量可以很容易地传导到 PCB 上并散发出去；而传统的 TSOP(薄型小外形封装) 方式中，芯片通过引脚焊在 PCB 上，焊点和 PCB 的接触面积小，使芯片向 PCB 散热相对困难。测试结果表明，通过传导方式的散热量可占 8% 以上。同时，CSP 芯片正面向下安装，可以从背面散热，且散热效果良好。

(6) 封装内无须填料。大多数 CSP 中的凸点和热塑性黏结剂的弹性很好，不会因晶片与基底热膨胀系数不同而产生应力，因此也就不必在底部填料，省去了填料时间和填料费用，这在传统的 SMT 中是不可能的。

(7) 制造工艺、设备的兼容性好。CSP 与现有的 SMT 工艺和基础设备的兼容性好，它的引脚间距完全符合当前使用的 SMT 标准 (0.5～1 mm)，无须对 PCB 进行专门设计，而且组装容易，因此完全可以利用现有的半导体工艺设备、组装技术组织生产。

CSP 在 20 世纪 90 年代中期得到大跨度的发展，每年增长一倍左右。CSP 的引脚节距一般在 1.0 mm 以下，如 1.0 mm、0.8 mm、0.65 mm、0.5 mm、0.4 mm、0.3 mm 和 0.25 mm 等。

CSP 的种类有很多，目前已广泛应用在大型液晶显示屏、液晶电视机、小型摄录一体机、计算机等产品中。

2. CSP 的结构及分类

CSP 的结构主要有 4 部分，即 IC 芯片、互连层、焊球 (或凸点、焊柱)、保护层。互连层是通过自动焊接 (TAB)、引线键合 (WB)、倒装芯片 (FC) 等方法来实现芯片与焊球 (或凸点、焊柱) 之间内部连接的，是 CSP 的关键组成部分。CSP 的典型结构如图 4-14 所示。

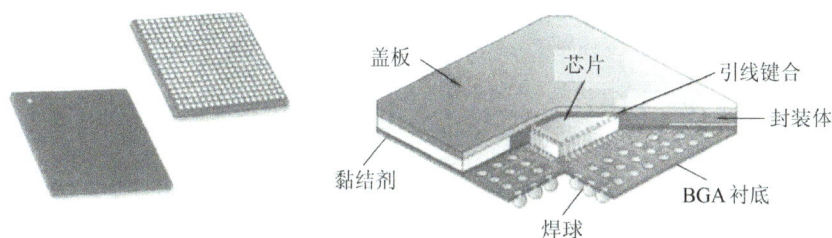

图 4-14　CSP 的典型结构

从工艺上来看，CSP 主要可以分为 6 种类型。

1) 柔性基板 CSP

柔性基板 CSP 是由日本的 NEC 公司利用 TAB 技术研制开发出来的一种窄间距的 BGA，因此也被称为 FPBGA。这类 CSP 主要由 IC 芯片、载带 (柔性体)、粘接层、凸点 (铜/镍) 等构成。载带由聚酰亚胺和制箔组成，采用共晶焊料 (63%Sn/37%Pb) 作为外部互连电极材料。其主要特点是结构简单，可靠性高，安装方便，可利用传统的 TAB 焊接机进行焊接。

2) 刚性基板 CSP

刚性基板 CSP 是由日本的 Toshiba 公司开发的一种陶瓷基板超薄型封装，因此又被称为陶瓷基板薄型封装 (Ceramic Substrate Thin Package，CSTP)。它主要由芯片、氧化铝 (Al_2O_3)

基板、铜 (Au) 凸点和树脂构成，通过倒装焊、树脂填充和打印 3 个步骤完成，其封装效率（芯片与基板面积之比）可达到 75%。无论是柔性基板，还是刚性基板，均是将芯片直接放在凸点上，然后由凸点连接引线，从而完成电路的连接。代表厂商有摩托罗拉、索尼、东芝、松下等。

3) 引线框架式 CSP

引线框架式 CSP 是由日本的 Fujitsu 公司研制开发的一种芯片引线的封装形式，因此也被称为 LOC(Lead On Chip，芯片上引线) 型 CSP，通常情况下分为 Tape-LOC 型和 MF-LOC 型 (Mul-ti-frame-LOC) 两种形式。

这两种形式的 LOC 型 CSP 都是将 LSI 芯片安装在引线框架上，芯片面朝下，芯片下面的引线框架仍然作为外引脚暴露在封装结构的外面。因此，不需要制作工艺复杂的焊料凸点，可实现芯片与外部的互连，并且其内部布线很短，仅为 0.1 mm 左右。

4) 焊区阵列 CSP

焊区阵列 CSP 是由日本的 Panasonic 公司研制开发的一种新型封装形式，也被称为 LGA (Land Grid Array，栅格阵列) 型 CSP，主要由 LSI 芯片、陶瓷载体、填充用环氧树脂和导电黏合剂等组成。这种封装的制作工艺是先用金丝打球法在芯片的焊接区上形成 Au 凸点，然后在倒装焊时，在基板的焊区上印制导电胶，之后对事先做好的凸点加压，同时固化导电胶，这就完成了芯片与基板的连接。导电胶由 Pd-Ag 与特殊的环氧树脂组成，固化后保持一定弹性，因此，即使承受一定的应力，也不易受损。

5) 微小模塑型 CSP

微小模塑型 CSP 是由日本三菱电机公司研制开发出来的一种新型封装形式，主要由 IC 芯片、模塑的树脂和凸点等构成。芯片上的焊区通过在芯片上的金属布线与凸点实现互连，整个芯片浇铸在树脂上，只留下外部触点。这种结构可实现很高的引脚数，有利于提高芯片的电学性能，减少封装尺寸，提高可靠性，完全可以满足储存器、高频器件和逻辑器件的高 I/O 数需求。同时，由于它无引线框架和焊丝等，因而体积特别小，提高了封装效率。

6) 晶圆级 CSP

晶圆级 CSP 由 ChipScale 公司开发，是在晶圆阶段利用芯片间较宽的划片槽，在其中构造周边互连，随后用玻璃、树脂、陶瓷等材料封装完成的。

除了具有 CSP 的优点，晶圆级 CSP 还具有以下独特的优点：

(1) 封装加工效率高，可以多个晶圆同时加工。

(2) 具有倒装芯片封装的优点，即轻、薄、短、小。

(3) 与前工序相比，只是增加了引脚重新布线 (Redistribution Layer，RDL) 和凸点制作两个工序，其余全部是传统工艺。

(4) 减少了传统封装中的多次测试。

而晶圆级 CSP 的不足是引脚数较低，没有标准化且成本较高。

由于晶圆级 CSP 比较重要，将在后面章节中进行专门论述。

4.2.2 倒装芯片 (FC)

倒装芯片 (FC)

1. 倒装芯片简介

倒装芯片是指通过芯片上的凸点直接将元器件朝下互连到基板、载体或者电路板上。而引线键合是将芯片的面朝上。由于芯片是倒扣在封装衬底上的，与常规封装芯片放置方向相反，故称为倒装芯片 (Flip-Chip，FC)，其结构如图 4-15 所示。倒装芯片元器件主要用于半导体设备，目前有些元器件如无源滤波器、探测天线、存储器装备，也开始使用倒装芯片技术。由于芯片通过凸点连接基板和载体，因此，更确切地说，倒装芯片也叫 DCA(Direct Chip Attach)。

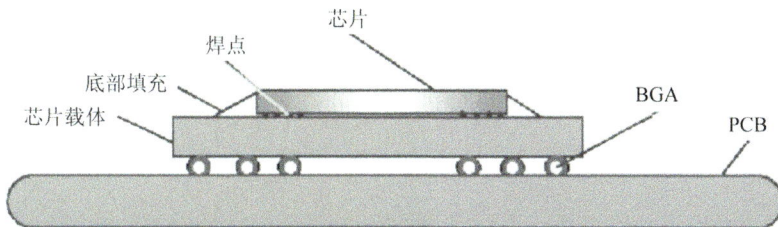

图 4-15　FC 的结构

目前倒装芯片广泛用于电子表、手机、便携机、磁盘、耳机、LCD 以及大型机等各种电子产品中。

1) 倒装芯片技术的优势

与其他芯片封装技术相比，倒装芯片技术在尺寸、外观、柔性、可靠性以及成本等方面有很大的优势，主要包括：

(1) 尺寸小。倒装芯片是"封装"家族中尺寸最小的，与芯片尺寸相同。由于便携式产品 (如移动电话) 要求限制空间，FC 所提供的电路板实用面积非常吸引人。如果以方型扁平式封装的电路占电路板的面积为 100% 计算，那么，球栅阵列 (BGA) 封装所占面积就为 50%，芯片级封装 (CSP) 所占面积为 15%，而倒装芯片的面积为 10%。

(2) 功能增强。使用倒装芯片能增加 I/O 的数量，I/O 不像引线键合受到数量的限制。面阵列使得在更小的空间里能够进行更多信号、功率以及电源等的互连，一般的倒装芯片焊盘可达 400 个。

(3) 性能增加。通过凸点直接与封装基板连接，避免了传统引线键合中长长的键合丝，短的互连减小了电感、电阻以及电容，保证了信号传播延迟减少、较好的高频率以及晶片背面较好的热通道。电气性能比较如图 4-16 所示。图中的 W/B 是一种传统封装技术，通过金属线连接芯片与基板，而 w/PGA(结合针栅阵列封装) 表示使用针脚阵列作为外部连接方式。W/B 和 w/PGA 组合在一起表示采用线焊技术加 PGA 封装的配置。F/C 是一种先进封装技术，芯片倒置并通过焊球直接连接基板，而 w/BGA(结合球栅阵列封装) 表示使用焊球阵列作为外部连接方式。F/C 和 w/BGA 组合在一起表示用倒装芯片技术加 BGA 封装的配置。

	最差		最佳	
	W/B w/PGA	F/C w/BGA	W/B w/PGA	F/C w/BGA
电感	19.6 nH	7.9 nH	5.6 nH	0.3 nH
电容	15.9 pF	6.2 pF	9.1 pF	2.5 pF
电阻	21.0 Ω	2.1 Ω	20.2 Ω	1.7 Ω
传播延时	946 psec	243 psec	508 psec	51 psec

图 4-16　电气性能比较

(4) 可靠性高。大芯片的环氧填充确保了高可靠性，倒装芯片可减少 2/3 的互连引脚数。

(5) 散热能力强。倒装芯片没有塑封，芯片背面可进行有效的冷却。

(6) 成本低。批量的凸点降低了成本。

2) 倒装芯片技术存在的问题

FC 技术经过几十年的发展，取得了一些成果，但在商业与技术方面仍然存在问题，主要表现在以下几个方面：

(1) FC 与 PCB 之间存在间隙，需要用液态环氧树脂（底部填料）填满。如果没有底部填料，经过温度循环试验，芯片与基板之间焊点的故障率很高，这是由于两种材料的 CTE 不同。把底部填料滴到空隙里面，很花费时间，需要专门的设备，并且应在印制电路测试之后进行，因为要把加了底部填料的芯片拆下来实际上是不可行的。因此，如果板上有倒装芯片会影响 PCB 的装配流程。

(2) 要获得 FC，就需要在芯片表面制作一层重新布线层 (Redistribution Layer，RDL)，其核心作用是将原本分布在芯片边缘、间距为 $80 \sim 127 \ \mu m$ 的压焊点，重新布局为 $250 \sim 400 \ \mu m$ 间距的平面阵列式焊盘。通过增大焊盘间距，可显著降低对 PCB 布线精度的要求，从而减少制造成本。然而，重新布线层的引入在晶圆制造流程中增加了额外的光刻和金属化工序，导致生产成本上升。此外，FC 制造还面临凸点制备的技术挑战，包括焊球材料选择、共面性控制以及高精度键合工艺，这些均需复杂的工艺支持。

(3) FC 只能用 X 光或超声原理进行质量检查，检测手段少，检测成本高。

(4) FC 技术实用化步伐慢。市场上，80% 的 FC 用于先进硅片器件，而这些半导体生产商不敢在其产品上采用还未开发成功的 FC 结构。

(5) 芯片的凸点制作质量不能令用户满意，实用化的制作技术不成熟。许多公司不能提供从凸点制作到背研（背面研磨，即减薄硅片背面）、组装及测试等整套服务。

(6) FC 本身是一种非标准器件，为保证多条供货渠道的一致性以降低成本，需要制定工业标准。

FC 既是一种高密度芯片互连技术，同时还是一种理想的芯片贴装技术。正因为如此，它在 CSP 及常规封装 (BGA、PGA) 中都得到了广泛的应用。例如，Intel 公司的 PⅡ 及 PⅢ 芯片就是采用 FC 互连方式组装到 FC-PBGA、FC-PGA 中的，Flip Chip 技术公司的 FC-DCA 则是一种超级 CSP。

严格地讲，FC 技术由来已久，并不是一项新技术。早在 1964 年，为克服手工键合可靠性差和生产率低的缺点，IBM 公司在其 360 系统的固态逻辑技术 (Solid Logic Technology，SLT) 混合组件中首次使用了该项技术，但从 20 世纪 60 年代直至 80 年代都未能取得重大突破。直到最近十年，随着材料、设备以及加工工艺等各方面的不断发展，同时随着电子产品小型化、高速化、多功能趋势的日益增强，FC 又再次得到了人们的广泛关注。

2. 倒装芯片的工艺

倒装芯片的工艺步骤如下：

(1) 凸点底部金属化 (Under Bump Metallization，UBM)，其过程如图 4-17 所示。

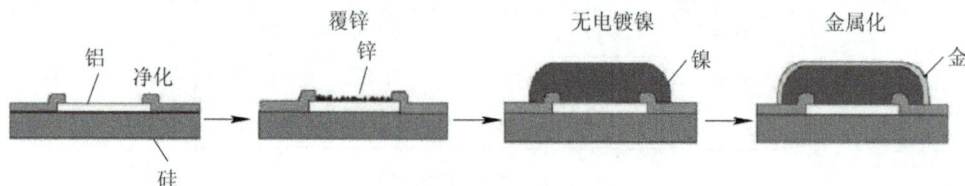

图 4-17　金属化过程

(2) 形成芯片凸点，其过程如图 4-18 所示。

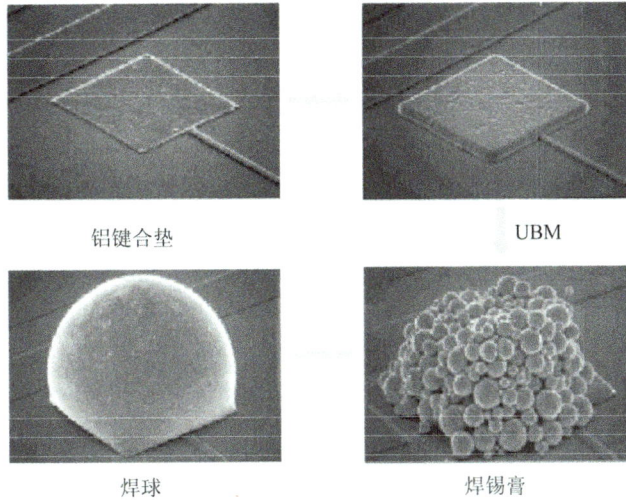

铝键合垫　　　　　　　UBM

焊球　　　　　　　　焊锡膏

图 4-18　芯片凸点的形成过程

(3) 将已经凸点的晶片组装到基板 / 板卡上，其过程如图 4-19 所示。

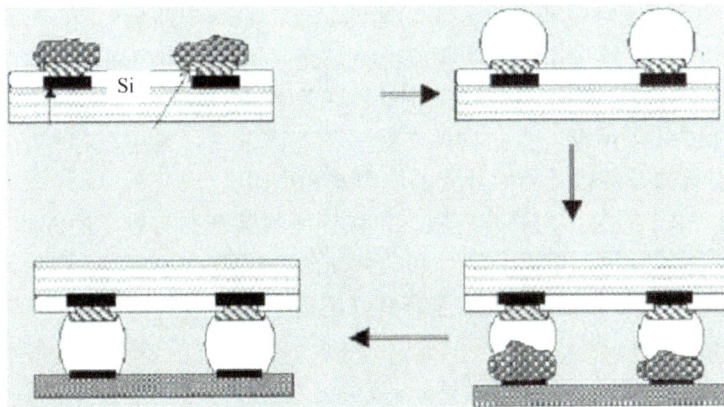

图 4-19　芯片连接过程

(4) 使用非导电材料填充芯片底部孔隙，填充过程分为快速流动和无流动两种类型，如图 4-20 所示。

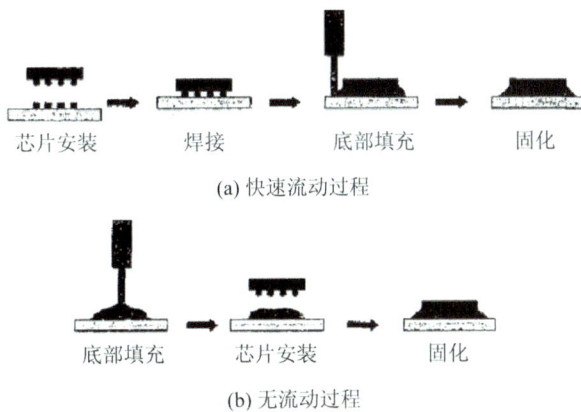

芯片安装　　焊接　　底部填充　　固化

(a) 快速流动过程

底部填充　　芯片安装　　固化

(b) 无流动过程

图 4-20　底部填充与固化

4.2.3　多芯片组件 (MCM)

1. 多芯片组件简介

多芯片组件 (Multi-Chip Module，MCM) 是微组装技术的代表产品，指多个集成电路芯片电连接于共用电路基板上，并实现芯片间互连。它是一种典型的高级混合集成组件。这些元器件通常通过引线键合、载带键合或倒装芯片的方式未密封地组装在多层互连的基板上，然后经过塑料模塑，再用与安装 QFP 或 BGA 封装元器件同样的方法将其安装在印制电路板上，其结构如图 4-21 所示。

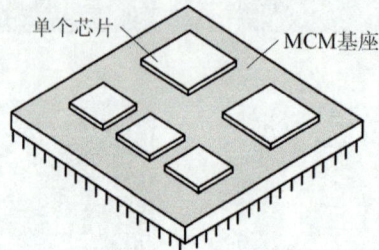

图 4-21　MCM 的结构

与将元器件直接安装在 PCB 上相比，MCM 具有一定的优势，具体如下：

(1) 性能高。MCM 芯片间的传输路径缩短了（减少了信号延迟），降低了电源自感、电容、串扰以及驱动电压。

(2) 外形小。由于 MCM 的小型化和多功能的优点，系统电路板的 I/O 数得以减少。

(3) 用途广。MCM 广泛应用于专用集成电路，尤其适用于生产周期短的产品。

(4) 价格低。MCM 主要使用廉价的硅芯片，允许采用混合的半导体技术，如 Si、Ge 或 GaAs。

(5) 结构多。MCM 采用混合型结构，支持多种互连方式，采用以芯片级或球栅阵列封装的形式进行表面安装的设备以及离散片式的电容器和电阻。

(6) 成品率高。由于封装体内芯片有限，可保证所封装产品有较高的成品率。

(7) 可靠性强。MCM 通过缩短元器件和芯片间的互连尺寸，提高了产品可靠性。

(8) 适应性强。MCM 对各种两级互连有良好的适应性，引线框架方案可以提高连接点的性能，并使模块化升级。

(9) 功能多。MCM 增加了许多新功能。

虽然使用 MCM 具有很多优势，但它仍然存在不足之处。阻碍 MCM 被广泛应用的一个关键问题是元器件如何保持各自的成品率。虽然目前 MCM 的发展方兴未艾，但要提高大部分元器件的成品率仍然任重而道远。另一个关键问题是成本，最新的 MCM-L（叠层基片多芯片组装）技术有较低的制造成本。

与 MCM 制造有关的 3 项技术为基板技术；芯片安装及焊接技术，如引线键合、载带自动焊和倒装芯片法；封装技术。

2. MCM 的分类

MCM 按照工艺方法及基板使用材料的不同可分为以下 3 种基本类型：

(1) MCM-L(L：Laminate)——采用有机层叠布线基板制成的 MCM。MCM-L 采用层压有机基材以及普通印制电路板的加工方法，即采用印刷和蚀刻法制作铜导线，钻出盲孔、埋孔和通孔并镀铜，内层的互连由 EDA 软件设计制作。由于采用普通印制电路板的加工方法，MCM-L 具有低成本、工期短、投放市场时间短等绝对优势。但 MCM-L 不适用于有长期可靠性要求和使用环境温差大的场合。

(2) MCM-C(C：Ceramic)——采用厚膜或陶瓷多层基板制成的 MCM。导体是由一层层烧制金属制成的，层间通孔互连与导体同时生成，电阻可在外层进行烧制，最后用激光修整到精确值，所有导体和电阻都印刷到基板上，MCM-C 的加工方法颇为复杂。从模拟电路、数字电路、混合电路到微波器件，MCM-C 适用于所有的应用。

(3) MCM-D(D：Deposition)——采用薄膜导体沉积硅基片制成的 MCM。MCM-D 采用薄膜导体沉积硅基片，制造过程类似于集成电路；基片是由硅和宽度为 1 μm～1 mm 的导体构成的，通孔则由各种金属通过真空沉积而形成。

MCM-L 型封装使用印制电路板叠合的方法制成传导基板，所得的结构尺寸规格在 100 pm 以上，其成本低且电路板制作极为成熟，但它有低热传导率与低热稳定性的缺点。MCM-D 使用硅或陶瓷等材料为基板，以低介电常数 (约 3.5) 的高分子绝缘材料与铝、铜等导体薄膜交替叠成传导基板，因此具有最高的连线密度以及优良的信号传输特性，但目前在成本与产品合格率方面有待更进一步的改善，有许多开发研究的空间。MCM-L、MCM-C、MCM-D 3 种技术的电路结构与优缺点的比较，分别如表 4-7 和表 4-8 所示。实际上这 3 种不同的技术常被混合使用以制成高性能、高可靠度且能符合经济效益的 MCM。

表 4-7　MCM-L、MCM-C、MCM-D 的电路结构比较

实用技术	互连密度 / (cm · cm⁻²)	信号层数 (总层) / 层	总长 / (cm · cm⁻²)	通孔密度 / (个 · cm⁻²)
MCM-L	30	12(12)	360	100
MCM-C	50	20(42)	1000	2500
MCM-D	350	4(8)	1400	33 000

表 4-8　MCM-L、MCM-C、MCM-D 的优缺点比较

技术类别	工艺技术	基板种类	优　点	缺　点
MCM-L	COB TOB (TAB on Board)	印制电路板	价位低；设备与技术成熟	热传导性质不佳；热稳定性不佳；组装困难
	金属夹层技术	铝	热稳定性好；低价位；单层基板	难以制成多层结构
MCM-C	薄膜技术	硅芯片陶瓷金属共 23 个烧陶瓷	最高的互连密度；低电路层数；电性优异；低介电系数材料	新型技术；工艺烦琐；设备成本高；成品低成本高
MCM-D	厚膜混合技术	氧化铝	设备与技术成熟；高互连密度	材料成本高；烧结步骤烦琐
	薄膜混合技术	氧化铝	更高互连密度；热膨胀系数低	价位高；难以制成多层结构
	高温共烧技术	氧化铝陶瓷	高互连密度；热与机械性质好	有基板收缩的困难；需电镀保护；高介电系数材料
	低温共烧技术	玻璃陶瓷	高互连密度；银金属化工艺；低介电系数材料	有基板收缩的困难；热传导性不佳

目前，实现系统集成的技术途径主要有两个：一是半导体单片集成技术；二是 MCM 技术。前者是通过晶片规模的集成技术，将高性能数字集成电路 (含存储器、微处理器、图像和信号处理器等) 和模拟集成电路 (含各种放大器、变换器等) 集成为单片集成系统；后者是通过三维多芯片组件技术实现集成的功能。

MCM 早在 20 世纪 80 年代初期就以多种形式存在，但由于其成本昂贵，只用于军事、航天及大型计算机中。近年来，随着技术的进步及成本的降低，MCM 在计算机、通信、雷达、数据处理、汽车行业、工业设备、仪器与医疗等电子系统产品上得到越来越广泛的应用，已成为最有发展前途的高级微组装技术。

例如，利用 MCM 制成的微波和毫米波系统级封装，为不同材料系统的部件集成提供了一项新技术，使得将数字专用集成电路、射频集成电路和微机电器件封装在一起成为可能。

因此，MCM 在组装密度（封装效率）、信号传输速度、电性能以及可靠性等方面独具优势；能最大限度地提高集成度和高速单片 IC 性能，从而制作成高速的电子系统，是实现整机小型化、多功能化、高可靠、高性能的最有效途径。

4.2.4 三维 (3D) 封装

1. 三维封装简介

通常所说的多芯片组件都是指二维的多芯片组件 (2D-MCM)，它的所有元器件都布置在一个平面上，但其基板内互连线的布置是三维的。随着微电子技术的进一步发展，芯片的集成度大幅度提高，对封装的要求也更加严格，2D-MCM 的缺点也逐渐暴露出来。目前，2D-MCM 组装效率最高可达 85%，已接近二维组装所能达到的最大理论极限，这已成为混合集成电路持续发展的障碍。

三维 (3D) 封装

为了改变这种状况，三维封装应运而生，其最高组装密度可达 200%。3D 封装是指元器件除了在 X-Y 平面上展开，还在垂直方向 (Z 方向) 上排列。与 2D-MCM 相比，3D 封装具有更高的集成度及组装效率，更小的体积及重量，更低的功耗，更快的信号传输速度等。3D 封装的结构如图 4-22 所示。

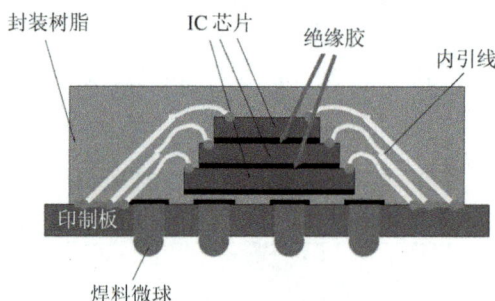

图 4-22　3D 封装的结构

三维封装是现代微组装技术发展的重要方向，是三维电子技术领域跨世纪的一项关键技术。由于宇航、卫星、计算机及通信等军事和民用领域对提高组装密度、减轻重量、减小体积、提高性能和提高可靠性等方面的迫切需求，加之 3D 封装在满足上述要求方面具有的独特优点，因此近年来该项新技术在国外得到迅速发展。

1) 3D 封装技术的主要优点

3D 封装主要具有以下几个方面的优点：

(1) 尺寸和重量小。3D 封装设计替代单芯片封装，缩小了器件尺寸、减轻了重量。尺寸缩小及重量减轻的部分取决于垂直互连的密度。和传统的封装相比，使用 3D 封装技术可缩小尺寸和减轻重量为原来的 1/50～1/40。相对 MCM 技术，3D 封装技术可缩小体积为原来的 1/6～1/5，减轻重量为原来的 1/19～1/3。

(2) 硅片效率高。封装技术的一个主要问题是 PCB 芯片焊区。由于 MCM 使用了裸芯片，焊盘减小了 20%～90%，3D 封装则更有效地使用了硅片的有效区域，这被称为"硅片效率"。硅片效率是指叠层中总的基板面积与焊区面积之比，与其他 2D 封装技术相比，3D 封装的硅片效率超过 100%。图 4-23 为基板上安装了 8 个芯片的 3D 封装。

(3) 延迟短。延迟指信号在系统功能电路之间传输所需要的时间。在高速系统中，总延迟时间主要受传输时间限制，传输时间是指信号沿互连线传输的时间，传输时间与互连长度成正比，因此缩短延迟就需要用 3D 封装缩短互连长度。缩短互连长度降低了互连伴随的寄生电容和电感，因而缩短了信号传输延迟。例如，使用 MCM 技术的信号延迟可缩短为原来的 1/3，而使用 3D 封装由于电子元器件相互间非常接近，延迟则会更短。

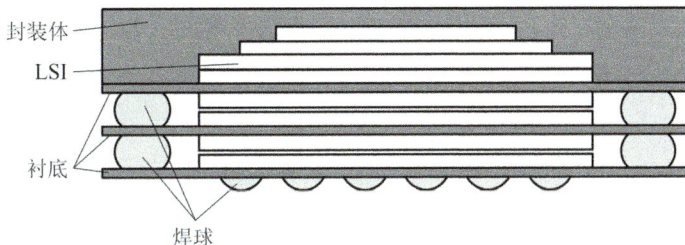

图 4-23　基板上安装了 8 个芯片的 3D 封装

(4) 噪声小。噪声通常被定义为夹杂在有用信号间不必要的干扰，影响着信号的信息。在高性能系统中，噪声处理主要是一个设计问题，噪声通过降低边缘比率、延长延迟及降低噪声幅度限制着系统性能，会导致错误的逻辑转换。噪声幅度和频率主要受封装和互连限制。

在数字系统中存在 4 种主要噪声源，分别为反射噪声、串扰噪声、同步转换噪声、电磁干扰 (Electromagnetic Interference，EMT)。所有这些噪声源的幅度取决于信号通过互连的上升时间，上升时间越快，噪声越大。3D 封装技术缩短了互连长度，因而降低了互连伴随的寄生性。如果使用 3D 封装技术没考虑噪声因素，那么噪声在系统中会成为一个问题。如果互连沿导线的阻抗不均匀或其阻抗不能匹配源阻抗和目标阻抗，那么系统就会潜在一个反射噪声；如果互连间距不够大，也会有潜在的串扰噪声。由于缩短互连长度、降低互连伴随的寄生性，同步噪声也被减小，因此，3D 封装相比同等互连数目的其他类型封装产生的同步噪声更小。

(5) 功耗低。寄生电容和互连长度成比例，因此，由于寄生性的降低，总功耗也降了下来。例如，10% 的系统功耗散失在 PCB 上的互连中，如果采用 MCM 技术制造产品，功耗将降低 4/5，因而产品比 PCB 产品更少消耗 8% 的功耗；如果采用 3D 封装技术制造产品，由于缩短了互连长度，降低了互连伴随的寄生性，功耗则会更低。

(6) 速度快。从速度方面来看，3D 封装技术可以使 3D 封装元器件以更快的转换速度 (频率) 运转而不增加功耗。此外，还降低了寄生性电容和电感，减小了 3D 封装元器件的尺寸和噪声，便于提高每秒的转换率，这使总的系统性能得以提高。

(7) 互连适用性和可接入性强。假定典型芯片厚度为 0.6 mm，在 2D-MCM 封装图形中，距叠层中心等互连长度的元器件有 116 个，而采用 3D 封装技术，距中心元器件等距离的元器件只有 8 个，因而，叠层互连长度的缩短降低了芯片间的传输延迟。此外，垂直互连可最大限度地使用有效互连，而传统的封装技术受诸如通孔或预先设计好的互连的限制。由于可接入性和垂直互连的密度 (平均导线间距的信号层数) 成比例，因此 3D 封装技术的可接入性依赖于垂直互连的类型。外围互连受叠层元器件外围长度的限制，与之相比，内部互连更适用、更便利。

(8) 带宽大。在许多计算机和通信系统中，互连带宽 (特别是存储器的带宽) 往往是影响计算机和通信系统性能的重要因素。因而，降低延迟、增大母线带宽是有效的措施。例如，Intel 公司将 CPU 和二级存储器用多孔 PGA 封装在一起以获得大的存储器带宽。令人激动的是，3D 封装技术可能被用于集成 CPU 和存储器芯片，以避免高成本的多孔 PGA。

2) 3D 封装技术的缺点

3D 封装技术的缺点如下：

(1) 热处理要求加大。随着高性能系统建设要求的提高，电子封装设计正朝向芯片更大、I/O 端口更多的方向发展，这就要求提高电路密度和可靠性。提高电路密度意味着提高功率密度，功率密度在过去的 15 年内已呈指数增长，在将来仍将持续增长。

采用 3D 封装技术制造的元器件的功率密度高，因此，就得认真考虑热处理问题。3D 封装技术需要在两个层次进行热处理：一是系统设计级，将热能均匀地分布在 3D 封装元器件表面；二是封装级，有三种解决方法。其一，可采用诸如金刚石或化学气相淀积 (Chemical Vapor Deposition，CVD) 金刚石的低热阻基板；其二，采用强制风冷或冷却液来降低 3D 封装元器件的温度；其三，采用一种导热胶并在叠层元器件间形成热通孔将热量从叠层内部排到其表面。在封装级进行热处理时，可采用以上一种或多种方法。随着电路密度的增加，热处理器将会遇到更多的问题。

(2) 设计复杂性增加。在持续提高集成电路的密度、性能和降低成本方面，互连技术的发展起着重要作用。随着芯片的特征尺寸、几何图形分辨率也向着不断缩小的方向发展。同时，功能集成度的提高使芯片尺寸更大，这就要求增大硅片尺寸的材料，研制处理更大的硅片制造设备。

采用 2D 封装技术已实现了许多系统功能，然而，采用 3D 封装技术只完成了少量复杂的系统及元器件，还要采取设计和研制软件的方法来解决系统复杂性不断增加的问题。

(3) 成本增加。任何一种新技术的使用都存在着高成本问题。3D 封装技术也是这样，这是由于缺乏基础设施、生产厂家不愿冒险更新新技术。此外，高成本也是器件复杂性的制约因素，如叠层成本、非重复性工程成本。

影响叠层成本的因素有：① 叠层高度及复杂性；② 每层的加工工序数 (例如，对于裸芯片叠层，目前生产厂家工序数为 5～50)；③ 叠层前在每块芯片上采用的测试方法；④ 每块芯片是否老化，IDDQ(漏电流) 测试通常是一种低成本的替代方法；⑤ 硅片后处理 (例如，焊盘走线、晶圆修磨、通过基板和通过基板通孔等是非常昂贵的)；⑥ 叠层每层要求的完好芯片 (KGD) 的数目取决于 3D 封装生产厂家，在 3～20 个之间不等，如果修磨晶圆，3D 封装生产厂家可能要求每叠层两块晶圆，会使得成本过高。

严重影响非重复性工程 (Non-Recurring Engineering charge，NRE) 成本的因素有：① 样品叠层批量试验品的试验范围 (例如，热测试、应力表测试及电测试等)；② 要求的样品叠层数 (通常在 20～50 个之间不等)；③ 单个裸芯片系统级设计的 3D 封装生产厂家应用水平 (例如，不同的 3D 封装生产厂家在模拟热和串扰方面的能力大不相同)。

(4) 交货时间长。交货时间指生产一个产品所需要的时间，它受系统复杂性和要求的影响。3D 封装技术比 2D 封装技术的交货时间要长。一份调查表明，根据 3D 封装元器件的尺寸和复杂性，3D 封装厂家的交货时间为 6～10 个月，这比采用 MCM-D 技术所需的时间要长 2～4 倍。

2. 3D 封装工艺

实现 3D 封装主要有以下 3 种方法：

(1) 埋置型 3D 封装：将元器件埋置在基板多层布线内或埋置、制作在基板内部。电阻和电容一般可随多层布线用厚、薄膜法埋置于多层基板中，而 IC 芯片一般要紧贴基板；还可以在基板上先开槽，将 IC 芯片嵌入，用环氧树脂固定后与基板平面平齐，然后实施多层布线，最上层再安装 IC 芯片，从而实现 3D 封装。

(2) 有源基板型 3D 封装：用硅晶圆 IC 作为基板，先将 WSI(Wafer Scale Integration，晶圆级集成) 用一般半导体 IC 制作方法形成次元器件集成化，即为有源基板；然后再实施多层布线，顶层仍安装各种其他 IC 芯片或其他元器件，实现 3D 封装。这是一种人们最终追求并力求实现的 3D 封装技术。

(3) 叠层型 3D 封装：在 2D 封装的基础上，把多个裸芯片、封装芯片、多芯片组件 (MCM) 甚至硅晶圆进行叠层互连，构成立体封装，这种结构称作叠层型 3D 封装。由于 3D 的组装密度高、功耗大，所以基板多为导热性好的高导热基板，如硅、氮化铝和金刚石薄膜等。图 4-24、图 4-25 分别是裸芯片叠层和封装叠层 3D 封装。

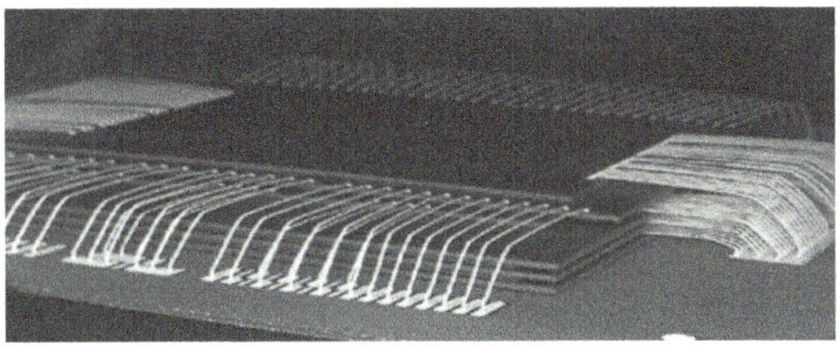

图 4-24 裸芯片叠层 3D 封装

图 4-25 封装叠层 3D 封装

4.2.5 晶圆级封装 (WLP)

1. 晶圆级封装简介

晶圆级封装 (WLP) 以 BGA 技术为基础，是一种经过改进和提高的 CSP。

晶圆级封装技术以晶圆为加工对象，在晶圆上同时对众多芯片进行封装、老化、测试，最后切割成单个器件，可以直接贴装到基板或印制电路板上。晶圆级封装使封装尺寸减小至 IC 芯片的尺寸，生产成本大幅度下降，其制造流程如图 4-26 所示。

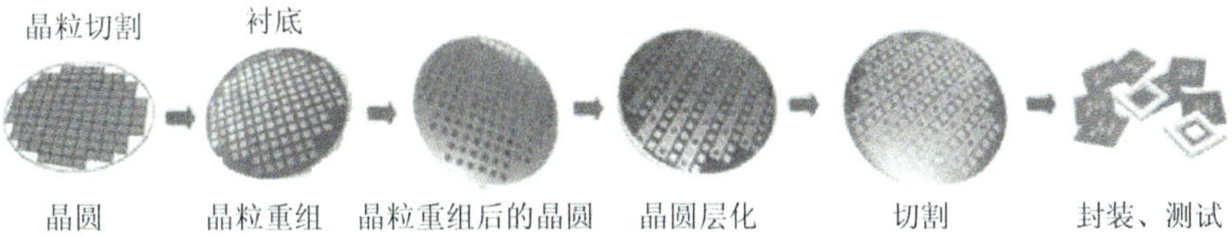

图 4-26 WLP 的制造流程

有人将 WLP 称为晶圆级 - 芯片级封装 (WLP-CSP)，它不仅充分体现了 BGA、CSP 的技术优势，而且是封装技术取得革命性突破的标志。晶圆级封装技术采用批量生产工艺制造技术，可以将封装尺寸减小至 IC 芯片的尺寸，生产成本大幅下降，并且把封装与芯片的制造融为一体，这彻底改变了芯片制造业与芯片封装业分离的局面。晶圆级封装技术的优势使其一出现就受到极大的关注，并迅速获得巨大的发展和广泛的应用。晶圆级封装技术已广泛用于闪速存储器、EEPROM、高速 DRAM、SRAM、LCD 驱动器、射频器件、逻辑器件、电源 / 电池管理器件和模拟器件 (稳压器、温度传感器、控制器、运算放大器、功率放大器) 等领域。

一般来说，IC 芯片与外部的电气连接是金属引线以键合的方式把芯片上的 I/O(输入 / 输出) 端口连至封装载体并经封装引脚来实现的。IC 芯片上的 I/O 端口通常分布在周边，随着 IC 芯片特征尺寸的减小和集成规模的扩大，I/O 端口的间距不断减小、数量不断增大。当 I/O 端口间距减小至 70 μm 以下时，引线键合技术就不再适用，必须寻求新的技术途径。晶圆级封装技术利用薄膜再分布工艺，使 I/O 端口可以分布在 IC 芯片的整个表面而不再仅仅局限于窄小的 IC 芯片的周边区域，从而成功解决了上述高密度、细间距 I/O 端口芯片的电气互连问题。

传统封装技术以晶圆划片后的单个芯片为加工目标，封装过程在芯片生产线以外的封装厂实现。晶圆级封装技术与传统封装技术截然不同，它以晶圆为加工对象，直接在晶圆上同时对众多芯片封装、老化、测试，封装的全过程都在晶圆生产厂内运用芯片的制造设备完成，使芯片的封装、老化、测试完全融合在晶圆的芯片生产流程中。封装好的晶圆经切割得到单个 IC 芯片，可以直接贴装到基板或印制电路板上。由此可见，晶圆级封装技术是真正意义上的批量生产芯片技术。

晶圆级封装是尺寸最小的低成本封装，与其他封装一样，为 IC 芯片提供电气连接、散热通路、机械支撑和环境保护，并能满足表面贴装的要求。

晶圆级封装成本低与多种原因有关。第一，它是以批量生产工艺进行制造的；第二，晶圆级封装生产设施的费用低，因为它充分利用了芯片的制造设备，无须投资另建封装生产线；第三，晶圆级封装的芯片设计和封装设计可以统一考虑、同时进行，提高了设计效率，减少了设计费用；第四，晶圆级封装从芯片制造、封装到产品发往用户的整个过程中，中间环节大大减少，周期缩短，导致了成本的降低。此外，应注意晶圆级封装的成本与每个晶圆上的芯片数量密切相关，晶圆上的芯片数越多，晶圆级封装的成本也越低。

晶圆级封装主要采用薄膜再分布技术、凸点技术等两大技术。薄膜再分布技术是一种典型的再分布工艺，最终形成的焊料凸点呈面阵列布局。该工艺中，采用 BCB/PI 作为再分布的介质层，Cu 作为再分布连线金属，采用溅射法沉积凸点下金属化层 (Under Bump Metallurgy, UBM)，丝网印刷法淀积焊膏并回流。凸点技术是晶圆级封装工艺过程中的关键技术，它是在晶圆的压焊区铝电极上形成凸点的。晶圆级封装凸点制作工艺常用的方法有多种，每种方法都各有优缺点，适用于不同的工艺要求。要使晶圆级封装技术得到更广泛的应用，选择合适的凸点制作工艺极为重要。在晶圆凸点制作中，金属沉积占到全部成本的 50% 以上。晶圆凸点制作中最为常见的金属沉积步骤是凸点下金属化层 (UBM) 的沉积和凸点本身的沉积，一般通过电镀工艺实现。

图 4-27 为典型的晶圆凸点制作工艺流程。首先在晶圆上完成 UBM 的制作；然后沉积厚胶并曝光，为电镀焊料形成模板；电镀之后，将光刻胶去除并刻蚀掉暴露出来的 UBM；最后一步工艺是再流，形成焊料球。

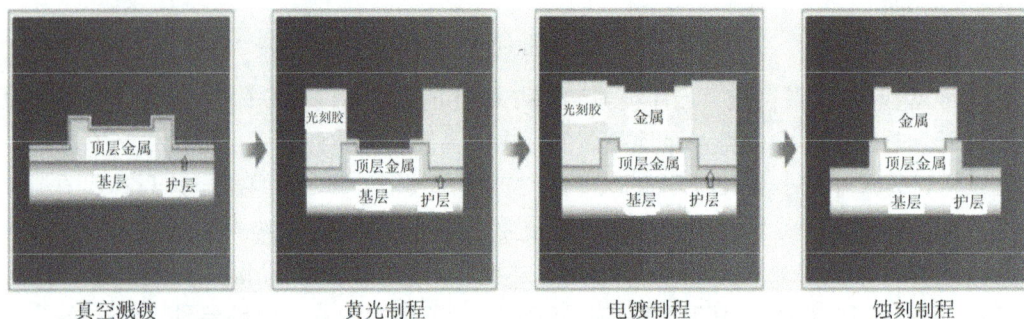

图 4-27　典型的晶圆凸点制作工艺流程

2. WLP 的特点

1) WLP 的优点

WLP 的加工过程决定其具有以下优点：

(1) 封装效率高。这是因为 WLP 是在整个晶圆上完成封装的，可对一个或几个晶圆同时加工。在保证成品率的情况下，晶圆的直径越大，加工效率就越高，单个元器件的封装成本就越低。例如，直径为 300 mm(12 英寸) 的硅晶圆面积是直径 200 mm(8 英寸) 圆片的一倍以上，前者单个管芯的加工成本比后者低很多。

(2) WLP 具有轻、薄、短、小的优点。首先，WLP 是直接由晶圆切割分离而成的封装，不可能会有引出端横向伸展出管芯之外，因此封装所占印制板面积一定等于管芯面积，封装效率等于或接近 1(接近于 1 是因为出于可靠性的考虑，划片槽与管芯有源区的距离要比传统的引脚键合 - 模塑封装用芯片大)。其次，WLP 一级封装内的互连线不能使用通常的引线键合 (WB)，而是直接从管芯焊盘上制作 I/O 引出端，将管芯上窄节距、密排列的焊盘再分布为封装上面阵列的 I/O 焊盘。因此，封装 I/O 引出端通常都在芯片的有源器件面，故 WLP 在印制电路板上都采用面向下倒装焊，属于倒装芯片 (FC) 或倒装芯片封装 (FCP) 的一种。

FC 通常都是倒装焊裸芯片，它可以直接作为一级封装，如玻璃上倒装芯片 (FCOG) 或板

上倒装芯片 (FCOB)；但大多数情况下，它还需要 BGA 或 CSP 等进行一级封装。在这类封装中，管芯与基板或外壳以倒装焊方式进行互连 (相对于引线键合方式)。这时的 FC 只是一些使用倒装焊互连的管芯，而不是已封装好的可独立使用的元器件。WLP 则是一级封装，虽然少数可为倒装裸芯片形式，但多数带有再分层或一级封装。WLP 具有 FCP 和 CSP 两者的优点，即封装外形小，所占 FCB 面积和芯片大小相似；封装厚度薄，只有芯片厚度加上焊凸点高度，或再加上单面的薄膜塑包封或单面液体树脂滴封，通常高度为 0.4~1.2 mm；重量轻；外引出端引线短，使整机的封装密度较高，非常适合于目前流行的便携式电子装置，如笔记本电脑、移动通信设备、数码相机、摄录机等。

(3) 由于 WLP 从芯片上的 I/O 焊盘到封装引出端的距离短，因此其引线电感、引线电阻等寄生参数小，而引出端焊盘又都在芯片下方，故 WLP 的电、热性能较好。

(4) 制作 WLP 的工艺技术几乎都是"早已有之"的技术，如溅射、光刻、芯片上多层布线、电镀、植球、分割等，只是需要做相应的改进，以适应这类厚胶光刻、厚膜电镀、芯片上引线再分布、窄节距植球等。

(5) WLP 符合目前表面贴装技术 (SMT) 的潮流。可使用当前标准的 SMT 进行二级封装，易于被二级封装用户所接受。

2) WLP 的局限性

WLP 的局限性有以下 4 点：

(1) 由于 WLP 的所有外引出端不能扩展到管芯之外，而只能分布在管芯有源面一侧的范围内，这就决定了这类封装外引出端不可能很多。通常采用焊凸点 (或焊球) 的 I/O 数为 4~100，而采用金凸点以 FC 形式直接键合的 I/O 数可为 8~400。

(2) 具体结构形式、封装工艺、支撑设备等都有待优化，所以标准化也较差，影响其更快地推广。

(3) 可靠性数据的积累尚有限，影响扩大使用。

(4) 如何进一步降低成本，仍是目前要努力的方向。

课程思政

扇出型晶圆级封装科技企业——华天科技

扇出型晶圆级封装 (FOWLP) 是集成电路封装领域的一种先进封装技术，广泛应用于消费电子、服务器、数据中心、超级计算机、高端人工智能设备等领域。它通过在晶圆级别上进行封装，再切割为单个芯片，实现了高性能、高密度、小型化的封装。

华天科技全称为天水华天科技股份有限公司，成立于 2003 年 12 月 25 日，并于 2007 年 11 月 20 日在深圳证券交易所成功上市。公司总部位于甘肃省天水市，是一家专注于集成电路封装测试业务的高科技企业。

华天科技的主营业务涵盖半导体集成电路的研发、生产、封装、测试及销售，同时涉及 LED 和 MEMS(Micro-Electro-Mechanical System，微机电系统) 的研发与生产。公司产品广泛应用于计算机、网络通信、消费电子、智能移动终端、物联网、工业自动化、汽车电子等多个领域。凭借先进的技术能力，华天科技为全球客户提供封装设计、封装仿真、引线框封装、基板封装、晶圆级封装、晶圆测试及功能测试、物流配送等一站式服务。

华天科技在集成电路封装测试领域拥有显著的技术优势。公司掌握了 SiP、FC、TSV、Bumping、Fan-Out、WLP、3D 等多种先进封装技术，这些技术使得华天科技在行业内具备强大的竞争力。此外，华天科技还注重全球化布局和市场拓展。公司在全球范围内设立了多个生产制造基地和销售办事处，包括西安、天水、昆山、上海、南京、成都以及韩国、日本、马来西亚等地，形成了完善的全球销售和服务网络。

2022 年，华天科技正式启动了多芯片高密度扇出型面板级封装 (Fan-Out Panel Level Packaging，FOPLP) 产业化项目，标志着公司在先进封装技术领域的又一重要布局。

⚙ 任务实施

根据对典型先进封装的基础知识的学习和理解，完成典型封装的结构及功能的资料收集与整理，选取不同先进封装的芯片产品，并对其进行功能分析和特点对比，最终选择最具代表性的产品撰写调研方案。实施具体任务时，可参照表 4-9 所示的步骤。

表 4-9　任务实施单

项目名称	大规模集成电路芯片封装		
任务名称	先进封装调研	建议学时	2
计划方式	分组讨论		
序　号	实 施 步 骤		
1	**组建调研团队**		
2	**明确调研范围：** (1) 确定调研的先进封装技术类型 (CSP、FC、MCM、3D、WLP)。 (2) 确定调研的产品领域 (如移动通信、计算机、汽车电子等)		
3	**资料收集与整理：** (1) 查阅国内外关于先进封装技术的学术论文、专利、技术报告等，收集行业分析报告、市场研究报告等，了解技术发展趋势和市场应用情况。 (2) 利用搜索引擎、专业论坛、行业网站等，收集最新的技术动态、产品信息等。 (3) 邀请封装技术领域的专家进行访谈，获取专业意见和建议。 (4) 对收集到的资料进行整理，分类归档，并对关键信息进行提炼和分析，形成初步的技术对比报告		
4	**产品分析与对比：** (1) 根据调研范围选取不同先进封装技术的代表性芯片产品，确保选取的产品覆盖多个应用领域，具有广泛的市场代表性。 (2) 对选取的产品进行详细的功能分析，包括封装结构、电气性能、热性能、可靠性等。 (3) 对比不同产品的封装效率、成本、散热性能、I/O 密度等关键指标，分析各产品的优缺点，评估其在不同应用场景下的适用性		
5	**调研方案撰写：** (1) 汇总前期准备、资料收集与整理、产品分析与对比的研究成果，提炼关键发现，形成调研总结报告。 (2) 基于调研总结报告，撰写先进封装调研方案，方案应包括调研背景、目标、方法、步骤、预期成果等内容。 (3) 组织专家对调研方案进行评审，提出修改意见，并根据评审意见，对方案进行修订和完善		
6	**任务实施与总结：** (1) 按照调研方案，开展具体的调研工作，并记录调研过程中的关键数据和发现，及时调整调研策略。 (2) 在调研工作结束后，撰写详细的总结报告，报告应包括调研过程、主要发现、结论与建议等内容。 (3) 组织成果展示会，展示调研成果并分享调研过程中的经验和教训，促进交流与合作		

在任务实施过程中，重要的工作内容可以参照表 4-10 进行编制。

表 4-10 "先进封装调研报告"示例

项目名称			大规模集成电路芯片封装				
任务名称			先进封装调研				
封装种类	分类	材料	结构	该封装技术的优缺点		应用及举例	
				优点	缺点		
（表格可添加）							
封装工艺流程							
封装类型		工艺流程					
（表格可添加）							

⚙ 任务习题

一、填空题

1. CSP(芯片级封装) 的封装面积通常小于或等于 LSI 芯片面积的 _____%。

2. 倒装芯片 (FC) 技术通过芯片上的 _____ 直接将元器件朝下互连到基板、载体或电路板上。

3. 多芯片组件 (MCM) 技术是指多个集成电路芯片电连接于共用电路基板上，实现芯片间互连的 _____ 集成组件。

4. 三维封装 (3D 封装) 技术相比二维封装技术，其最高组装密度可达 _____%。

5. 晶圆级封装 (WLP) 技术以 _____ 技术为基础，是一种经过改进和提高的 CSP。

二、简答题

简述 CSP 技术相比传统封装技术的几个主要优势。

项目五　集成电路封装失效分析

📋 **职业能力目标**

通过本项目的学习，应达成以下能力目标：

(1) 能够理解芯片封装可靠性的概念。

(2) 能够阐述芯片失效机理。

(3) 能够简单阐述芯片封装失效分析的主要内容及分析程序。

(4) 能够识别非破坏性失效分析技术与破坏性失效分析技术。

(5) 能够阐述塑料封装、气密性封装及 3D 封装的失效机理和检测方法。

(6) 能够以严谨的科学态度和精益求精的工匠精神撰写失效分析报告。

(7) 能够达到与专业人员进行专业交流、协作的水平，并具备信息化处理数据及文档的能力。

📋 **项目引入**

在当今高度集成的电子时代，集成电路作为信息技术的核心组件，其性能与可靠性直接关系到各类电子设备的运行质量与寿命。随着芯片特征尺寸不断缩小、集成度及工作频率的持续提升，集成电路封装的复杂度与精密性也随之增加，这对封装的质量与可靠性提出了前所未有的挑战。封装不仅是保护芯片免受外界环境侵害的屏障，更是实现芯片与外界电路互连互通的桥梁。因此，当集成电路封装出现失效时，不仅可能导致设备功能异常、性能下降，严重时还会引发系统崩溃，造成巨大的经济损失和安全风险。

失效分析作为连接产品设计与制造工艺改进的关键环节，其重要性不言而喻。它通过对失效样品进行系统的检测、分析与验证 (见图 5-1)，揭示失效的根本原因，包括但不限于设计缺陷、材料老化、工艺偏差、热应力影响及外界物理损伤等。这一过程不仅能够为故障排查提供科学依据，减少维修成本与时间，更重要的是，它还能够反馈至产品设计与生产流程，促进技术迭代与优化，提升产品的整体质量与可靠性。

尤其在高科技领域，如航空、航天、医疗设备、自动驾驶等对安全要求极高的应用中，集成电路封装的任何微小失效都可能带来不可估量的后果。因此，开展深入细致的失效分析工作，不仅是保障产品正常运行的必要手段，更是推动电子产业技术创新与可持续发展的基石。

综上所述，集成电路封装失效分析不仅是技术问题，更是关乎产品安全、企业信誉乃至国家科技竞争力的大事。通过科学严谨的失效分析，不仅能有效应对当前面临的挑战，更能为未来电子产品的设计与制造指明方向，确保技术进步的每一步都坚实可靠。

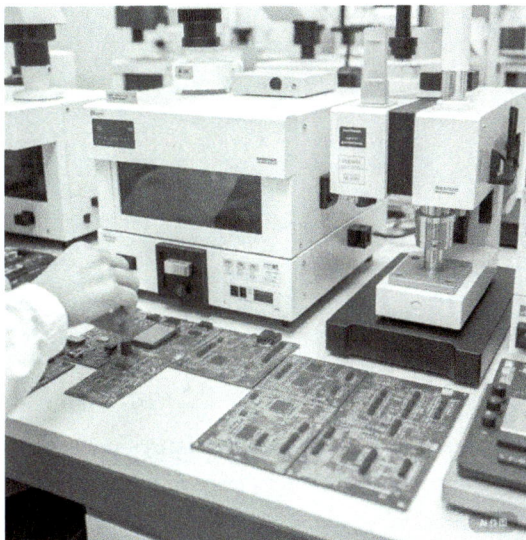

图 5-1 封装失效分析

本项目主要介绍集成电路封装失效分析的概念、主要分析技术以及塑料封装失效、气密性封装失效和 3D 封装失效，要求能完成集成电路封装失效分析，达到相应的能力要求。

5.1 任务一 集成电路封装可靠性研究

任务目标

1. 掌握封装可靠性的内涵。
2. 掌握封装失效的几种机理。
3. 了解封装可靠性技术发展趋势。
4. 完成集成电路封装可靠性的资料收集与研究报告。

任务准备

本任务需要学习集成电路封装可靠性的内涵及封装失效的几种机理，了解集成电路封装可靠性技术发展趋势，并通过查询资料进一步了解封装失效分析的产业情况，完成相关资料的收集与可靠性研究报告。任务单如表 5-1 所示。

表 5-1 任 务 单

项目名称	集成电路封装失效分析
任务名称	集成电路封装可靠性研究
任 务 要 求	
1. 任务准备。	
(1) 分组讨论，每组 3～5 人。	
(2) 自行收集所需资料。	
2. 完成可靠性研究的资料收集与整理。	
3. 提交集成电路封装可靠性研究报告	

续表

任务 准备
1. 知识准备。 (1) 集成电路封装可靠性的概念。 (2) 集成电路封装失效的机理。 (3) 集成电路封装可靠性技术的发展趋势。 2. 设备支持。 在该任务实施过程中需要准备的工具包括： (1) 仪表：无。 (2) 工具：计算机、书籍资料、网络

自主学习资讯及对应的国家职业技能标准如表 5-2 所示。

表 5-2　自主学习资讯及对应的国家职业技能标准

自主学习资讯	国家职业技能标准
封装可靠性涉及的对象	《国家职业技能标准——半导体芯片制造工》(6-25-02-05)：5.1.3 三级 / 高级工
引起封装失效的机理	《国家职业技能标准——半导体芯片制造工》(6-25-02-05)：7.1.1 三级 / 高级工
	《国家职业技能标准——半导体芯片制造工》(6-25-02-05)：1.1.4 一级 / 高级技师
封装可靠性技术发展的几个方面	《国家职业技能标准——半导体芯片制造工》(6-25-02-05)：9.2.2 三级 / 高级工

任务资讯

5.1.1　集成电路封装可靠性

集成电路封装的基本功能在于为集成电路芯片提供物理支撑、保护及互连，但这些保护和互连在集成电路热耗散应力和环境应力作用下会存在退化或失效的问题。因此，需要针对封装在各种环境应力下可能出现的失效问题，实施可靠性设计，使之成为能承受更强应力的封装结构和材料，让潜在失效在预期的工作寿命内得到有效控制。

集成电路可靠性取决于半导体芯片可靠性和封装可靠性两个部分，覆盖失效率、使用寿命和环境适应性内容。其中，半导体芯片可靠性属于微电子范畴，在此不进行讨论；封装可靠性涉及的对象包括芯片粘接层、键合引线、基板及互连、包封料或外壳，它们对集成电路的失效率、使用寿命和环境适应性具有重要的贡献。集成电路失效率浴盆曲线如图 5-2 所示。集成电路的失效率浴盆曲线是描述集成电路在其生命周期内失效率随时间变化趋势的经典模型。其名称来源于曲线的形状类似浴盆，即两端高、中间低，反映了不同失效模式的演变规律。浴盆曲线有 3 个阶段，图中 A 和 B 代表阶段的节点。

(1) 早期失效期：失效率较高，但随时间快速下降。

(2) 偶然失效期：失效率低且稳定，近似恒定。

(3) 损耗失效期：失效率随使用时间显著上升。

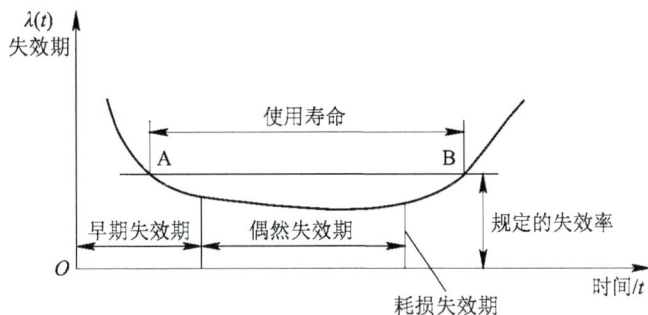

图 5-2　集成电路失效率浴盆曲线

为了便于集成电路封装可靠性的改进与提升，集成电路失效率的评估分为两个部分：一是芯片失效率，二是封装失效率。

5.1.2　集成电路封装失效机理研究

集成电路封装的使用寿命取决于封装材料和封装结构的短板，如 Au-Al 键合退化寿命、封装焊点疲劳寿命等。

集成电路封装的环境适应性包括耐湿、盐雾、振动等环境适应性，可以按 GJB 597B 等标准要求，进行各类环境适应性试验考核，如耐湿试验、盐雾试验、振动试验等。

从产品的角度来说，集成电路失效机理主要包含两个层面，即集成电路半导体芯片失效机理和集成电路封装失效机理。一般而言，与电应力相关的失效机理主要集中在集成电路半导体芯片上，与环境应力相关的失效机理主要集中在集成电路封装上，但不论是哪个层面的失效机理，最终集成电路的失效模式都是电性能超差或功能丧失。

1. 与集成电路封装结构相关的失效

与集成电路封装结构相关的失效主要表现为对集成电路物理特性的影响，物理特性的变化导致集成电路失效。

对集成电路热性能而言，不论设计哪种封装结构，都需要考虑散热问题，基本原则是保证内部集成电路芯片的结温或沟道温度不超过额定温度。一旦集成电路芯片结温或沟道温度超过额定温度，即集成电路不可靠或失效。

对集成电路机械性能而言，集成电路的封装结构设计直接决定了集成电路的产品刚性，进而决定了集成电路的机械强度和抗振能力，同时集成电路自身封装体的质量影响集成电路机械强度和抗振能力。基本原则是，集成电路机械性能必须满足标准规定的抗冲击和抗振考核要求。如果集成电路机械性能不达标，那么集成电路的失效可能表现为芯片破裂、封装体开裂。

对集成电路防潮性能而言，金属或陶瓷气密封装结构是最佳选择，内部水汽含量通常小于 0.5%，一旦内部水汽含量超出该限值，即判定为失效。塑料封装结构是非气密封装结构，也能对集成电路芯片进行保护，但外部环境中的水汽可以通过塑料封装材料与引线框架之间的缝隙，渗透至芯片表面，长时间累积后会腐蚀集成电路芯片，导致失效。

2. 与集成电路封装材料相关的失效

与集成电路封装材料相关的失效主要表现为对集成电路的防潮性能、温变适应性、抗辐射的影响，这些可导致集成电路失效。

金属封装、陶瓷封装材料的防潮性能良好，无须考虑水汽的渗入。但塑料封装材料作为有机高分子材料，自身材料特性决定了具有一定吸潮性，因此会带来两个问题：一是塑料封装器件潮湿敏感度控制不当，在回流焊工艺中爆开(俗称"爆米花")；二是在塑料封装器件长期贮存过程中，水汽渗入导致芯片腐蚀(包括塑料封装与金属框架界面的渗入)。

对于集成电路的温变适应性，需要考虑金属封装材料和塑料封装材料。金属封装材料的影响：对于大功率电路芯片，若直接粘接在金属外壳底座上，则硅片和金属封装材料热膨胀系数的严重失配将导致器件在开关过程中芯片破裂。塑料封装材料的影响：由于塑料封装材料与金属键合引线的热膨胀系数失配，长期工作后塑料封装器件键合引线可能拉脱开路。

对于集成电路的抗辐射，空间辐射环境的带电粒子和宇宙射线会改变半导体材料的电学特性，使集成电路丧失预定功能或形成辐射损伤。尽管封装材料的抗辐射保护作用有限，但人们仍不断尝试新材料的研究，研究表明，采用特种复合屏蔽式材料可对空间电离辐射起到吸收作用，采用封焊工艺加固存储器，可使存储器抗电子源辐射能力提高 $1 \sim 2$ 个数量级。集成电路塑料封装材料纯度不够，有可能含有放射性元素，如低熔玻璃中的锆英石填充材料，其 α 粒子辐射率可达 $150 \sim 200 \text{ cph/cm}^2$，倒装芯片的底部填充料也可能带有 α 粒子辐射，而这些来自封装材料的 α 粒子辐射，将作用于半导体芯片中的 B10 元素，从而诱发集成电路的软错误问题。

3. 与集成电路引出端形式相关的失效

与集成电路引出端形式相关的失效主要表现为引出端散热效率对集成电路热性能的影响，以及引出端自身机械强度方面的影响。例如，机械冲击或振动可能导致引出端断裂或脱离。

电装 PCB 后，在机械冲击或振动作用下，集成电路引出端将承受额外作用力。耐受冲击的强度和抗振能力是考核其环境适应性的一项重要指标。

4. 与芯片安装方式相关的失效

与芯片安装方式相关的失效主要表现为封装热失配导致芯片破裂、倒装焊点开裂、键合引线开路、硅通孔 (Through Silicon Via，TSV) 失效等。

封装热失配导致芯片破裂主要是指针对大功率芯片背面焊接的安装方式，由于芯片硅与封装底座金属热失配严重，因此在开关过程中可能出现芯片破裂的情况。

倒装焊点开裂是指倒装芯片长期工作后，由于金属离子迁移和温度循环力作用，在倒装芯片凸点界面处萌生裂纹开裂，最终导致互连断路。

键合引线开路最典型的是 Au-Al 键合结构在长期工作后，键合引线的 Au-Al 界面退化，从而脱离开路。

TSV 失效包括 TSV 在工艺应力下的胀出，长期高温、温度循环或机械应力作用下的开裂及电应力作用下与时间相关的电介质击穿效应 (Time Dependent Dielectric Breakdown，TDDB) 等。

5.1.3 集成电路封装可靠性技术发展

集成电路封装技术的发展体现在封装的结构设计和封装材料的选用上，目标是不断提升封装密度和改善封装性能；集成电路封装可靠性技术的发展体现在封装可靠性和封装环境适应性的提升，以及先进封装可靠性的提升上。

1. 集成电路封装可靠性技术的发展

随着封装结构的不断发展，引线节距和封装厚度出现了很多的变化。引线节距（集成电路封装相邻两引线的中心距离）按照国际标准和规定，其尺寸是标称值。典型双列封装的引线间距都为 2.54 mm、扁平封装的都为 1.27 mm，并且符合国际通用标准。随着封装技术的发展及集成电路对封装密度要求的提高，需要增加引线数量，从而使引线节距越来越小。传统的 2.54 mm 和 1.27 mm 的引线节距将逐渐被 1.27 mm、1.00 mm、0.80 mm 及 0.65 mm 的引线节距取代，并且正向 0.30 mm 甚至 0.25 mm 以下的引线节距发展。为了能在一个封装基体上安排大量引线，通常采取 3 种方法：一是增大封装基体面积，但这不符合小型化要求，同时会使引线电感和引线电阻增加，电性能下降；二是优化封装结构，充分利用封装基体的四边或底面，例如将引线两边引出改为四边或底面引出；三是缩小引线节距，但引线节距太小，会使引线的机械强度降低，线间耦合增加，技术难度增大。

过去几十年里，集成电路特征尺寸从 0.25 μm 到 0.13 μm，再到 65 nm、28 nm、14 nm、7 nm 等，集成电路微电子技术前进的步伐始终保持摩尔定律的发展速度。然而相比之下，集成电路封装技术的发展速度远低于集成电路微电子技术，在很多应用场合中，集成电路封装的密度已成为制约集成电路性能提升的瓶颈，3D 封装可靠性和晶圆级封装可靠性是其中的关键问题。如何保证集成电路封装可靠性，让设计出来的集成电路充分发挥功能，已是整个集成电路产业链中举足轻重的工作。

在集成电路封装可靠性技术发展中，集成电路封装的失效机理研究始终是该技术领域中的研究热点，同时也是支撑封装可靠性提升的核心基础。

在散热性能方面，集成电路封装技术更关注在提高封装密度的同时，如何有效散去集成电路的热量，即热管理技术，以及解决热载荷造成的材料热膨胀，不同封装材料之间的热失配可能引起局部过应力而失效的问题。

在机械特性方面，集成电路封装技术更关注大尺寸封装，如塑料封装、陶瓷封装集成电路，在机械冲击、机械振动环境下的弹性变形、塑性变形可能带来的损伤，同时也更关注 3D 叠层封装芯片的抗冲击能力。

在电学方面，集成电路封装技术更关注高密度封装的绝缘性，包括引出端之间、塑料封装材料、基体材料的绝缘性，以及在微波应用领域关注引线间电容及载荷电容、引线电感等参数。

在化学方面，集成电路封装技术持续关注潮湿环境造成的锈蚀、氧化、离子表面枝晶生长等失效问题。其中水汽渗入塑料封装是主要问题，水汽会将材料中的催化剂等其他添加料中的离子萃取出来，生成副产品，进入芯片表面、内部，从而导致集成电路参数漂移或失效。

在抗辐射方面，集成电路封装技术越来越关注塑料封装或填充材料中微量的放射性元素，如铀、钍等放射性元素引起的 α 粒子辐射，它们尤其会对存储器有影响，会导致翻转效应等软错误。利用 PI(Polyimide，聚酰亚胺) 的 α 粒子辐射屏蔽作用，在芯片表面覆盖 PI 涂层或人工合成的填充料是一种解决方案。

2. 集成电路封装可靠性试验评价技术的发展

为了保证封装性能的长期稳定，可靠性试验已成为集成电路封装可靠性保证的重要手段。随着集成电路技术的发展，集成电路封装的寿命和恶劣环境适应性是集成电路研制关注的重点，因此，加速寿命试验、高度加速应力测试 (High Accelerated Stress Test，HAST) 是考核集成电路封装可靠性的关键。

加速寿命试验是针对半导体器件在应力条件下的失效机理，通过施加更高应力来加速退化的一种寿命评价试验技术，如温度加速寿命试验、湿度加速寿命试验等。试验评价技术的关键在于温度应力的选择和敏感参数的监测。虽然试验评价的对象是集成电路产品，但其封装对失效的影响亦在其中，例如温度加速寿命试验以集成电路结温为基准，而试验环境温度的控制必然由集成电路的结壳热阻计算而来。因此，无论是哪种封装形式的集成电路进行加速寿命试验，其试验加速系数的取值都与集成电路封装热性能参数密切相关；而敏感参数的监测需要结合集成电路产品技术参数确定。

高度加速应力测试是评价集成电路封装环境适应性的一种手段，能够快速暴露封装缺陷，及时发现问题。为了模拟真实的使用环境而提出的器件级综合环境试验，如三综合环境试验，即振动、温度循环和湿度试验，这些试验能够更加严格考核集成电路封装的环境适应性，以满足恶劣环境下的整机使用要求。特别是集成电路电载下的综合环境试验，是集成电路关注的重点和试验技术发展方向。

3. 集成电路封装可靠性仿真评价技术的发展

随着技术的快速发展，集成电路自身的可靠性评估、寿命预计及可靠性提升问题越来越受到关注。传统的可靠性试验方法往往难以满足可靠性要求高、更新换代速度快、研制周期短等新一代电子产品的研制需求，而在产品研制阶段通过可靠性仿真方法可以快速获得产品的薄弱环节和可靠性水平。可靠性仿真方法可以搭建起产品数字设计和性能试验的纽带，构建数字样机和测试环境，通过高性能计算机、有限元分析技术、失效机理分析技术、可靠性建模技术在虚拟化环境中对指定产品的可靠性进行检测与评估，从而使设计人员能快速掌握产品的各项性能和可靠性指标，由此可指导产品的设计改进，提高产品的固有可靠性。可靠性仿真的全流程分析一般分为数字样机建模、基于有限元的应力分析、基于失效物理的器件级可靠性分析、板/微系统/单机级可靠性综合评估。

国外，美国马里兰大学 CALCE 研究中心开发了电子可靠性分析工具（如 CALCE EPAD)，美国 DfR Solutions 公司推出了商业化可靠性仿真软件 Sherlock。国内，可靠性专业研究机构工业和信息化部电子第五研究所开发了基于失效物理的可靠性仿真软件 RSE-PoF，如图 5-3 所示。RSE-PoF 是一款基于多机理竞争及融合的失效物理可靠性仿真评价软件，通过热、力、电等多种物理场分布的有限元模拟，实现器件、封装、板、微系统、单机级薄弱环节定位，以及潜在失效原因分析、工作寿命预测等。

图 5-3　基于失效物理的可靠性仿真软件 RSE-PoF

课程思政

国内封装失效分析产业状况

国内封装失效分析产业近年来发展迅速，成为半导体产业链中不可或缺的一环。根据2024 年中国半导体行业协会 IC 设计分会的统计数据，国内 IC 设计企业共计 3626 家，较之2023 年的 3451 家，增长了 175 家，封装失效分析的需求也随之激增。在芯片制造领域，通过分析产品失效原因可以推动技术改进，是提升芯片质量、保障产业链安全的关键环节，最终减少国内半导体产业对国外技术的依赖，实现科技自立自强。

封装失效分析在半导体产业中扮演着至关重要的角色，它能够帮助企业在生产过程中及时发现并解决问题，提高产品质量，降低成本。目前，国内封装失效分析产业已经具备了一定的技术实力和市场竞争力，涌现出了一批专业的失效分析设备和服务提供商。

在政策方面，国家对集成电路产业给予了高度重视，出台了一系列鼓励政策，为封装失效分析产业提供了良好的发展环境。随着技术的不断进步和应用领域的不断拓展，国内封装失效分析产业将迎来更加广阔的发展前景。

然而，国内封装失效分析产业也面临着一些挑战，如与国际先进水平相比仍存在技术差距、高端设备依赖进口等问题。因此，国内企业需要不断加强技术创新和研发投入，提高产品质量和服务水平，以满足不断变化的市场需求。

任务实施

本任务要求学习集成电路封装可靠性的内涵、封装失效的几种机理及封装可靠性技术发展趋势的相关知识，完成集成电路封装可靠性研究报告。实施任务时，可参照表 5-3 所示的步骤。

表 5-3　任务实施单

项目名称	集成电路封装失效分析		
任务名称	集成电路封装可靠性研究	建议学时	2
计划方式	分组讨论		
序　号	实　施　步　骤		
1	**明确研究目标与范围：** (1) 选择封装类型 (如 3D TSV、CoWoS、扇出型封装等)，明确应用场景 (如高功率计算、汽车电子、航天等)。 (2) 定义可靠性指标，包括寿命要求 (如 10 年工作寿命)、环境适应性 (耐温、耐湿、抗振动等)、失效阈值 (如焊点电阻变化率、IMC 孔洞比例等)		
2	**失效模式与机理分析：** (1) 收集同类封装失效案例 (如芯片开裂、分层、焊点失效等)，分析主要失效机理 (如热失配、电迁移、TDDB、柯肯德尔孔洞等)。 (2) 通过 SEM、X 射线、SAM(超声波扫描显微镜) 观察封装结构缺陷，测量关键参数 (如热阻、机械应力分布、电性能漂移)		
3	**设计可靠性测试方案：** (1) 选择试验类型，如加速寿命试验、环境适应性试验、专项测试。 (2) 根据标准 (如 JEDEC、GJB 597B—2012) 设定温度、湿度、循环次数等参数		
4	**建立仿真模型：** (1) 通过有限元工具 (ANSYS、COMSOL) 模拟热失配应力分布。 (2) 通过电 - 热耦合分析预测电迁移风险区域 (如 TSV-C4 凸点界面)。 (3) 使用可靠性仿真软件 (如 RSE-PoF、Sherlock) 评估薄弱环节		
5	**执行试验与数据采集：** (1) 按方案进行温度循环、HAST 等测试，记录失效时间和现象。 (2) 统计失效样本比例 (如温度循环后焊点开裂率)，对比仿真预测与实际结果，验证模型准确性		
6	**输出报告与标准化：** (1) 编写可靠性报告，包括失效模式、优化措施、试验数据，并制定企业级封装设计指南 (焊点间距、TSV 填充标准)。 (2) 将优化方案纳入生产流程，确保批量产品的可靠性与一致性，参与行业标准制定 (如 3D 封装可靠性测试规范)		

在任务实施过程中，重要的工作内容可以参照表 5-4 进行编制。

表 5-4　"集成电路封装可靠性研究报告"示例

项目名称	集成电路封装失效分析		
任务名称	集成电路封装可靠性研究		
可靠性指标	寿命要求	环境适应性	失效阈值
	（表格可添加）		
封装失效案例			
	（表格可添加）		
主要失效机理	热失配		
	电迁移		
	TDDB		
	（表格可添加）		
试验类型	温度循环 (TCB)		
	高温存储 (HTS)		
	高加速应力试验 (UHAST/HAST)		
	（表格可添加）		

任务习题

一、选择题

1. 关于集成电路封装的环境适应性测试，不属于标准考核内容的是（　　）。

A. 耐湿试验　　　　　　　　　　B. 盐雾试验

C. α 粒子辐射率测试　　　　　　D. 振动试验

2. 塑料封装器件在回流焊工艺中发生"爆米花"现象的主要原因是（　　）。

A. 键合引线热膨胀系数失配　　　B. 潮湿敏感度控制不当导致水汽膨胀

C. 芯片结温超过额定温度　　　　D. 金属离子迁移引发焊点开裂

3. 下列封装结构中对防止水汽渗透效果最差的是（　　）。

A. 金属气密封装　　　　　　　　B. 陶瓷气密封装

C. 塑料非气密封装　　　　　　　D. 玻璃密封封装

4. 关于 3D 封装可靠性的主要挑战，下列描述错误的是（　　）。

A. 引线节距缩小导致机械强度降低

B. 热管理困难加剧局部热应力

C. 叠层芯片抗冲击能力优于传统封装

D. 不同材料热膨胀系数失配引发失效

5. 高加速应力试验 (HAST) 与常规加速寿命试验的主要区别是（　　）。

A. HAST 仅针对芯片失效，忽略封装影响

B. HAST 通过综合应力 (如温湿度 + 振动) 快速暴露缺陷

C. 加速寿命试验以结壳热阻为唯一评价指标

D. HAST 不适用于塑料封装器件

二、填空题

1. 从产品的角度来说，集成电路失效机理主要包含两个层面，即 _____ 和 _____。

2. 与芯片安装方式相关的失效主要表现为封装热失配导致芯片破裂、倒装焊点开裂、_____、_____ 等。

3. _____ 导致芯片破裂主要是指针对大功率芯片背面焊接的安装方式，由于芯片硅与封装底座金属热失配严重，因此可能出现开关过程中芯片破裂的情况。

4. _____ 是指倒装芯片长期工作后，由于金属离子迁移和温度循环力作用，在倒装芯片凸点界面处萌生裂纹开裂，最终导致互连断路。

5. 键合引线开路最典型的是 _____ 结构，长期工作后，键合引线的 Au-A1 界面退化，从而脱离开路。

5.2　任务二　集成电路封装失效分析技术

任务目标

1. 掌握集成电路封装失效分析的主要内容。

2. 了解集成电路封装失效分析流程。

3. 掌握非破坏性和破坏性分析技术的应用场景。

4. 掌握故障树分析的方法。

5. 完成相关资料收集与失效分析技术的研究报告。

任务准备

本任务需要先学习集成电路封装失效分析的主要内容及分析流程，了解集成电路封装故障树，并通过查询资料进一步了解失效技术分析产业情况，完成相关资料的收集与失效分析技术的研究报告。任务单如表 5-5 所示。

表 5-5　任　务　单

项目名称	集成电路封装失效分析
任务名称	集成电路封装失效分析技术
任　务　要　求	
1. 任务准备。 (1) 分组讨论，每组 3～5 人。 (2) 自行收集所需资料。 2. 完成失效技术分析的资料收集与整理。 3. 完成集成电路失效分析技术研究报告	
任　务　准　备	
1. 知识准备。 (1) 集成电路封装失效分析的主要内容。 (2) 集成电路封装失效分析程序。	

任 务 准 备
(3) 集成电路封装失效的主要分析技术。 (4) 封装的故障树。 2. 设备支持。 在该任务实施过程中需要准备的工具包括： (1) 仪表：无。 (2) 工具：计算机、书籍资料、网络

自主学习资讯及对应的国家职业技能标准如表 5-6 所示。

表 5-6　自主学习资讯及对应的国家职业技能标准

自主学习资讯	国家职业技能标准
1. 封装失效分析的主要内容。 2. 封装失效分析程序	《国家职业技能标准——半导体分立器件和集成电路装调工》(6-25、02-06)：2.2.3 一级 / 高级技师
1. 主要的封装失效分析技术。 2. 封装的故障树	《国家职业技能标准——半导体分立器件和集成电路装调工》(6-25、02-06)：6.2.1 一级 / 高级技师

任务资讯

5.2.1　集成电路封装失效分析的主要内容

集成电路封装失效分析是指利用各种分析和测试手段确认集成电路的封装失效模式、失效机理及可能的失效原因，并提出相关改进措施或建议，防止失效的再次发生。

以 Fan-Out 封装为例，与集成电路封装工艺和应力相关的失效模式如表 5-7 所示。

表 5-7　与集成电路封装工艺和应力相关的失效模式（以 Fan-Out 封装为例）

部 位	与工艺相关的失效模式	应力作用下的失效模式
芯片	超薄晶圆过脆易破裂； 芯片减薄应力不当致变形或翘曲； 划片时芯片崩裂； 芯片粘接不良； 叠层错位； 芯片粘接层填充孔洞导致分层等	在热应力作用下，芯片变形、翘曲； 在热应力作用下，注塑料扎伤芯片； 机械应力导致芯片开裂； 在热应力作用下，分层失效； 热膨胀系数不匹配，分层失效； 静电损伤； 过电损伤等
焊球	焊球孔洞； 焊球虚焊； 焊球尺寸问题； 焊盘脱落	在高温回流焊作用下，焊球熔融短路； 在高温回流焊作用下，焊球开裂； 填充料热膨胀系数不匹配、受热情况下，发生裂缝分层导致焊球开裂
TSV	TSV 的刻蚀深度不足或过深； 顶部直径误差； 底部直径误差； 侧壁垂直度不达标和粗糙度过大； 阻挡层不完整导致铜扩散； TSV 填充完整性； TSV 孔洞	填充 TSV 时应力导致变形； 铜析出引起的裂纹 / 介质层浮起； 热膨胀系数失配使 TSV 塑性变形； 电迁移； 应力迁移； 侧壁开裂； TSV 底部与金属化界面之间的裂纹； 氧化

续表

部 位	与工艺相关的失效模式	应力作用下的失效模式
微凸点	凸点尺寸偏小导致虚焊； 凸点尺寸偏大导致相邻凸点之间短路失效； 凸点中孔洞； 枕头效应	电迁移； 热应力作用下变形； 裂纹； 开裂
重布线层 (RDL)	RDL 孔洞； RDL 尺寸偏差	铜电迁移导致 RDL 线间短路； 铜电迁移导致 RDL 孔洞； 热机械应力导致 RDL 裂纹

不同的失效部位对应不同的失效模式和机理，这就需要利用失效分析来确认。集成电路封装失效分析的主要内容包括明确失效对象，确认失效模式，探究失效机理，推断失效原因，提出设计和工艺改进措施。

5.2.2 集成电路封装失效分析流程

集成电路封装失效的表现形式多种多样，并且可能出现在封装的任何位置，包括外部封装、内部封装、芯片表面、芯片底面或界面。为了对集成电路封装进行有效的失效分析，必须遵守有序的、一步接一步的程序来进行，以确保不会丢失任何相关信息。设计、装配和制造等多种技术需要与其相适应的缺陷定位和失效分析技术。

近年来，新型封装不断涌现，如超精密度表面贴装、倒装芯片 (FC)、封装上封装/封装内封装 (PoP/PiP)、超薄晶圆处理、芯片叠层与 TSV 等。这些新型封装都对失效分析手段提出了挑战。加之，3D 系统集成密度高、封装结构复杂及材料多样，传统的失效分析手段不再适合，需要得到改进才有可能满足 3D 系统失效分析的要求。集成电路封装失效的原因、机理及对应的失效分析方法如表 5-8 所示。

表 5-8 集成电路封装失效的原因、机理及对应的失效分析方法

失效模式	序号	失效的原因和机理		失效分析方法
裂纹	1	热 - 机械失配	芯片焊料疲劳； BGA 焊球疲劳； 嵌入式无源器件破损； 芯片间的间隔垫片开裂； 下填充料开裂； 芯片金属线开路	应力分析方法主要包括热变形干涉测量仪、散斑干涉测量仪； 变形分析方法主要包括图像相关、X 射线衍射； 缺陷隔离分析方法主要包括磁显微定位技术、时域反射、LIT、TIVA、OBIRCH； 裂纹检测方法主要包括扫描声学显微镜 (Scanning Acoustic Microscope, SAM)、光学显微镜截面分析、SEM 或 FIB/SEM
	2	机械冲击	芯片绝缘层开裂； 有机基板开裂； 焊球开裂 (跌落)	
	3	吸湿膨胀	塑封材料开裂； 芯片开裂； 基板开裂	
	4	反应引起体积收缩或膨胀 (如固化)	塑封材料开裂； 芯片开裂	
	5	内部应力 (如高温时水分蒸发)	塑封材料开裂； 芯片开裂	

失效模式	序号	失效的原因和机理		失效分析方法
界面分层	1~5	同裂纹中 1~5 的失效机理	芯片绝缘层分层； 下填充料分层； 叠层芯片分层； 有机基板分层； 塑封材料分层	应力分析方法主要包括热变形干涉测量仪、散斑干涉测量仪； 变形分析方法主要包括图像相关、X 射线衍射； 裂纹检测方法主要包括 SAM、光学显微镜截面分析或 SEM、FIB/SEM、FIB/TEM
	6	界面反应引起黏结剂脱落（如潮湿、氧化、污染等）	下填充料分层； 塑封材料分层； 有机基板分层	裂纹检测方法主要包括 SAM、光学显微镜截面分析或 SEM、FIB/SEM、FIB/TEM； 表面分析方法主要包括 TOF-SIMS、XPS、AES、TEM + EDX、TEM + EELS
孔洞和气孔	1	机械蠕变	芯片互连孔洞； BGA 焊球孔洞	缺陷隔离分析方法主要包括磁显微定位技术、时域反射、LIT、TIVA、OBIRCH； 孔洞检测方法主要包括射线显微分析、光学显微镜截面分析、SEM 或 FIB/SEM(EDX、WDX、EBSD、金属互连 X 射线衍射分析技术)
	2	扩散	芯片 UBM 翘曲； 芯片互连或通孔出现孔洞键合引线翘曲； BGA 焊球翘曲	
	3	电迁移	芯片金属线、焊球出现孔洞； 基板焊球、金属布线和通孔出现孔洞	
	4	热迁移	芯片金属线、焊球出现孔洞； 基板焊球、金属布线和通孔出现孔洞	
材料腐蚀和开裂	1	化学腐蚀	键合引线翘曲	缺陷隔离分析方法主要包括磁显微定位技术、时域反射、LIT、TIVA、OBIRCH； 机理分析方法主要包括光学显微镜截面分析或 FIB/SEM(EDX/WDX、TEM、TOF-SIMS、XPS、FTIR 频谱分析) 机械测试、TGA、DMA、DSC(老化)、EBSD（晶粒分析）
	2	电化学腐蚀	键合引线翘曲	
	3	老化	有机基板开裂或分层； 下填充料开裂或分层	
	4	晶粒粗糙、相位分离	键合引线开裂； 芯片焊球疲劳； BGA 焊球疲劳	

　　集成电路封装失效分析的原则是先进行外部分析，后进行内部分析；先进行非破坏性分析，后进行破坏性分析。非破坏性分析技术不会影响器件的各项性能，不改变封装上现有的缺陷和失效，也不会引入新的失效。在进行非破坏性分析之前，用电学方法来识别失效器件的失效模式。尽管 X 射线检测属于非破坏性分析技术，但是 X 射线有可能使某些器件的电学特性发生退化，因此必须在电学评价之后进行。破坏性分析技术 (如开封) 会物理性、永久地改变封装，会改变存在的缺陷。例如，在开封的过程中就会破坏封装中已存在的缺陷或失效的证据。因此，制定合理的失效分析程序是十分重要的。非破坏性分析技术受一定的分辨率限制，小于或等于 1 μm 的缺陷用普通的 X 射线显微镜和声学显微镜基本上检测不到，需

要用分辨率更高的显微镜 (如 C-SAM) 来分析。集成电路封装失效分析流程如图 5-4 所示。

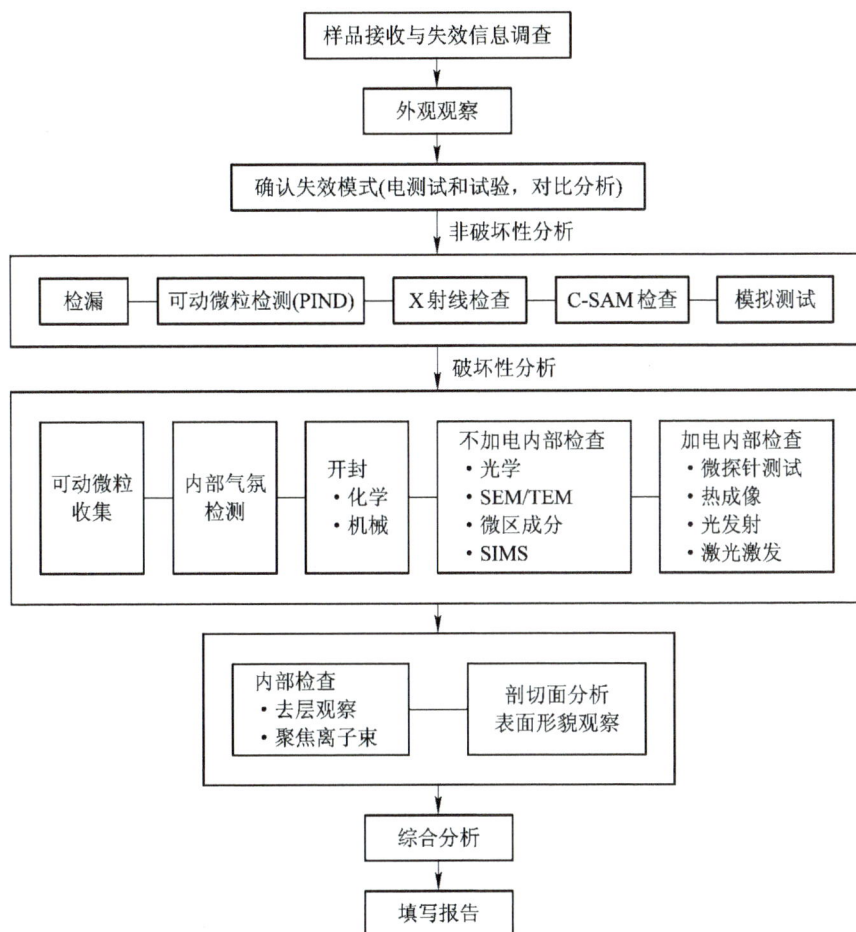

图 5-4　集成电路封装失效分析流程

5.2.3　非破坏性失效分析技术

非破坏性失效分析技术包括外观分析技术、粒子碰撞噪声检测技术和氦质谱检漏分析技术等。

1. 外观分析技术

集成电路封装的外观分析可为后续的分析提供重要线索。通常采用光学显微镜进行外观分析，观察表面沾污、外来物、引脚变色、引线断裂、锡须等。光学显微镜采用光学透镜放大原理来观察封装表面的缺陷，其操作简单，但是放大倍数有限制。目前光学显微镜的放大极限是 2000 倍，分辨率通常在微米级以上。光学显微镜分为两种，一种是立体显微镜，另一种是金相显微镜。立体显微镜的放大倍数比金相显微镜的放大倍数低，但是景深比金相显微镜要大。

立体显微镜和金相显微镜的成像原理类似，均是用目镜和物镜组合来成像的，放大倍数是目镜放大倍数和物镜放大倍数的乘积。光照系统决定了物镜放大倍数、数字孔径、分辨率、景深和场曲率。目镜系统中包括可选择的放大倍数。图 5-5 为一台金相显微镜，可以利用反射光来检查样品；如果样品由透明材料组成，则也可以利用透射光来检查。

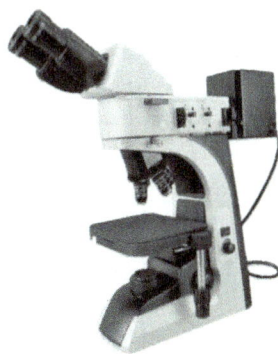

图 5-5　金相显微镜

图 5-6 和图 5-7 分别为立体显微镜拍摄的集成电路外观照片和观察到的集成电路引脚沾污。引脚沾污会导致焊接后接触不良。

图 5-6 立体显微镜拍摄的集成电路外观照片

图 5-7 立体显微镜观察到的集成电路引脚沾污

1) X 射线显微透视分析技术

X 射线 (X-ray) 显微透视分析技术可以无损分析封装内部的缺陷，如焊料层孔洞、键合引线碰丝、引脚断裂、封装壳密封工艺缺陷等。X 射线显微透视分析技术分为 2DX 射线和 3DX 射线分析技术。本节主要介绍 2DX 射线分析技术。

X 射线显微透视分析技术根据不同材料对 X 射线的吸收率和透射率的不同，利用 X 射线通过封装不同部位衰减后的射线强度检测封装内部缺陷。当 X 射线穿透封装时，X 射线的强度会衰减，其衰减程度由封装材料的衰减系数和样品的厚度决定：

$$I = I_0 \times e^{-\mu \times L}$$

式中：I 是 X 射线穿过封装后衰减的强度；I_0 是 X 射线穿过封装前的初始强度；μ 是封装材料的衰减系数；L 是穿透的深度；e 是常数。

图 5-8 给出了影响 X 射线衰减率的物理因素。随着集成电路封装小型化、复杂化的发展，2DX 射线分析面临着新的技术性挑战。由于视野中存在许多遮挡物和干扰因素，因此难以甚至无法检测小尺寸缺陷。这时通常需要进行切片准备，然而这很可能造成人为破坏。2DX 射线成像技术的分辨率低是普遍存在的技术瓶颈，这推动了 3DX 射线分析技术的发展，使之成为集成电路封装失效分析的重要手段。

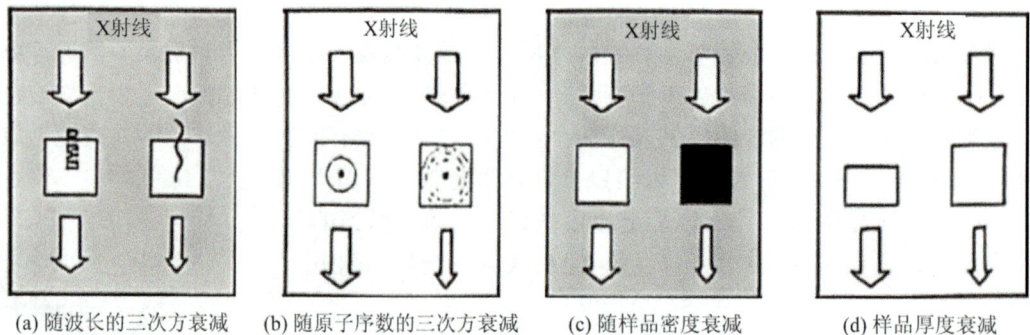

(a) 随波长的三次方衰减　　(b) 随原子序数的三次方衰减　　(c) 随样品密度衰减　　(d) 样品厚度衰减

图 5-8 影响 X 射线衰减率的物理因素

目前，适用于集成电路封装的 X 射线显微透视系统的电压等级为 150～250 kV，电流等级为几十毫安，空间分辨率达到微米级，通过调整设备的电流和电压可以调节穿透强度，调整样品与 X 射线源的距离可以调节放大倍数，以实现对不同封装产品的分析。

图 5-9 为芯片粘接孔洞的 2DX 射线透视图。芯片粘接孔洞会导致集成电路工作时散热不

良，影响其长期可靠性。

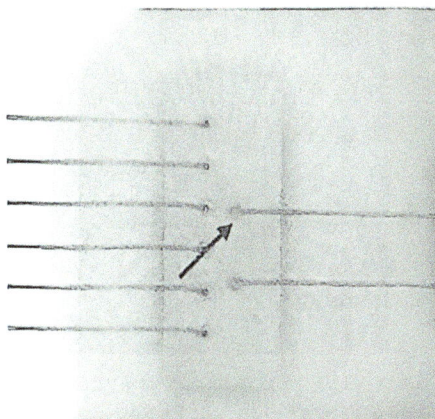

图 5-9　芯片粘接孔洞的 2DX 射线透视图

2) 扫描声学显微分析技术

扫描声学显微分析技术是一种适用于集成电路封装的无损分析技术。它利用超声波探测封装内部空隙等缺陷，主要用于观察芯片粘接层缺陷，对于分析塑料封装的分层现象特别有效。

扫描声学显微分析技术的原理是使用超声换能器对样品内部一定深度对焦，超声换能器以各种扫描模式移动，产生相应的声学显微图像，如图 5-10 所示。常用的扫描模式主要有 C- 模式、B- 模式和 Tru- 模式。C- 模式和 B- 模式都是利用反射声波成像的。C- 模式的超声换能器平行于样品 X-Y 平面以扫描方式移动，产生相应的 X-Y 平面声学显微图像。B- 模式的超声换能器沿 X 或 Y 方向的一条直线移动，收集该线上各点各深度的信息，产生相应的 X-Z 或 Y-Z 剖面声学显微图像。Tru- 模式利用透射声波成像，其超声换能器沿 X-Y 平面以扫描方式移动，收集各点透射声波信息，产生样品的透射声学显微图像。其中，最常用的是 C- 模式。在 C- 模式中，聚焦的超声换能器在被关注的平面区域上扫描，透镜聚焦在某个深度，深度选择门决定了扫描的区域。例如，在塑封集成电路中，选择窄门仅对芯片表面成像，而较宽的门可同时对芯片表面、基板周边和引线框架进行成像。

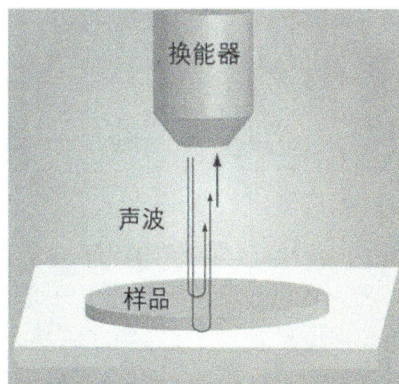

图 5-10　扫描声学显微分析技术的基本原理

目前，扫描声学显微镜 (SAM) 的频率范围为 1～500 MHz，空间分辨率可达 0.1 μm。超声换能器的频率越高，可达到的分辨率越高，扫描面积可达到几百平方毫米。

图 5-11 为数字处理器 (DSP) 集成电路模塑料与引线框架界面分层的图片。塑封集成电路分层可能是样品本身已经存在的，也可能是受潮后在回流焊工艺中产生的。已经存在分层的样品在焊接、存储、使用等各个阶段，可能导致分层扩展，最终失效。在失效样品中，内部

多个界面分层或开裂是发生"爆米花"效应的强应力作用造成的。

图 5-11　DSP 集成电路模塑料与引线框架界面分层的图片

2. 粒子碰撞噪声检测技术

粒子碰撞噪声检测 (Particle Impact Noise Detection，PIND) 技术是用来检查密封集成电路封装腔体内的可动多余物的非破坏性分析技术，通过观察集成电路封装腔体内松散的粒子来检查集成电路完整性。封装腔体内的可动多余物受到冲击和振动后，在封装腔体内加速运动，并会与封装内壁发生碰撞，动能被转化为声能，通过超声波探测仪里的压电晶体把声能转化为电能，再通过放大器的放大和滤波后，一路信号在示波器上显示，另一路信号转化成低频信号，被送到声响系统，以确定是否有不符合要求的粒子存在。粒子碰撞噪声检测仪如图 5-12 所示。

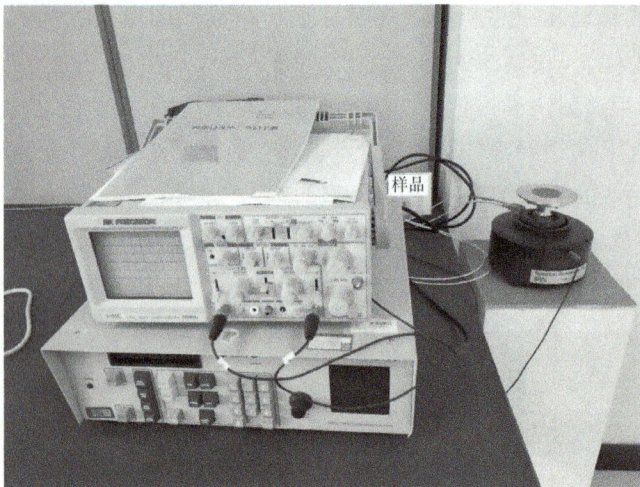

图 5-12　粒子碰撞噪声检测仪

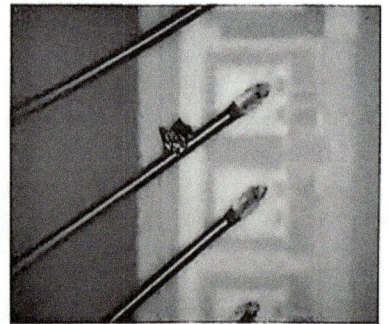

图 5-13　引线键合上的可动多余物

目前，商用粒子碰撞噪声检测仪的振动频率范围为几十赫兹到几百赫兹，冲击加速度可达上千地球重力的冲击加速度，噪声传感器灵敏度达几十分贝。

某密封集成电路经粒子碰撞噪声检测后，发现有噪声爆发，进而开封检查，发现键合引线上有可动多余物存在，如图 5-13 所示。经扫描电子显微镜 (Scanning Electron Microscope，SEM) 和能谱仪 (Energy Dispersive Spectrometer，EDS) 分析，该可动多余物成分为铝 (Al)，与键合引线成分相同，因此推测封装内部的可动多余物是键合工艺引入的。

3. 氦质谱检漏分析技术

氦质谱检漏分析技术是用来检查密封集成电路封装的气密性的非破坏性分析技术。

氦质谱检漏分析技术将密封集成电路置于密封箱内，在规定的压力下用 100% 的氦气对密封箱进行加压，经过规定的时间后去除压力，从真空 / 压力箱内取出样品并除去样品表面吸附的氦气，然后把样品移到氦质谱检漏仪中检测，从而得到漏率。漏率的大小与加压时间、加压压强和样品的腔体体积都有一定的关系。图 5-14 为氦质谱检漏仪。

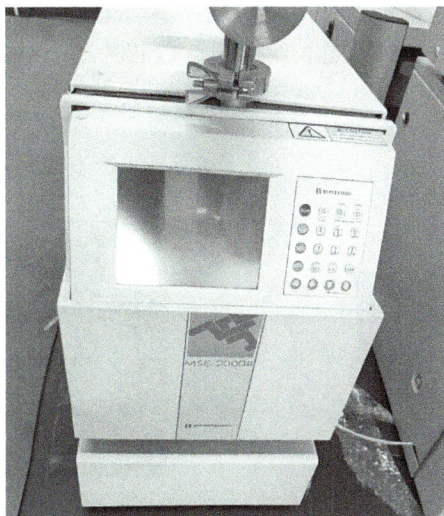

图 5-14　氦质谱检漏仪

目前，先进的氦质谱检漏仪的最小可检漏率达到 10^{-10} Pa·cm^3·s^{-1} 以下。

某密封集成电路通过氦质谱检漏仪检测到的漏率为 6.2×10^{-3} Pa·cm^3·s^{-1}，大于 5.0×10^{-3} Pa·cm^3·s^{-1} 标准判据，然后经过 X 射线检测发现该集成电路封盖密封区存在孔洞，密封宽度未达标，如图 5-15 所示。

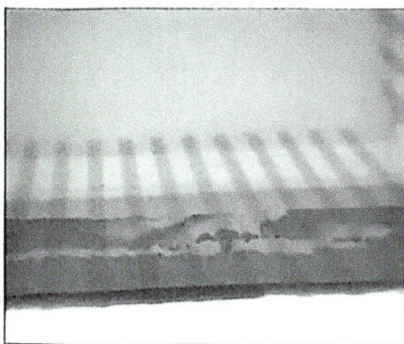

图 5-15　封盖密封区宽度未达标

5.2.4　破坏性失效分析技术

破坏性失效分析技术包括开封及显微制样技术、内部气氛分析技术和扫描电子显微分析技术等。

1. 开封及显微制样技术

为了对集成电路封装进行进一步的分析，需要开封将内部结构暴露出来。对于不同的封装形式需要采用不同的开封方法。非塑封集成电路通常采用机械开封方法，塑封集成电路采用化学腐蚀开封方法或激光开封方法。

机械开封方法的原理简单，本书不再详细展开叙述。下面主要介绍化学腐蚀和激光开封方法。

喷射腐蚀开封机（见图 5-16）可对塑封器件的封装进行开封。开封前需要进行 X 射线检测，确定芯片的形状、位置和尺寸以及键合引线的高度等信息。在去包封层前应先烘烤样品，以去除包封层中所有的水汽，防止酸腐蚀金属而产生附加缺陷。采用化学腐蚀开封时不应暴露外部的键合引线，因为化学溶剂很容易使其退化。确保包封层完全腐蚀芯片裸露部分后，再用无水丙酮、异丙醇作为漂洗剂进行漂洗。

对于模塑料较厚的集成电路或铜引线集成电路，可先利用激光开封方法将封装器件上的模塑料去掉，从而避免化学腐蚀时间过长对铜引线或芯片造成腐蚀损伤。图 5-17 为塑封集成电路化学腐蚀开封后的内部形貌。

图 5-16 喷射腐蚀开封机

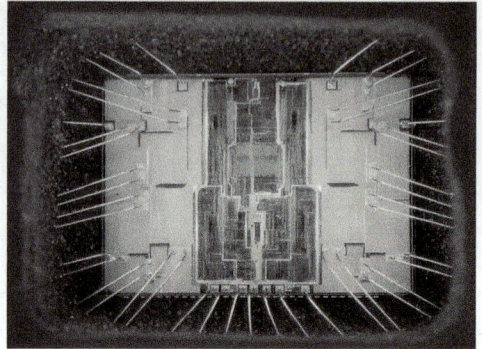

图 5-17 塑封集成电路化学腐蚀开封后的内部形貌

2. 内部气氛分析技术

内部气氛分析技术需要在集成电路封装上钻孔提取内部气氛，因此属于破坏性分析，它需要在样品开封之前进行。内部气氛分析技术是一种直接对气密封装内部各种气体（包括水汽）进行定量分析的技术。

内部气氛分析技术是全面评价集成电路封装条件及内部材料和材料处理工艺的主要技术。内部气氛分析仪采用的分析方法是分压力质谱法，其主要原理是首先从密封器件内部取样后进行电离，然后采用质谱仪进行质量分离计数，最后给出各种气体的分压比。密封集成电路典型的封装气氛主要包括以下几种：

(1) 干燥空气：去除水汽和其他有害气体的干燥空气可以作为保护气体。

(2) 干燥氮气：纯度达到 99.9% 的氮气。

(3) 干燥氮气/氦气混合。

内部气氛分析仪主要由真空系统、取样系统、分析系统、数据处理系统及样品夹具组成。目前，国内引进的内部气氛分析仪检测的范围是原子级的（$1 \sim 512$ 个），主要气氛（如水汽、氮气、氧气、氩气、氢气、二氧化碳等）的准确度在 5% 以内，水汽检测灵敏度为 1×10^{-4}，其余气氛灵敏度为 1×10^{-5}。图 5-18 为典型的内部气氛分析仪。

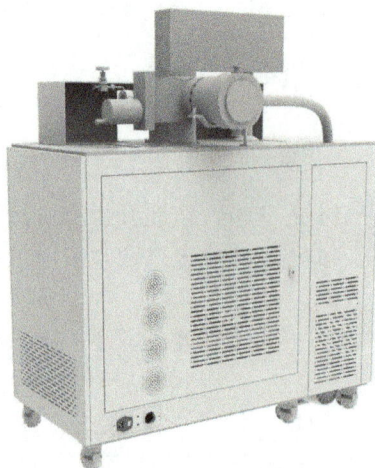

图 5-18 典型的内部气氛分析仪

表 5-9 为典型密封集成电路内部气氛检测结果，2 个样品的内部水汽含量均大于 2.5%，水汽含量过高会导致芯片腐蚀等失效现象。

表 5-9　典型密封集成电路内部气氛检测结果

分压及内部气氛		样 品 编 号	
		1	2
分　压	torT	2.5	2.5
氮气 (Nitrogen)	%	86.0	86.5
氧气 (Oxygen)	%	6.00	5.16
氩气 (Argon)	%	1.10	1.22
水汽 (Moisture)	%	2.95	3.69
氢气 (Hydrogen)	10^{-6}	632	248
碳氢化合物 (Hydrocarbon)	10^{-6}	10^{4}	10^{4}
二氧化碳 (Carbon-Dioxide)	%	3.83	3.37

3. 扫描电子显微分析技术

扫描电子显微分析技术在集成电路封装失效分析中主要用于高分辨率的物理表征分析。扫描电子显微镜 (SEM) 的放大倍数可以达到几十万倍。

扫描电子显微分析技术利用电子透镜将电子束聚焦并加速后轰击到样品表面，激发出二次电子和背散射电子等信号，然后将这些信号接收、放大并显示成像，从而获得样品的表面形貌。扫描电子显微分析技术原理如图 5-19 所示。

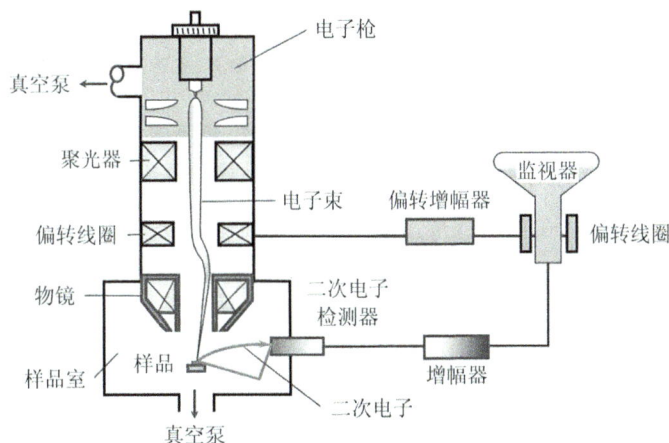

图 5-19　扫描电子显微分析技术原理

SEM 的分辨率可达 50Å 以下，放大倍数为几倍到几十万倍，景深大，立体感强，结合电子能谱仪 (EDS) 还可以进行成分分析。使用 SEM 分析前需要对缺陷进行初步定位，并对样品进行制样，为防止在高电压下样品表面出现电荷导致图像不清晰，有时还需对样品喷金。图 5-20 为 SEM 外观图。

图 5-21 为热循环试验后，TSV 发生变形的 SEM 图像，从粗细均匀（见图 5-22）变成中间细两头粗，这是热循环试验中 TSV 中间位置所受的热应力最大，铜柱不同部位发生位移，左右两端朝中间挤压导致的。

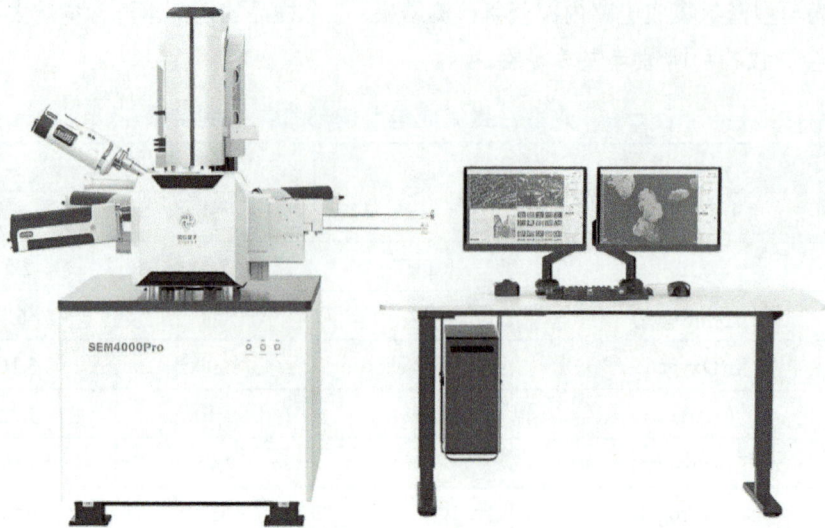

图 5-20　SEM 外观

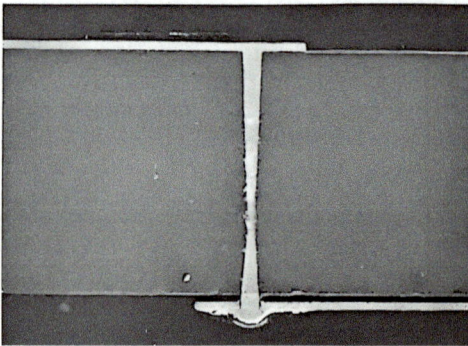

图 5-21　TSV 发生变形的 SEM 图像

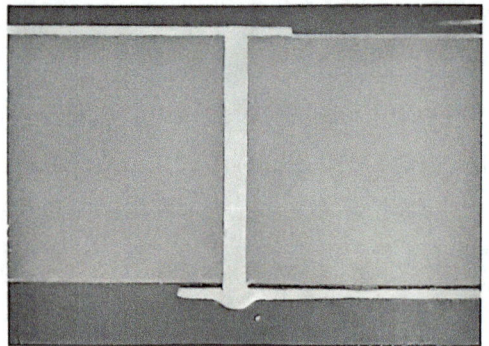

图 5-22　正常 TSV 的 SEM 图像

4. 透射电子显微分析技术

透射电子显微分析技术在集成电路封装失效分析中主要用于更高分辨率的 3D 显微形貌和结构分析及元素成分定量分析。

透射电子显微分析技术利用电子的波动性来观察材料和结构缺陷，其分辨率可达原子大小级别。和 SEM 一样，采用电子束作为源，电子束在外部磁场或电场的作用下发生弯曲，形成类似于可见光通过玻璃时的折射现象，利用这一物理现象制造出电子束的"透镜"，从而开发出透射电子显微镜 (Transmission Electron Microscope，TEM)。

透射电子显微分析技术通过特定的制样技术不仅可实现 3D 方向超高分辨率图像的观察，还可实现高空间分辨率 (纳米尺度) 的结构、成分的分析。对于特征尺寸在亚微米量级的集成电路，TEM 可以精确地给出用于超大规模集成电路芯片制造的各种材料的有关形貌特征。由于透射电子显微分析制样过程对器件内部结构的影响很小，因此观察到的图像基本可以认为是样品的原始形貌。

目前，国内在 TEM 研发方面尚处于起步阶段，市场上还没有成熟的产品。在该技术上处于世界领先地位的公司主要有美国赛默飞、日本电子和德国蔡司等。国内高校、科研院所等单位也主要使用这 3 个品牌的 TEM。目前，先进 TEM 的点分辨率可达 0.24 nm，线分辨率可达 0.14 nm，STEM(扫描透射电子显微镜) 的分辨率优于 1 nm。图 5-23 为 TEM 外观图。

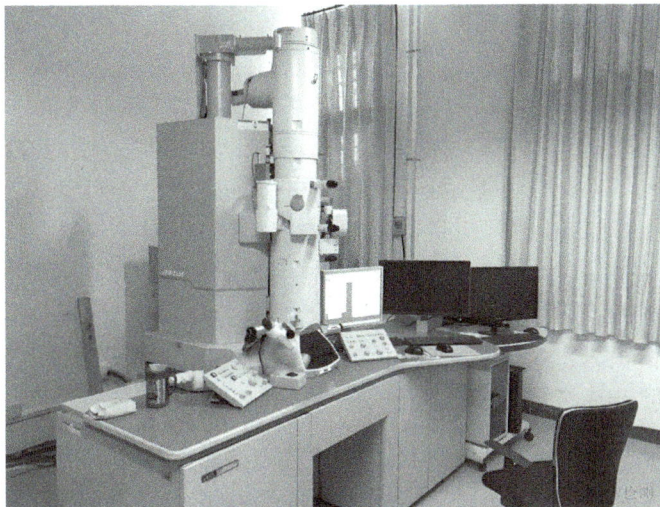

图 5-23　TEM 外观

　　TSV 转接板在 1000 次热循环试验 (−55～125℃) 后出现开路失效，通过缺陷定位及 FIB(Focused Ion Beam，聚焦离子束) 切片分析，确认了失效部位在 TSV 与顶层金属 (TOP-M1) 界面处。为了进一步分析其裂纹萌生机制，利用 TEM 对 TSV 样品的界面区进行了分析。根据 TSV 与 TOP-M1 界面的 STEM 形貌 (见图 5-24) 和 TEM 形貌 (见图 5-25)，确认了该 TSV 样品在热循环应力下，裂纹首先出现在 TSV 顶端拐角部位的应力极值处，然后朝着 TSV 中心往里扩展延伸。

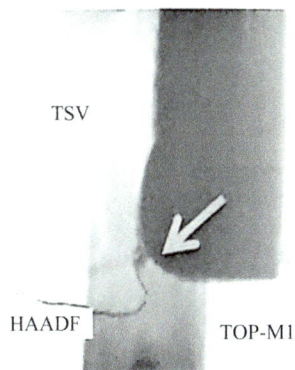

图 5-24　TSV 与 TOP-M1 界面的 STEM 形貌

图 5-25　TSV 与 TOP-M1 界面的 TEM 形貌

　　利用该系统上的 EDS(Energy Dispersive X-ray Spectroscopy，能量色散 X 射线光谱) 分析功能，分析元素的分布及其扩散行为，为确定失效机理提供重要依据。TSV 界面元素分析如图 5-26 所示。该 TSV 样品界面由 Si、SiO_2、Ti、Cu 4 种材料组成，从 Ti 元素的分布可以看出，TSV 顶端界面应力极值处开裂后，Ti 元素沿着裂纹向 Cu 基体中扩散，证明了裂纹首先出现在 TSV 顶端拐角部位的应力极值处，然后朝着 TSV 中心往里扩展延伸的物理机理。

5. 聚焦离子束缺陷分析技术

　　聚焦离子束 (FIB) 缺陷分析技术在集成电路失效分析中主要用于失效部位或特定位置的截面分析、失效部位的局部去层观察、切割隔离辅助测试和键的生长测试等。

　　在很多失效分析案例中，需要制备缺陷金相截面来分析失效机理，找出器件失效的根本原因。针对 3D 集成电路模块

图 5-26　TSV 界面元素分析

的失效分析，由于元件组合多、材料各异且结构复杂，截面制备是成功分析失效机理及原因的关键环节。可以采用机械研磨的方法进行制样，去除不同的覆盖材料，但机械研磨常常带来表面污染、粗糙等问题。也可以应用离子抛光和 FIB 技术来提高表面的质量。然而，由于离子研磨缓慢，传统的 FIB 制样技术刻蚀率较低，耗时长，只适合用于芯片级的制样，对于封装级制样显得耗时耗力。为了缩短封装级制样的时间，可以使用大电流 FIB(High Current FIB，HC-FIB) 技术。HC-FIB 技术采用电感耦合等离子体 (Inductively Coupled Plasma，ICP) 源代替常用的液态金属镓离子源；或者在传统的镓离子源 FIB 上通过气体注入系统 (Gas Injection System，GIS) 注入反应气体来增加刻蚀率，通常刻蚀率可增加 1~2 个数量级；再或者将传统的 FIB 技术与激光刻蚀结合，这也是缩短传统 FIB 制样时间的一种行之有效的方法。Infineon 公司采用 HC-FIB 技术对 SiP 进行缺陷分析，飞利浦半导体公司采用激光开封技术来暴露 3D 集成电路的缺陷部位。

1) 等离子体 FIB 技术

传统 FIB 技术的离子束常用液态金属镓 (Ga) 离子源 (Liquid Metal Ion Source，LMIS)，FIB 系统在离子源加电场，导出离子束，利用电子透镜聚焦离子束轰击样品表面，利用物理碰撞来达到切割的目的。LMIS 存在的一个严重问题就是可选择的金属离子种类少，而且这些金属离子易与多种元素发生化学反应，存在严重的金属离子污染和溅射现象。

等离子体 FIB 技术使用的电感耦合等离子体不但温度低、密度高，而且均匀性好，在大面积刻蚀的应用上具有突出优势。当束流较低时，ICP 产生的离子束 (约为 50 nm) 不如 LMIS(小于 5 nm) 精细，但是在束流高达几微安的情况下，ICP 能够快速去除材料，性能远远高于 LMIS。而且，ICP 可选的等离子体不止一种，包括 Xe、O_2、Ar、He 等气体，根据去除的材料来选择等离子体源。目前常用 Xe 作为研磨材料，因为 Xe 高度集中且离子源性能参数良好。因此，和传统的 FIB 系统相比，等离子体 FIB 系统不但能够更加快速地去除材料，而且在低束流时能保持高分辨率，这对于随后的分析是很重要的。等离子体 FIB 系统将束流提高至微安级，刻蚀率高达 20 000 μm^3/min。

2) FIB 技术与激光刻蚀结合

激光刻蚀是指把激光束聚焦在样品表面的目标区域，通过高温使材料熔化。激光刻蚀属于非接触加工，样品不会受机械冲击产生变形和裂纹等；在加工过程中，激光被聚集成极小的光束，光束能量密度高，速度快，热影响区很小。

表 5-10 列出了几种典型 FIB 技术与激光的 Si 刻蚀率，以及应用这些技术移除 0.3 mm^3 材料所需要的时间。其中二极管泵浦固态 (Diode-Pumped Solid-State，DPSS) 激光器的激光波长为 355 nm。采用激光刻蚀方法制备叠层硅片的截面，激光波长的正确选取是不引入新破坏的关键因素。

表 5-10　不同制样方法的刻蚀率和移除时间的比较

制 样 方 法	Si 刻蚀率 /(μm^3/s)	移除时间 (0.3 mm^3 的材料)
FIB	2.7	3.5 y
HC-FIB	30	116 d
FIB 引入 GIS	250	14 d
ICP 离子源	2000	1.7 d
355 nm 的 DPSS 激光器激光	10^6	5 min

从表 5-10 中可以看出激光刻蚀率达到 10^6 μm^3/s 数量级。因此，先通过激光快速刻蚀，再利用 FIB 抛光，可以获得平滑的金相截面，结合激光刻蚀和 FIB 技术将实现质量高、速度快的大尺寸制样。

　　然而，激光刻蚀引起的材料变化可能会影响这项技术的可行性。激光刻蚀可能造成材料局部熔融、化学反应、相位形成、再结晶、表面污染、提高扩散速度，以及在热反应区(Heat-Affected Zone，HAZ)中发生其他转化过程，还有制样时可能引入裂缝、表面粗糙和其他损坏。因此，具体分析激光刻蚀过程中形成的 HAZ 特性，这对于分析可见的裂缝或分层是激光刻蚀中的热反应引入的还是器件中的真正缺陷是极其重要的。对于失效机理的研究，必须遵循不移除和改变原始缺陷的原则。因此，需要避免激光刻蚀对真正缺陷可能引入的各种破坏。

　　HC-FIB 技术可以用于分析由 TSV 和键合引起的 3D 集成系统的失效。图 5-27 为等离子体 FIB 分析技术在 3 层叠层芯片的可靠性分析中的应用，其中图 5-27(a) 是 IMC 键合、TSV 的截面图，图 5-27(b) 是样品开封后底层的结构。通过集成 XeF$_2$(二氟化氙) 注入系统来加快开封和去层操作，结合快速的选择性 Si 刻蚀和 Xe 研磨使程序更加灵活可行。图 5-28 为 TSV 和底层结构的放大图，表明了等离子体 FIB 在低束流情况下仍具有足够高的分辨率(当束流为 60 pA 时，分辨率约为 50 nm)，以提供相关结构的准确信息。

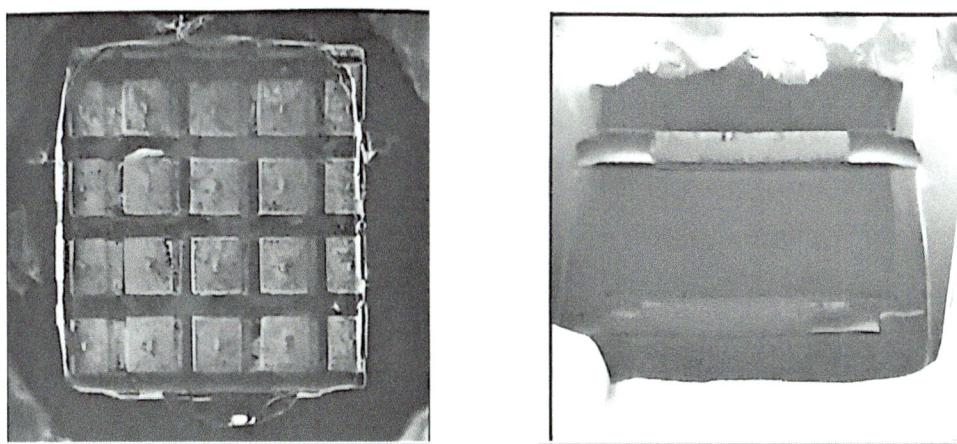

(a) IMC 键合、TSV 的截面图　　　　　(b) 样品开封后底层的结构

图 5-27　等离子体 FIB 分析技术在 3 层叠层芯片的可靠性分析中的应用

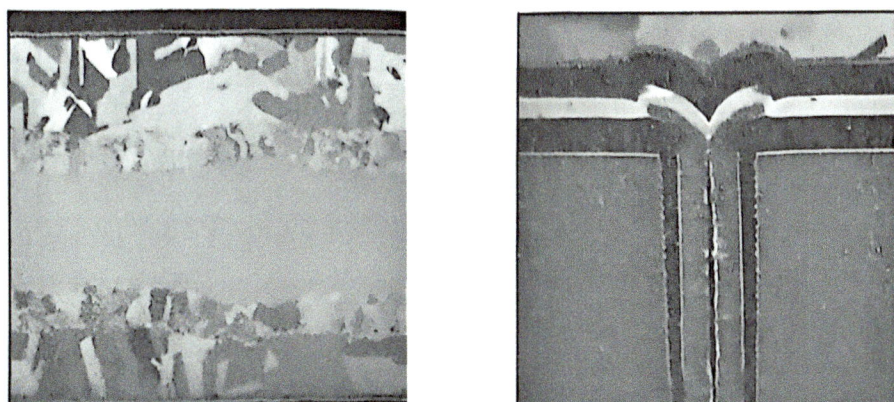

(a) TSV 放大图　　　　　　(b) 底层结构放大图

图 5-28　TSV 和底层结构的放大图

5.2.5　集成电路封装故障树分析

　　传统的故障树分析 (Fault Tree Analysis，FTA) 方法采用基于功能逻辑关系的故障树构建方式，适用于整机系统产品的故障原因分析，故障底事件落在元器件产品层面。本节提出的基于失效物理逻辑关系的故障树构建方法，适用于电子元器件的故障原因分析，故障底事件

落在元器件内部物理结构层面，元器件故障树可深入元器件内部结构的失效物理层面，进行故障分析、失效定位和失效机理分析。集成电路封装故障树分析属于失效部位为封装的元器件级别的故障树分析。

故障树分析可以帮助确定集成电路封装质量问题对应的失效模式和失效部位，判断导致集成电路封装质量问题的失效机理和影响因素；还可以帮助判断集成电路封装的主要潜在失效模式和失效机理，并计算其重要度等级，从中发现集成电路封装可靠性和安全极限的薄弱环节，以便改进设计和提高可靠性。

1. 集成电路封装故障树分析方法

集成电路封装故障树分析的目的是找出元器件中与封装相关的失效机理和失效路径，以及失效机理的影响因素，以支撑集成电路封装故障归零与集成电路封装可靠性设计。

按集成电路封装门类分别构建集成电路封装故障树，以失效物理6个层次及其逻辑关系构建每类集成电路封装故障树，以共因失效机理子树转移和共因故障模块子树导入的方式简化故障树，形成6个失效物理层次、n级事件的集成电路封装故障树 (n≥6)。

集成电路封装故障树各层事件定义如图5-29所示。集成电路封装故障树的"故障对象"事件由其对应的更低一层的直接原因事件"失效模式"组成，"失效模式"事件由其对应的更低一层的直接原因事件"失效部位"组成，"失效部位"事件由其对应的更低一层的直接原因事件"失效机理"组成，"失效机理"事件由其对应的更低一层的直接原因事件"机理因子"组成，"机理因子"事件由其对应的更低一层的直接原因事件"影响因素"组成。

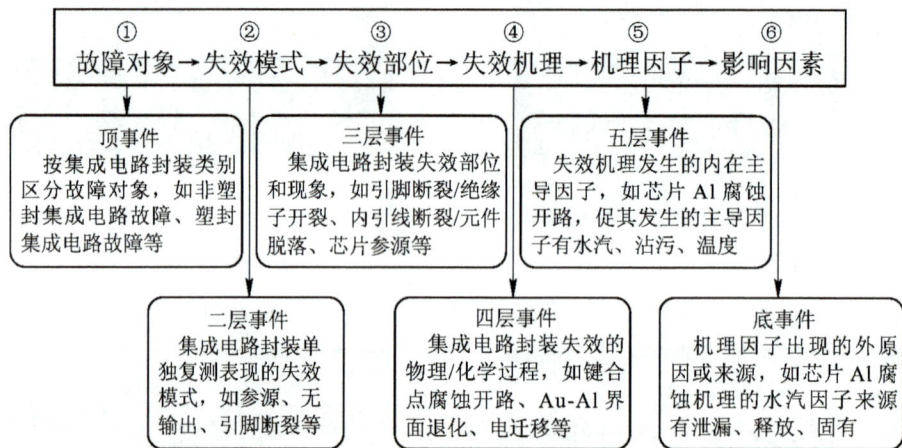

图5-29　集成电路封装故障树各层事件定义

由图5-29可知集成电路封装故障树的建树层次分为以下6层：

(1) 顶事件（顶层）：故障对象，按集成电路封装类别分别建树，用集成电路封装在整机中的故障对象作为顶事件，如塑封集成电路故障、非塑封集成电路故障等。

(2) 二层事件（第二层次）：失效模式，用集成电路封装单独复测表现的失效模式作为这一层次的故障事件，如参源、无输出、引脚断裂等。

(3) 三层事件（第三层次）：失效部位，对失效类别的进一步定位和失效现象的描述，如引脚断裂/绝缘子开裂、内引线断裂/元件脱落、芯片参源等。

(4) 四层事件（第四层次）：失效机理，集成电路封装失效的物理/化学过程，如键合点腐蚀开路、Au-Al界面退化、电迁移等。

(5) 五层事件（第五层次）：机理因子，失效机理发生的内在主导因子，如芯片Al腐蚀开路，促其发生的主导因子有水汽、沾污、温度。

(6) 底事件（第六层次）：影响因素，形成机理因子的外在因素，如芯片Al腐蚀机理的水汽因子来源有泄漏、释放、固有。

在上述集成电路封装故障树建树层次中，应考虑分析的需要和对底事件的定位。例如，针对机理研究，可以将底事件定位在失效机理或影响因素；针对机理控制故障改进，可以将底事件定位在外部原因。

根据集成电路封装故障信息库，按失效物理的 6 个层次及逻辑关系，可建立每类元器件的故障树。

2. 集成电路封装故障树分析应用

下面以塑封 FPGA "爆米花" 效应的故障树分析为例讲解故障树分析的应用。

某塑封 FPGA 在整机调试过程中，发现芯片无法写入程序，出现多个端口开路。塑封 FPGA 开路可能是由引脚、芯片、键合点失效引起的，各部位的失效机理、机理因子、影响因素可以通过故障树分析得到。塑封 FPGA 开路失效的故障树如图 5-30 所示。

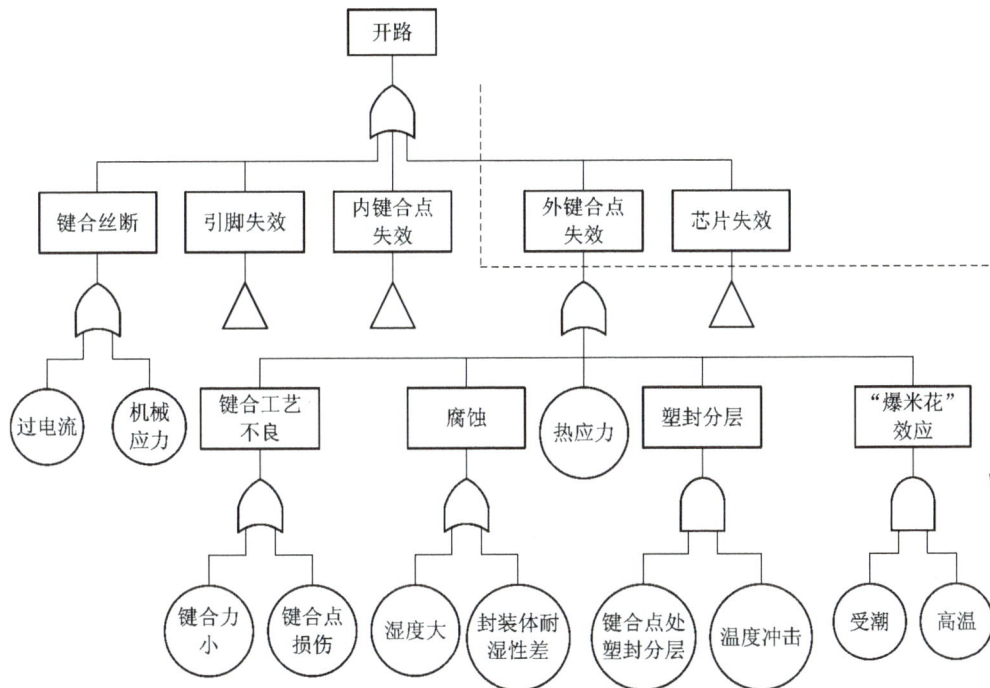

图 5-30　塑封 FPGA 开路失效的故障树

使用 SAM 查看，发现失效样品内部界面存在严重分层（见图 5-31～图 5-34），多个端口对接地端（GND）开路，但用力按压测试可呈现与良品相同的特性曲线，切片观察发现样品模塑料与 PCB 的界面存在分层，PCB 表面绿釉与基材的界面也存在分层或开裂，铜箔从基材上脱起。可见样品是内部多个界面分层导致内部互连断裂而失效的。

图 5-31　失效样品 SAM 图

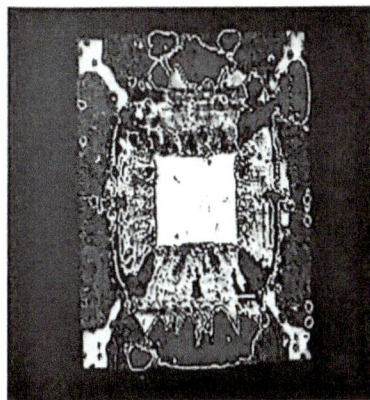

图 5-32　断裂的铜箔研磨后缺失形貌

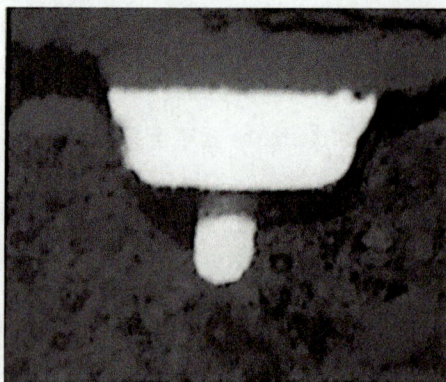

图 5-33　模塑料与 PCB 及 PCB 表面绿釉与
基材的界面

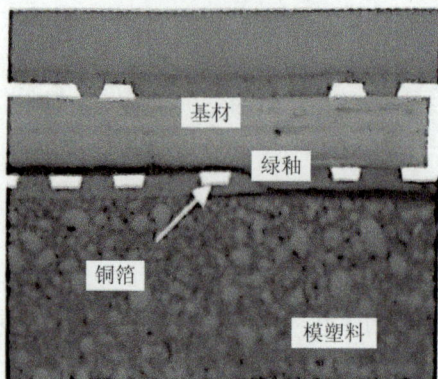

图 5-34　键合引线处模塑料与 PCB 分层
基材存在分层形貌

综上所述，塑料封装中的水汽在高温下受热膨胀，导致封装界面发生分层，热膨胀的应力拉断键合引线。塑封集成电路长期暴露在自然空气下会吸潮，湿气聚集会造成焊接时内部分层。塑封器件的分层具有一定的隐蔽性，对于受潮的器件，分层会在焊接和使用过程中进一步扩大，是影响器件可靠性的严重隐患。

建议在样品编程以后先进行烘烤，再焊接，避免吸潮造成集成电路内部分层。对于已经上机的器件，建议进行 100% 的 SAM 筛选，剔除存在可靠性隐患的器件。

课程思政

微观世界的奇遇——扫描电子显微镜下的神秘颗粒

在一个安静的科研实验室里，年轻的科学家小李正全神贯注地操作着一台扫描电子显微镜 (SEM)。今天，他的任务是探索一种新型催化剂的微观结构，这种催化剂有望在环保领域发挥巨大作用。

小李将催化剂样品小心翼翼地放置在 SEM 的样品台上，调整好各项参数后，他启动了仪器。随着电子束开始扫描样品表面，显示器上逐渐显现出一幅幅神奇的画面。起初，小李看到的是一片模糊的灰色区域，但随着扫描的深入，画面开始变得清晰起来。他惊讶地发现，催化剂的表面并不是他想象中的那样平整，而是布满了各种形状各异的微小颗粒。这些颗粒有的呈现出规则的几何形状，有的则像是随意堆积的碎石块。小李好奇地调整着 SEM 的放大倍数，试图更清晰地观察这些颗粒的细节。突然，一个奇异的颗粒吸引了他的注意。这个颗粒看起来像一个完美的六边形，边缘光滑得仿佛被精心打磨过。小李心中充满了疑惑，这种形状在自然界中极为罕见，难道这是催化剂中的某种特殊成分？

他迅速记录下这个颗粒的位置和特征，并决定进行进一步的分析。通过 SEM 的能谱分析功能，小李发现这个六边形颗粒确实含有一种罕见的元素，这种元素在催化剂的制备过程中并未特意添加。这个意外的发现让小李兴奋不已。他意识到，这种神秘颗粒可能是催化剂在制备过程中自发形成的，也许正是它赋予了催化剂独特的催化性能。

接下来的日子里，小李和他的团队对这个神秘颗粒进行了深入的研究。他们发现，这种颗粒不仅具有优异的催化活性，还具有良好的稳定性和耐用性。这一发现为催化剂的研发开辟了新的方向，也为环保领域带来了新的希望。

虽然从表面看上去这是一次偶然的与新"颗粒"的相遇，但其实这与青年科学家团队具有的扎实专业素养和敏锐洞察力息息相关。我们作为新一代青年，不论将来在什么工作岗位上，既要稳扎稳打，又要敏锐观察创新思考，终将会有所作为。

任务实施

本任务要求学习集成电路封装失效分析的主要内容和分析流程以及非破坏性和破坏性分析技术的应用场景与故障树分析的方法，完成集成电路封装失效分析技术研究报告。实施任务时，可参照表 5-11 所示的步骤。

表 5-11　任 务 实 施 单

项目名称	集成电路封装失效分析		
任务名称	集成电路封装失效分析技术	建议学时	4
计划方式	分组讨论		
序　号	实 施 步 骤		
1	**明确分析目标与失效现象：** (1) 收集失效样品信息 (如开路、短路、参数漂移等)，记录失效发生条件 (如温度、湿度、机械冲击等)。 (2) 选择失效部位 (如焊球、TSV、RDL、键合引线等)，根据失效模式匹配可能的失效机理 (如热失配、电迁移、腐蚀等)		
2	**非破坏性分析：** (1) 使用光学显微镜 (立体显微镜 / 金相显微镜) 观察表面污染、引脚断裂、锡须等，初步定位缺陷区域 (如引脚变色、封装体裂纹)。 (2) 使用 2D/3D X 射线系统 (电压 150～250 kV)，检测内部焊球孔洞、引线碰丝、TSV 填充缺陷，生成透视图，识别遮挡区域是否需要后续切片。 (3) 使用超声波扫描显微镜 (频率 1～500 MHz) 检测分层、界面空隙 (如模塑料与引线框架分层)，使用 C/B 模式定位缺陷深度。 (4) 使用 PIND 仪 (振动频率近似 1 kHz，冲击加速度＞1000 g) 检测密封封装内的可动多余物 (如键合残留铝屑)。 (5) 使用氦质谱检漏仪 (灵敏度达 10^{-9} Pa·m^3/s) 验证气密封装泄漏 (如封盖密封不达标)		
3	**破坏性分析：** (1) 化学腐蚀、激光开封。 (2) 使用分压力质谱仪 (检测水汽灵敏度为 $1×10^{-4}$) 分析密封封装内部气体成分 (如水汽含量超标)。 (3) 使用 SEM(分辨率＜1 nm，放大倍数近似 100 万倍) 观察微观形貌 (如 TSV 热变形、焊点裂纹)，结合 EDS 分析元素分布 (如界面扩散)。 (4) 使用 TEM(分辨率为 0.1 nm，STEM 模式) 进行原子级界面分析 (如 TSV 顶端裂纹萌生机理)，EDS 线扫描验证元素扩散路径。 (5) 使用等离子体 FIB(刻蚀率为 20 000 $μm^3$/min) 制备纳米级截面 (如 TSV 与金属层界面)，结合激光刻蚀加速大尺寸样品处理		
4	**失效机理建模与故障树分析：** (1) 使用故障树分析软件 (如 RSE-PoF) 按失效物理六层结构，构建故障树。 (2) 结合 SAM、SEM、FIB 结果验证分层、裂纹等，量化影响因素 (如水汽含量、热应力分布)		
5	**输出报告与标准化：** (1) 记录失效模式、机理、分析工具及改进措施，提供高分辨率图像 (SEM/TEM) 和元素分布图 (EDS)。 (2) 将优化方案纳入企业封装设计规范 (如 TSV 填充标准、焊点间距)，参与行业标准修订		

在任务实施过程中，重要的工作内容可以参照表 5-12 进行编制。

表 5-12　"集成电路封装失效分析技术研究报告"示例

项目名称	集成电路封装失效分析				
任务名称	集成电路封装失效分析技术				
失效样品信息	开　路		短　路		参数漂移
	（表格可添加）				
非破坏性分析	外观检查	X 射线显微分析	扫描声学显微分析	粒子碰撞噪声检测	氦质谱检漏
	（表格可添加）				
破坏性分析	开封与制样	内部气氛分析	扫描电子显微分析	透射电子显微分析	聚焦离子束分析
	（表格可添加）				

⚙ 任务习题

一、选择题

1. 3D 封装技术相比传统二维平面封装的主要优势是 (　　)。

A. 提高了数据处理速度　　　　　B. 降低了制造成本

C. 减少了材料浪费　　　　　　　D. 增加了芯片尺寸

2. 在集成电路封装失效分析中，主要用于高分辨率的物理表征分析的技术是 (　　)。

A. 光学显微镜　　　　　　　　　B. 扫描电子显微镜 (SEM)

C. 透射电子显微镜 (TEM)　　　　D. 聚焦离子束 (FIB)

3. 下列技术中用于检查密封集成电路封装腔体内的可动多余物的是 (　　)。

A. 粒子碰撞噪声检测 (PIND) 技术

B. 氦质谱检漏分析

C. 扫描声学显微镜 (SAM) 分析

D. X 射线显微透视分析

4. 在集成电路封装故障树分析中，底事件通常定位的层次是 (　　)。

A. 失效模式　　　　　　　　　　B. 失效机理

C. 影响因素　　　　　　　　　　D. 失效部位

5. 某塑封 FPGA 在整机调试过程中出现多个端口开路，最可能的原因是 (　　)。

A. 引脚断裂　　　　　　　　　B. 芯片内部短路

C. 封装内部界面分层　　　　　D. 键合点虚焊

二、判断题

1. 扫描声学显微镜 (SAM) 仅适用于检测塑封集成电路的分层缺陷，无法用于陶瓷或金属封装的气密性分析。　　　　　　　　　　　　　　　　　　　　　　(　　)

2. 在 TSV 失效分析中，FIB 切片技术仅用于制备观测样本，无法直接定位裂纹萌生位置，需依赖 TEM 或 EDS 进一步分析。　　　　　　　　　　　　　　　　　(　　)

3. 塑封集成电路的"爆米花"效应仅由回流焊过程中的高温导致，与封装内部水汽含量无关。　　　　　　　　　　　　　　　　　　　　　　　　　　　　　　(　　)

5.3　任务三　塑料封装失效分析

⚙ 任务目标

1. 掌握塑料封装的失效模式和失效机理。

2. 掌握塑料封装失效的检测方法和技术。

3. 完成塑料封装失效典型案例学习。

⚙ 任务准备

本任务需要先学习塑料封装的失效模式和失效机理，并通过查询资料进一步学习塑料封装失效的检测技术和方法，最后完成塑料封装失效分析报告。任务单如表 5-13 所示。

表 5-13　任　务　单

项目名称	集成电路封装失效分析
任务名称	塑料封装失效分析
任　务　要　求	
1. 任务准备。 (1) 分组讨论，每组 3～5 人。 (2) 自行收集所需资料。 2. 完成塑料封装失效分析的资料收集与整理。 3. 完成塑料封装失效分析报告	
任　务　准　备	
1. 知识准备。 (1) 塑料封装的失效模式和失效机理。 (2) 塑料封装失效的检测方法与技术。 2. 设备支持。 在该任务实施过程中需要准备的工具包括： (1) 仪表：无。 (2) 工具：计算机、书籍资料、网络	

自主学习资讯及对应的国家职业技能标准如表 5-14 所示。

表 5-14　自主学习资讯及对应的国家职业技能标准

自主学习资讯	国家职业技能标准
塑料封装的失效模式和失效机理	《国家职业技能标准——集成电路工程技术人员》(2-02-09-06)：1.2.2 中级
塑料封装失效检测方法与技术	《国家职业技能标准——集成电路工程技术人员》(2-02-09-06)：3.4.2 中级
塑料封装典型失效案例	《国家职业技能标准——集成电路工程技术人员》(2-02-09-06)：5.3.1 高级

任务资讯

塑料封装的优点包括成本较低、尺寸较小、质量较小，且可以进行大批量工业化生产，所以现阶段塑料封装技术已经广泛地用于消费类和工业类电路系统。目前，用于芯片钝化方向的塑封料（塑封材料）和生产工艺已经相当成熟了。但是，由于塑料封装的树脂材料和结构的因素，塑料封装在高可靠性应用方面仍需关注一些使用风险，如腐蚀、电化学迁移、"爆米花"效应、界面分层、系统级和晶圆级封装的通孔、微凸点等可靠性问题。本节将对塑料封装产品的特征、失效模式、失效机理、应力和可靠性等方面进行详细的阐述。

5.3.1　塑封的失效模式和失效机理

塑料封装的失效往往与结构和界面问题紧密相关，下面分别阐述与结构和界面相关的失效模式和失效机理。

1. 与塑封结构相关的失效模式和失效机理

塑封电路失效的第一原因就是湿气侵入，许多其他可靠性问题也都是湿气侵入带来的。由于塑料封装为高分子聚合物封装，塑封间间隙较大，湿气易渗透到芯片表面和塑封料之间的微裂纹（分层或裂缝）中，从而表现出漏电流增大、电荷不稳定，或者铝金属化腐蚀等失效。一般而言，封装暴露在潮湿环境下有 3 种失效模式：一是"爆米花"效应，二是湿气侵入引发的腐蚀，三是偏置电压和湿气共同作用产生的电化学迁移。

1)"爆米花"效应

产生"爆米花"效应的原因是塑封料很容易被湿气侵入，如果一直放置于湿润的环境中，塑封料和芯片粘接材料之间的粘接强度将出现下降。在焊接器件前，需要烘烤预处理塑封料。因为在回流焊过程中，器件的温度会快速提高到 240℃ 附近，侵入封装壳塑封体内微孔洞中的水分可以很快汽化，导致塑封料内的气压迅速增大，并导致热应力。在上述过程中产生的热应力、湿应力、蒸汽压力、粘接强度变弱等综合作用下，塑封料会出现分层、裂开等现象，这种现象常被称为"爆米花"效应，在对器件进行高温加热和迅速冷却时都会出现。塑料封装"爆米花"效应的典型失效形式如图 5-35 所示。

(a)"爆米花"效应的 C-SAM 图像

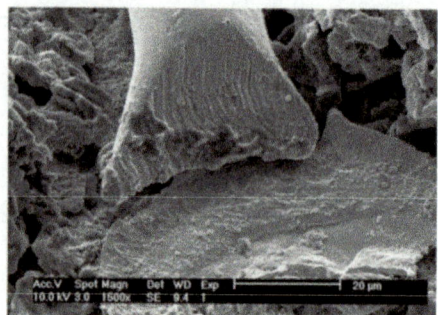

(b) 外键合点拉脱

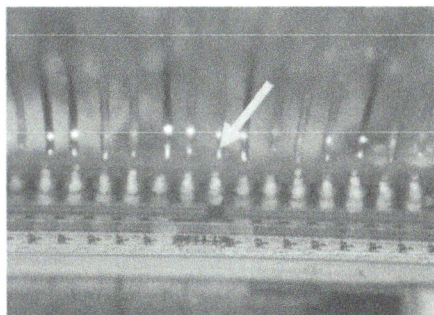

(c) 内键合点拉脱　　　　　　　　　　(d) 芯片和塑封料分层

图 5-35　塑料封装"爆米花"效应的典型失效形式

"爆米花"效应会使封装表面和内部出现裂层，导致水和其他杂质离子的加速侵蚀。侵蚀到封装壳内部的 Cl^-、K^+、Na^+ 等杂质会腐蚀芯片的金属化层、内部键合的金属化层等，使电路出现故障。塑料封装的芯片铝金属化腐蚀如图 5-36 所示。

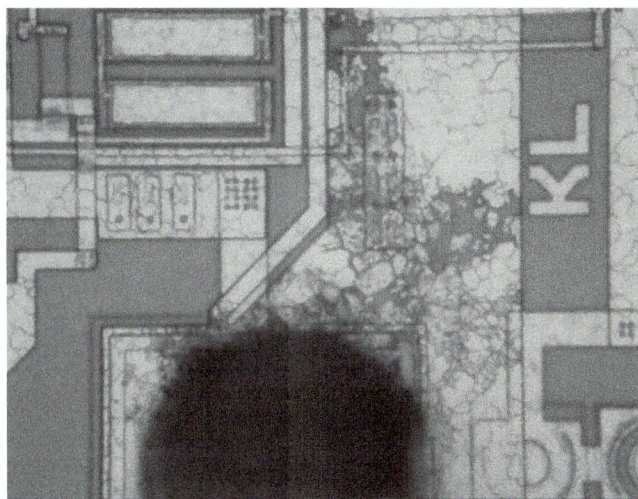

图 5-36　塑料封装的芯片铝金属化腐蚀

2) 湿气侵入引发的腐蚀

封装中的聚合物材料吸收湿气将产生膨胀，从而引起材料尺寸的改变。吸湿膨胀与热膨胀系数 (CTE) 不同，但产生热应力相似，会引入湿应力。芯片长期暴露在湿气环境中，湿气将极大地影响界面粘接和老化效果。相应地，分层将发生在较弱的界面并造成封装的失效。通过优化钝化层的工艺和结构，提高芯片封装的工艺质量，并改善塑料的透水、吸湿特性，可以减小湿气对塑封电路的影响。

3) 偏置电压和湿气共同作用产生的电化学迁移

偏置电压和湿气共同作用导致的电化学迁移 (腐蚀) 是一种重要的失效模式，其产生的原因是：如果塑料封装长期处于潮湿、高温这种恶劣条件下，那么芯片表面被湿气侵入后，会在芯片表面形成饱和水汽浓度及液态的水膜，易形成原电池效应而导致腐蚀，在通电的情况下会加速电化学腐蚀效应。对于封装体而言，存在以下两种腐蚀：

(1) 在基板表面的阴极面上生长金属须 (如铜须)，在阳极铜的电解溶液中产生金属离子。当湿气有了传输途径 (如通过阻燃剂吸收湿气) 后，金属离子迁移到阴极面，可能导致金属须生长。金属离子溶解度不断减小，导致金属须结晶和生长，最终使得阳极 - 阴极短路失效。

(2) 针对球栅阵列 (BGA) 封装，该种腐蚀发生在基板中玻璃纤维 / 环氧树脂的连接界面及其表面，即导电阳极丝 (Conductive Anodic Filament，CAF) 生长。当存在湿气时，CAF 从阳极到阴极沿着玻璃纤维 / 环氧树脂界面分层生长。

2. 与塑封界面相关的失效模式和失效机理

与封装用的玻璃、陶瓷和金属等材料不一样，塑料是非气密材料，其玻璃化转变温度为 130～160℃。在民用领域，塑封电路需要承受的 3 个温度范围分别是 0～70℃（商业温度）、-40～85℃（工业温度）和 -40～125℃（汽车温度）。对于塑料封装，因为环氧塑封料与相接触材料的热膨胀系数 (CTE) 存在差异，所以当温度改变时，在界面间就会产生压缩应力或拉伸应力，即热应力的主要来源。

塑料封装体内含有硅片、引线框架、键合引线、模塑料等各种热膨胀系数不同的材料，在初始灌封工艺过程、回流焊组装过程或应用环境温度变化很大的恶劣环境中，很容易出现界面分层，界面分层会带来安全隐患。首先，界面分层会导致封装体内形成裂纹，湿气容易通过这些细微通道渗透至芯片表面，导致芯片表面漏电、焊盘和金属化腐蚀等隐患。其次，界面分层会产生机械可靠性问题，分层易在温度变化、机械振动等环境条件下扩大裂纹，导致键合疲劳、间歇性接触不良，甚至拉脱开路等。

对于功率器件而言，界面分层导致的危害更大，芯片粘接的孔洞或分层会导致热阻增大，当功率器件工作时热量无法有效耗散，最终结温过高导致芯片烧毁。处于工作状态下的功率器件会产生热量，在功率器件的使用过程中，冷 - 热循环会导致不同材料界面因热膨胀系数不同而产生周期性剪切力。周期性剪切力作为一种应力，会引起界面外材料的"疲劳"，并使得界面结合处出现损伤，器件性能变差，最终导致器件失效，即热疲劳失效。键合引线可能因热疲劳而开路，引线在脉冲工作状态下会产生交替变形，这种变形反复进行会使引线因"疲劳"而产生裂纹。

塑料封装的一个重要的可靠性问题是低温分层和裂纹。由于模塑料和引线框架热膨胀系数的不匹配，在温度循环时从室温降到低温可能发生分层和裂纹，塑料封装热应力导致的芯片裂纹如图 5-37 所示。由于存储 / 工作温度和封装温度存在较大的差别，因此这些应力在低温时作用比较明显。此外，潜在的裂纹会导致抗断裂强度减小。

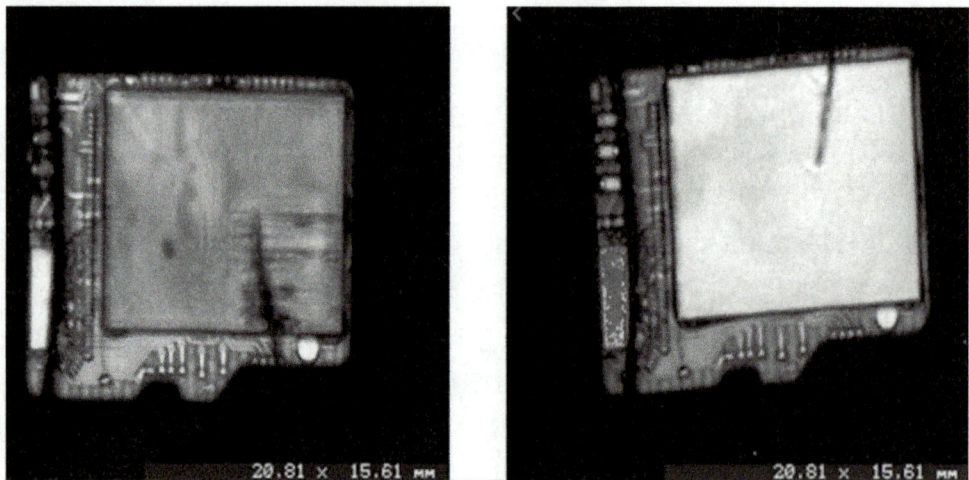

图 5-37　塑料封装热应力导致的芯片裂纹

由上述分析可知，因为塑料封装的封装材料和结构特点，它存在易界面分层的固有薄弱环节。因此，塑料封装在高可靠性应用领域具有一定的潜在风险，主要特点如下：

(1) 整机故障现象不收敛。分层部位不同，开路部位所连接的电路内部功能不同，开路发生的部位的功能决定整机故障的现象。这些分层位置常常是随机的，所以整机故障现象常常是不收敛的。

(2) 不稳定失效。失效会随电压、温度而变化，失效状态不稳定。由于分层可以扩展，如果器件、电路存在初始分层，或者在焊接时引入分层，但分层的程度还不严重，暂时不表现为失效，但器件、电路工作时内部温度比较高，则整机在加电时芯片高温，停电时芯片回到室温，这个温度变化中可能引起分层的扩展而发生失效。

塑料封装的界面分层可通过扫描声学显微镜 (SAM) 来有效甄别所在部位的分层情况，并给出合适的标准和判据，该检测方法适合工程应用。塑料封装界面分层的要素包括面积大小、分层部位、分层距离。芯片表面和键合点界面的分层具有很高的潮湿敏感度。潮湿敏感度越高的塑料封装，分层越明显。因为分层在电路的使用过程中还会扩展，而且潮湿敏感度等级越高，使用中分层的扩展越明显。塑料封装界面分层的关键部位有芯片与塑封料粘接界面、引线框架与塑封料界面、基板与芯片粘接界面。对于单片集成电路，芯片与塑封料、引线框架与塑封料的分层易引起参数漂移和键合拉脱等失效；但对于功率器件而言，基板与芯片粘接界面的质量是非常关键的。

5.3.2　塑料封装的检测分析

1. 塑料封装中的模塑料

表 5-15 汇总了塑料封装集成电路中模塑料的材料成分。在模塑料中有 9 种或更多的化学物质，且其成分因制造商不同而不同。

表 5-15　模塑料的材料成分

成　分	含量 (质量百分比)/%	材　　料
环氧树脂	10～20	OCN(环氧甲酚醛树脂)、联苯
固化剂 (硬化剂)	5～15	胺、苯酚、酐
加速剂 (催化剂)	<1.0	胺、咪唑、尿素
填充料	60～80	SiO_2、SiNx(氮化硅)、ALN
阻燃剂	1～5	溴化树脂、氧化锑
耦合剂	<1.0	硅烷、钛酸盐 (酯)
应力释放剂	0～2	硅胶、丁基丙烯酸盐
着色剂	<1.0	炭黑
脱模剂	<1.0	棕榈蜡、硅胶

塑料封装中最常见的环氧树脂固化系统为甲酚、苯酚、酚醛环氧树脂配方。环氧树脂通过添加固化剂相互连接起来。超过 100 多种化学物质可用于环氧树脂的固化，模塑料固化的化学性质与所用环氧树脂的类型有密切关系。尽管环氧树脂与固化剂的反应会产生热固化聚合物，但必须在配方中添加其他物质到环氧树脂固化系统中，以获得在特殊应用情况下想得到的特定性能。添加加速剂是为了获得制造过程中理想的固化率，卤素环氧树脂可以用作阻燃剂。模塑料配方中添加填充料是为了减少水汽渗透，增加强度，增大热导率和热膨胀系数。添加耦合剂是为了增加填充料与树脂之间的粘接强度，并减少水汽渗透。配方中的阻燃剂用于降低卤化树脂的浓度，而卤化树脂是腐蚀性卤素离子的来源。为了改善模塑料从塑模中分离的过程，在模塑料配方中添加了脱模剂。

　　随着封装的小型化和高密度化，要求模塑料具有更低的水汽渗透性、更小的应力和更强的抗"爆米花"效应的能力。为响应这些要求，模塑料制造商已开发特殊封装类型的模塑料配方。例如，为了减少表面贴装封装的水汽吸收，树脂材料已改良为联苯环氧树脂和甲酚环氧树脂的混合物；为了减小在大尺寸封装中的应力，可将环氧硅树脂和聚丁二烯添加到模塑料配方中，尽管这可能会增加水汽吸收；可将人造橡胶作为一种单相物质加到模塑料配方中，以增加裂纹的韧度和减少封装的"爆米花"裂纹；可将包覆了硅树脂的氮化硅填充料添加到模塑料配方中，以增加热导率。

　　模塑料制造商通常为每一批模塑料提供分析证明。典型的模塑料采购规范如表 5-16 所示。基于采购规范，可通过化学和物理特性分析来选择模塑料，而它们可影响器件的性能和可靠性。化学和物理特性分析包括热膨胀系数 (CTE)、填充料、水汽吸收和杂质离子浓度。

表 5-16　典型的模塑料采购规范

特　　性		规 范 限 度
螺旋流		60～90 cm
凝结时间		15～25 s
热硬度		≥70 邵氏硬度
凝胶成分		≤10 mg/100 g
热膨胀系数	CTE1(a1)	≤25 × 10^{-6}/℃
	CTE2(a2)	≤75 × 10^{-6}/℃
玻璃化转变温度 (Tg)		≥150℃
灰烬含量		70%～80% 质量百分比
水萃取液的电导率		≤150 μΩ/cm
可萃取卤素		≤2 × 10^{-5}
可萃取钠离子		≤2 × 10^{-5}
可燃性		UL94-V0

1) 热膨胀系数

　　材料的热膨胀系数反映了材料体积变化与温度的关系，影响模塑料热膨胀系数最主要的因素是填充料。塑料封装结构中常见材料的热膨胀系数如表 5-17 所示。

表 5-17　塑料封装结构中常见材料的热膨胀系数

材　　料	热膨胀系数 / (10^{-6}/℃)	条件 / ℃
硅	2.5～3.2	25～180
铜	17～18	25～180
铝	23～24	25～180
42 合金	4～6	25～180
金	14	25～180
二氧化硅 (熔融态)	0.5	25～180
氮化硅	1～2	25～180
芯片粘接树脂	40～60	25～180
模塑料	10～20, 30～60	25～120, 120～180

2) 填充料

填充料可加固模塑料，提供强度和硬度，降低成本和改进热导率。塑封微电路中最常用的填充料是熔融后的石英砂。填充料可以帮助减小模塑料的热膨胀系数，但往往会增大模塑料的弯曲模量，潜在地引入更大应力。填充料的数量、分布、粒子尺寸和形状将决定塑封微电路最终的应力和工作寿命。

3) 水汽吸收

模塑料中的水汽吸收范围可达 0.1%～0.5% 质量百分比，它与温度、湿度及模塑料配方有关。模塑料的水汽吸收应尽可能地少，以控制塑封表面贴装器件回流焊的"爆米花"效应。最小化水汽吸收可减少水汽中离子的扩散，以及芯片焊盘和金属化的腐蚀。增加填充料和模塑料的后固化可减少水汽吸收。联苯类模塑料在部分高填充水平时吸收水汽较少 (0.1%～0.2% 质量百分比)，是大面积表面贴装器件的首选。

4) 杂质离子浓度

杂质离子浓度的减小对塑封电路的可靠性提高起到了重要作用。随着树脂提纯、填充料及其他组分的技术进步，碱性和卤素离子 (它们会产生化学腐蚀和原电池腐蚀) 的水平降低了。

模塑料并不能很好地阻挡水汽，随着时间增加，它会逐步吸收水汽和离子。如果由于裂纹或分层而存在通路，则水汽可沿器件引脚扩散到模塑料内、芯片表面和焊盘上。阴离子 (如 Cl、Br)、阳离子 (如 Na^+、K^+ 和 Sb^+) 是模塑料中的杂质离子，这些杂质离子可随着水汽在模塑料内渗透，扩散和溶解到芯片表面或与合金接触。含有杂质离子的水汽会加速芯片表面金属或互连结构的化学腐蚀。

2. 塑料封装界面分层的检测方法

塑封电路的界面分层是其主要失效模式，为了保证塑封电路应用的可靠性，开展塑封电路界面的 C-SAM 分层检测是非常必要的。

C-SAM 技术主要关注同一材料的不均匀性 (如孔洞、裂纹、夹杂等)，以及不同材料间的界面情况。具体到电子元器件封装可靠性检测领域，C-SAM 技术用于检测两类缺陷：一类是模塑料内裂纹和孔洞；另一类是各界面的分层。在各相关检测标准中，除 GJB 548B-2005 和 MIL-STD-883G 以外，均涉及了模塑料中裂纹和孔洞的检测，其标准判据如表 5-18 所示。

表 5-18　模塑料中裂纹和孔洞的标准判据

标准名称	失效判据
GJB 4027A-2006 MIL-STD-1580B	塑封键合引线上的裂纹； 从引脚延伸至任一其他内部部件 (引脚、芯片、芯片粘接基板) 的内部裂纹，其长度超过相应间距的 1/2；
PEM-INST-001	导致表面破裂的包封上的任何裂纹； 跨越键合引线的模塑化合物的任何孔洞
IPC/JEDEC J-STD-020D.1	40 倍光学显微镜下可见的外部裂纹； 与键合引线、球形键合或楔形键合交叉的内部裂纹； 从引线框架延伸至任一其他内部部件 (引线框架、芯片、芯片粘接基板) 的内部裂纹； 从任何内部部件延伸向封装外部的内部裂纹，其长度超过相应间距的 2/3

C-SAM 技术主要用于检测表 5-19 中的 7 类分层缺陷。其中，芯片粘接界面的"分层"一般描述为粘接孔洞，而使用的检测手段与其他界面相同，故在此统一归纳。

表 5-19　C-SAM 技术主要检测的 7 类分层缺陷

名　称	电路面（芯片有源面向上）扫描	非电路面（芯片有源面向下）扫描
I 型分层： 模塑料与芯片表面		
II 型分层： 芯片粘接界面		
III 型分层： 模塑料与基板边缘 （有源面）		
IV 型分层： 模塑料与基板界面 （无源面）		
V 型分层： 模塑料与引线框架界面		
VI 型分层： 多层 PCB 内部 （仅对基板为 PCB 的样品）		
VII 型分层： 热沉与基板		

各标准中的界面分层判据如表 5-20 和表 5-21 所示，由于 IPC/JEDEC J-STD-020D.1 中的标准判据体例与其他标准不同，故没有按照界面归纳，而是单独列出 (见表 5-22)。

表 5-20　各标准中的界面分层判据 (一)

界　面	GJB 4027A-2006/MIL-STD-1580B	PEM-INST-001
模塑料与芯片表面	塑料封装与芯片之间任何可测量的分层	模塑料与芯片表面之间任何可测量的分层 (拒收缺陷)
模塑料与基板边缘（有源面）	—	基板与模塑料界面上，分层面积超过其后侧或上侧边缘区域面积的 1/2(可靠性相关缺陷)；
模塑料与基板界面（无源面）	引线引出端焊板与塑料封装界面上，分层面积超过其后侧区域面积的 1/2	模塑料与引线键合 (引线框架或基板上) 界面上任何可测量的分层 (拒收缺陷)
模塑料与引线框架界面 (有源面)	包括键合引线区域的引脚分层；引脚从塑料封装完全剥离 (上侧或后侧)	模塑料与引线键合 (引线框架或基板上) 界面上任何可测量的分层 (拒收缺陷)
模塑料与引线框架界面 (无源面)	引脚从塑料封装上完全剥离 (上侧或后侧)	—

表 5-21　各标准中的界面分层判据 (二)

界　面	GJB 548B-2005/MIL-STD-883G
芯片粘接界面	接触区多个孔洞面积总和超过应该具有的总接触区面积的 50%；面积超过预计接触区 15% 的单个孔洞或超过总预计接触区 10% 的单个拐角孔洞；当用平分两对边方法把图像分成 4 个面积相等的象限时，任一象限中的孔洞面积超过了该象限预计接触区面积的 70%

表 5-22　IPC/JEDEC J-STD-020D.1 中的界面分层判据

金属引线框架封装形式	多层板衬底封装形式 (BGA、LGA 等封装形式)
芯片有源面无分层；引线键合 (引线框架或芯片上) 表面无分层；任何桥连应绝缘的金属部件的聚合物膜层的分层面积的变化不大于 10%(采用 TEM 方式验证)；对于热增强型封装或芯片背面需要电连接的器件，芯片粘接界面的分层 / 裂纹不大于 50%；表面裂纹不能跨越整个长度。表面裂纹部件包括引线框架、连筋、热沉等	芯片有源面无分层；多层板引线键合表面无分层；对于灌封封装，灌封料 / 多层板界面的分层变化不大于 10%；阻焊膜 / 多层板树脂界面分层变化不大于 10%；多层板内部分层的变化不大于 10%；芯片粘接区域的分层 / 裂纹变化不大于 10%；填充料树脂 / 芯片界面，填充料树脂 / 衬底或阻焊膜界面无分层 / 裂纹；表面裂纹的分层不能跨越整个长度。表面裂纹部件包括引线框架、多层板、多层板金属化层、通孔、热沉等

参照表 5-20～表 5-22 中封装界面分层的 C-SAM 检测方法和合格判据，表 5-23 给出了界面分层的典型缺陷和图例。

表 5-23　界面分层的典型缺陷和图例

缺　陷	图　例	缺　陷	图　例
塑料封装和芯片界面分层 (顶视图)		芯片粘接界面存在孔洞，单个孔洞面积超过预计接触区面积的 15%(后视图)	
塑料封装和基板边缘分层 (顶视图)		塑料封装和基板界面分层，分层面积超过基板面积的 50%(后视图)	
塑料封装和引线框架界面存在包括键合引线区域的分层 (顶视图)		塑料封装和引线框架界面存在未包括键合引线区域的分层，其长度超过引线框架的 1/2(顶视图)	
塑料封装和引线框架界面分层，引线框架从塑料封装上完全剥离 (后视图)		塑料封装和引线框架界面分层，其长度小于引线框架的 1/2 (后视图)	
塑料封装和 PCB 界面分层，其面积约占该界面的 50%(BGA 封装，顶视图)		模塑料中存在由基板延伸到引线框架的裂纹 (B 模式扫描)	
基板和热沉界面存在粘接孔洞，面积总和小于预计接触区面积的 10%		模塑料中存在孔洞	

　　预防与控制塑封电路的界面分层主要有两个方法：一是加强组装前的 C-SAM 筛选，防止有界面分层缺陷产品的使用；二是在组装前按相关标准进行烘烤预处理，防止回流焊过程中的"爆米花"效应和键合微开路。主要的措施如下：

　　(1) 塑封电路装机前应经过破坏性物理分析 (Destructive Physical Analysis，DPA) 批检验，

并开展 100% 的 C-SAM 检验筛选。

(2) 塑封电路装机前应开展烘烤预处理，去除芯片内湿气。对于潮湿敏感度等级小于 2 级 (按 IPC/JEDEC J-STD-003 标准) 的塑封电路应采取保守的方法，当作 2a～5a 级器件处理 (典型要求：对厚度小于或等于 2.5 mm 的器件，进行 125℃/24 h 的烘烤；对厚度为 2.5～4.5 mm 的器件，进行 125℃/48 h 的烘烤)。

3. 塑料封装界面热阻及芯片红外热成像检测方法

塑料功率器件的封装界面热阻及芯片温度分布特性很关键。下面简要介绍封装界面的电学法热阻测试方法以及芯片表面热分布的红外热成像显微分析技术。

电学法是唯一能够采用无损测试方法对封装器件进行直接测量的方法，但这种方法不能得到器件峰值温度和温度分布图，只能得到芯片结区的平均温度。采用非破坏性的实时静态电学法，可以测量几乎所有的半导体器件的热学性能。电学法的适用范围如下：

(1) 各类半导体分立器件。

(2) 各类复杂集成电路、多芯片组件 (MCM)、系统级封装 (SiP) 及系统级芯片 (SoC) 等新型结构。

(3) 各类复杂散热模组 (如热管、风扇等) 的热特性测试。

红外热成像仪可用于电路中芯片热点探测、热分布或热设计验证、热耗损、可靠性研究和热失效定位，瞬态温度测试器能进行红外热成像快速测试，当被测试器件在脉冲信号或瞬态信号作用下时，能够测得对应某一点温度与时间变化的分布图形。

4. 塑料封装微形变检测技术

对于封装微形变的检测，主要有影子云纹法、3DDIC 法、激光反射法及反射云纹法等 4 种方法，JEITA ED-7306 则提到了影子云纹法及激光反射法。一般认为，影子云纹法检测封装微形变是业界最认可和常用的方法。

1) 激光反射法

激光反射法属于非接触式测量方法，其测量精度很高，但要通过大面积的逐点扫描才可以获得试样的表面全貌，难以进行实时测量。该方法的原理为：测量激光束照射试样表面每一点，根据反射光和参考点的夹角还原试样的表面形貌。利用激光反射法进行微变形检测的原理如图 5-38 所示。

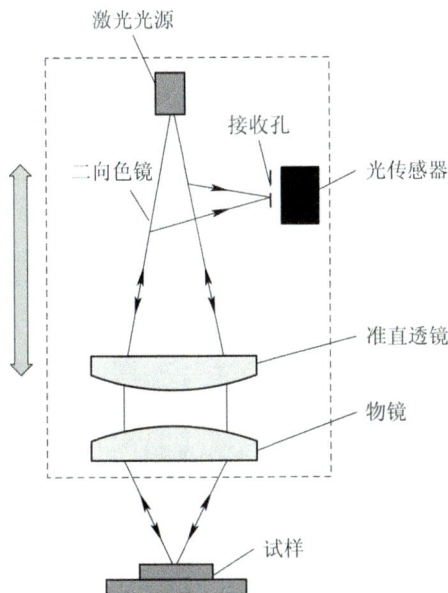

图 5-38 利用激光反射法进行微变形检测的原理

2) 影子云纹法

影子云纹法凭借明暗相间的光栅相互重叠干涉来产生摩尔条纹，第一组光栅是试样光栅 (影子光栅)，可以用印刷、粘贴或蚀刻的手段附着于试样表面；第二组光栅是参考光栅，位于光源与试样中间。试样变形导致其表面光栅的影子变化，与参考光栅之间产生相互重叠干涉，生成摩尔条纹。条纹的影像可通过计算机实时分析，极大地消除人为操作误差的可能性，同时能更方便地处理数据，结果更准确。

5.3.3 塑料封装的典型失效案例

塑封电路产品在使用过程中会受到高温、回流焊、温度循环、湿气、振动等应力及综合应力的影响，会产生界面分层、键合退化、芯片腐蚀、参数漂移等失效情况。下面介绍若干塑封电路的典型失效案例。

1. 湿气侵入导致的腐蚀

某功率 MOSFET 在使用过程中的反向漏电流超标，经分析发现样品的引线框架、基板等内部结构与模塑料分层。经扫描电子显微镜 (SEM) 和能谱仪 (EDS) 分析，发现芯片表面有明显的银晶枝状金属迁移。MOSFET 界面分层导致芯片电化学迁移如图 5-39 所示。该芯片的腐蚀应为封装界面分层引起的，水汽和外部沾污离子沿封装裂纹侵入芯片表面，在芯片表面发生了电化学迁移。

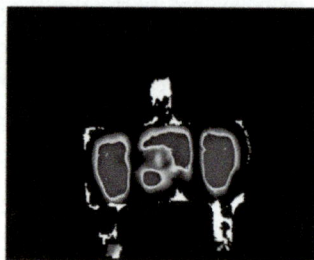

(a) 芯片界面分层的 SEM 照片　　(b) 芯片表面金属迁移呈枝状

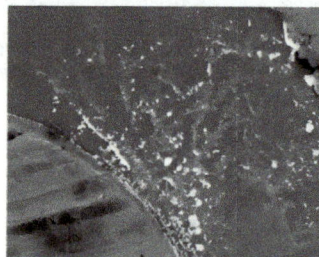

图 5-39　MOSFET 界面分层导致芯片电化学迁移

某 SRAM 电路样品在组装完成后调试时出现 CPU 复位故障，经排查是由 SRAM 故障引起的。对 SRAM 植球并重新焊接，故障依旧；更换新的 SRAM 后故障消失，产品正常工作。经分析，失效样品芯片与框架、模塑料与 PCB 界面明显分层；开封后发现芯片键合被拉脱，系"爆米花"效应所致，其失效形貌如图 5-40 所示。

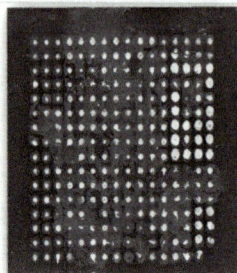

(a) SRAM 芯片外观　　(b) 芯片与框架、模塑料与　　(c) 键合有效伸展
　　　　　　　　　　　　　　PCB 界面分层

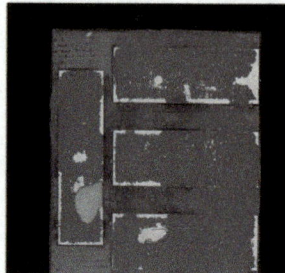

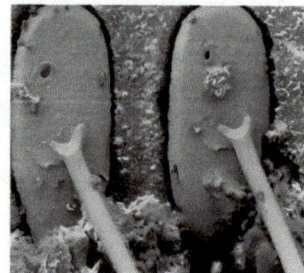

图 5-40　SRAM 的失效形貌

2. 高温导致的孔洞及键合退化

某塑封 RS-485 芯片在组装通电后出现使能端的电平异常，为偶发故障，高温 80℃试验可使偶发故障时间延长，恢复常温后故障会持续一段时间，但之后可恢复，处于不稳定故障状态。经开封分析，发现芯片内多个内键合金球与焊盘分离，形成了一种黄褐色物质，键合金球一侧出现凹陷，经过 SEM 和 EDS 分析，发现黄褐色物质主要成分为 Au-Al 化合物，Au 的含量较高。SEM 和 EDS 分析结果如图 5-41 所示。

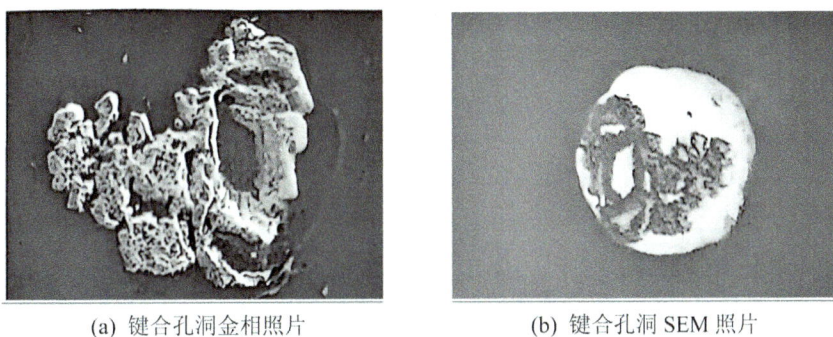

(a) 键合孔洞金相照片　　　　　　　　(b) 键合孔洞 SEM 照片

图 5-41　SEM 和 EDS 分析结果

该失效分析表明：芯片内键合点结合面处的 Au、Al 元素发生扩散，形成了 Au-Al 化合物。将键合金球与 Au-Al 化合物分离，发现焊盘上 Au 含量较高，表明 Au 已经大量扩散至焊盘，因阻焊剂内含有的有机物在高温作用下产生气泡，故形成了柯肯德尔孔洞，最终引起了键合虚焊，产生了间歇性失效。

★ **课程思政**

通信之殇——塑料封装危机

某制造商在生产一批通信设备时，使用了塑料封装的集成电路。然而，在设备投入运营后不久，就发现部分设备出现了信号不稳定、通信中断甚至设备完全失效的问题。经过深入调查，发现问题的根源在于集成电路的塑料封装失效。

具体来说，这批集成电路的塑料封装材料在特定环境条件下（如高温、高湿等）出现了性能退化，导致封装与芯片之间的密封性受损。潮气、污染物等外部因素趁机侵入封装内部，对芯片造成了腐蚀和损害。随着时间的推移，这种损害逐渐加剧，最终导致集成电路完全失效。

由于通信设备失效，运营商的网络服务质量受到了严重影响，部分区域的通信甚至完全中断，给用户的正常使用带来了极大不便。并且为了修复和更换失效的设备，制造商不得不投入大量的人力、物力和财力，增加了额外的成本负担。更为严重的是，这一事件还对该制造商的品牌形象和市场信誉造成了严重损害，部分运营商和用户对其产品质量产生了质疑。

综上，集成电路塑料封装失效可能会引发严重后果。它不仅会影响产品的正常使用和性能发挥，还可能对用户的正常使用和制造商的商业利益造成重大损失。因此，在集成电路的生产和应用过程中，必须高度重视塑料封装的质量和可靠性，采取有效措施预防封装失效的发生。

塑料封装技术的使用决策需以用户利益和社会安全为前提，需要工程师充分考虑塑料封装在不同温湿度条件下的使用受损情况，并在应用于芯片封装之前进行足够的工程实践，获取足够的失效分析数据，全面评估塑料封装产品生命周期中存在的风险并提前给出解决方案。此案例警示我们在未来工作中一定谨记责任重于泰山，随时以严谨的态度对待产品和任务。

任务实施

本任务要求学习掌握塑料封装的失效模式和失效机理、塑料封装失效的检测方法和技术，完成集成电路塑料封装失效分析报告。实施任务时，可参照表 5-24 所示的步骤。

表 5-24 任 务 实 施 单

项目名称	集成电路封装失效分析		
任务名称	塑料封装失效分析	建议学时	2
计划方式	分组讨论		
序 号	实 施 步 骤		
1	**明确分析目标与失效现象：** (1) 收集失效现象 (如漏电流增大、参数漂移、间歇性故障等)，记录环境条件 (湿度、温度、机械应力等)。 (2) 确定潜在失效机理。例如，检查"爆米花"效应、分层 (C-SAM)，分析芯片表面枝晶、键合点退化、界面裂纹 (SEM/FIB)		
2	**非破坏性检测：** (1) 使用光学显微镜 (金相/立体显微镜) 观察封装表面裂纹、引脚变色，初步定位污染或机械损伤区域。 (2) 使用超声波扫描显微镜 (频率为 1～500 MHz) 检测界面分层、面积占比 (如基板界面分层>50% 判为失效)。 (3) 使用 2D/3D X 射线系统检测内部孔洞、键合引线断裂，验证分层是否伴随裂纹或焊球虚焊		
3	**破坏性分析：** (1) 使用喷射腐蚀机或者激光去除模塑料，注意要烘烤样品去除湿气，防止酸蚀损伤。 (2) 使用分压力质谱仪检测内部水汽含量，分析腐蚀性离子 (Cl^-、Na^+ 等)。 (3) 使用 SEM(分辨率<1 nm) + EDS 能谱仪观察芯片表面腐蚀、枝晶生长，元素分析 (如 Au-Al 化合物、Cl^- 扩散路径)。 (4) 使用 TEM(分辨率为 0.1 nm) 进行原子级界面分析 (如键合点柯肯德尔孔洞) 以及 EDS 线扫描验证元素扩散 (如 Au 向焊盘迁移) 分析。 (5) 使用 FIB(刻蚀率为 20 000 μm^3/min) 制备 TSV、键合点纳米级截面，分析裂纹扩展路径 (如热应力导致界面分层)		
4	**失效机理建模与验证：** (1) 分析塑封 SRAM 失效原因，"爆米花"效应→键合拉脱→湿气侵入→未烘烤预处理。 (2) 使用 ANSYS/COMSOL 工具，进行热 - 机械耦合分析 (模塑料 CTE 失配应力) 和电化学迁移模型 (湿气 + 偏压导致枝晶生长) 分析		
5	**输出报告与标准化：** (1) 总结报告，包括失效模式、机理、分析工具 (SEM/EDS 图像、C-SAM 结果)，改进方案 (材料配方、工艺参数)。 (2) 制定企业级塑封设计规范 (如模塑料 CTE$\leq$2 × 10^{-5}/℃)，纳入 IPC/JEDEC 标准 (如界面分层判据)		

在任务实施过程中，重要的工作内容可以参照表 5-25 进行编制。

表 5-25　"塑料封装失效分析报告"示例

项目名称	集成电路封装失效分析		
任务名称	塑料封装失效分析		
失效现象	漏电流增大	参数漂移	间歇性故障
	（表格可添加）		
失效机理	湿气侵入	电化学迁移	热疲劳
	（表格可添加）		
分析	非破坏性分析		破坏性分析
	（表格可添加）		

任务习题

一、选择题

1. 引起塑料封装中常见的"爆米花"效应的主要是（　　）。

A. 高温下的热膨胀　　　　　B. 湿气侵入导致的内部压力

C. 焊接过程中的机械应力　　D. 封装材料老化

2. 塑料封装电路中最常见的环氧树脂固化系统是（　　）。

A. 甲酚、苯酚、酚醛环氧树脂配方

B. 聚碳酸酯配方

C. 聚乙烯配方

D. 聚丙烯配方

3. 在塑料封装中，C-SAM 技术主要用于检测的缺陷是（　　）。

A. 芯片内部的电路缺陷　　　B. 封装内部的裂纹和孔洞

C. 封装外部引脚断裂　　　　D. 芯片表面的金属污染

4. 塑料封装中的界面分层主要会导致（　　）。

A. 参数漂移　　　　　　　　B. 短路

C. 漏电　　　　　　　　　　D. 开路

5. 红外热成像仪在塑料封装检测中主要用于（　　）。

A. 测量封装尺寸　　　　　　B. 检测封装内部的裂纹

C. 测量芯片表面的温度分布　D. 检测封装材料的成分

二、简答题

1. 简述塑料封装在高可靠性应用中的主要风险，并说明如何预防这些风险。

2. 塑料封装中的"爆米花"效应和电化学迁移是如何发生的？这两种失效模式对电路的

影响是什么？

5.4　任务四　气密性封装失效分析

任务目标

1. 掌握气密性封装的失效模式和失效机理。
2. 掌握气密性封装相关特性的检测方法。
3. 完成相关资料的收集。

任务准备

本任务需要先学习气密性封装的失效模式和机理，并通过查询资料进一步学习气密性封装相关特性的检测方法，完成对项目二中气密性封装的失效分析报告。任务单如表 5-26 所示。

表 5-26　任　务　单

项目名称	集成电路封装失效分析
任务名称	气密性封装失效分析
任　务　要　求	
1. 任务准备。 (1) 分组讨论，每组 3～5 人。 (2) 自行收集所需资料。 2. 完成气密性封装失效分析的资料收集和整理。 3. 完成气密性封装失效分析报告	
任　务　准　备	
1. 知识准备。 (1) 气密性封装的失效模式和失效机理。 (2) 气密性封装的气密性、键合性能、多余物和其他性能的检测方法。 2. 设备支持。 在该任务实施过程中需要准备的工具包括： (1) 仪表：无。 (2) 工具：计算机、书籍资料、网络	

自主学习资讯及对应的国家职业技能标准如表 5-27 所示。

表 5-27　自主学习资讯及对应的国家职业技能标准

自主学习资讯	国家职业技能标准
气密性封装的失效模式和失效机理	《国家职业技能标准——半导体分立器件和和集成电路装调工》(6-25-02-06)：8.2.2 三级 / 高级工
气密性的检测	《国家职业技能标准——半导体分立器件和和集成电路装调工》(6-25-02-06)：9.2.2 二级 / 技师
键合性能的检测	《国家职业技能标准——半导体分立器件和和集成电路装调工》(6-25-02-06)：9.2.3 一级 / 高级技师

气密性封装是指为芯片提供难以渗透水汽等污染物的封装，通常用在恶劣环境下或可靠性要求较高的领域，如航空、航天等军用电子产品。对于气密性不好的器件，水汽会在几小时到几天时间内渗透到封装体内，对器件的性能造成影响，甚至导致失效。尤其对于特殊工作环境下的器件，器件腔体与外界形成压差，更容易导致器件内保护气体的泄漏，外界水汽、有害气体、有害离子和粒子进入器件腔体内导致漏电、参数漂移，影响芯片性能，最终导致器件失效问题频发。

理想的气密性封装能够永久地防止污染物（气体、液体及固体）侵入，但这种理想气密性封装现实中并不存在。

5.4.1　气密性封装的失效模式和失效机理

气密性封装中的失效模式与原因如图 5-42 所示，主要的失效模式可以归结为六类，即芯片贴装、有源器件、线焊、外壳密封、基片、沾污。存在缺陷的有源器件、互连性能、封装壳气密性和多层基片质量是气密性封装失效的四大主要因素。

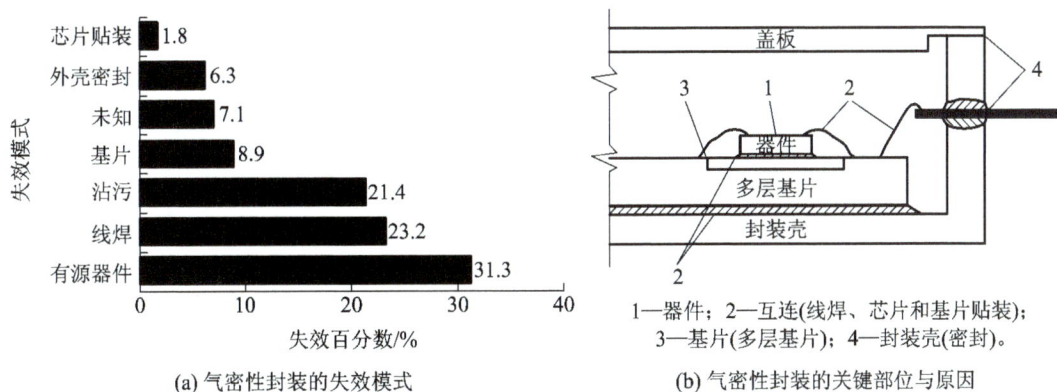

图 5-42　气密性封装中的失效模式与原因

根据封装材料及封装和组装工艺对实际气密性封装性能、可靠性的影响，按不同故障模式的根源进行分类，如图 5-43 所示，这些故障根源导致了气密性损失的三种失效机制，即毛细管泄漏（Capillary Leak）、渗透泄漏（Permeation Leak）和释气（Out Gassing）。

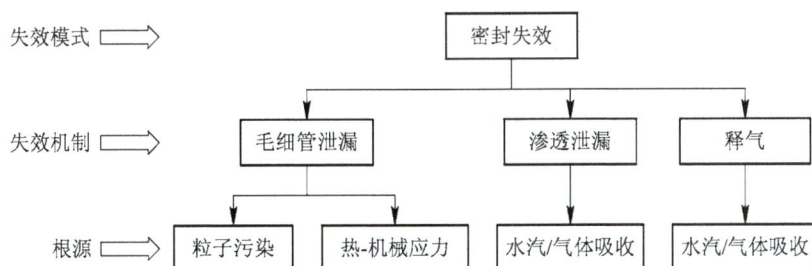

图 5-43　与气密封装失效相关的失效机制分类

毛细管泄漏是指通过在封装腔中的一个或一系列微流体通道造成的泄漏，这些微流体通道充当导管。渗透泄漏是由于气体或液体分子扩散到封装或气密盖板（或盖帽）的材料内，随后解吸附到空腔中而产生的。释气与前两者都不同，当存在于材料表面或内部的气体或液体由于温度升高等外部刺激而释放到空腔中时，则会产生释气。三种失效机制对应的失效根源有粒子污染、热-机械应力和水汽/气体吸收。

接下来，围绕这三种关键的失效根源，对气密性封装的失效机理进行一一介绍。

1. 粒子污染

粒子污染的失效机理主要源于腔体内部部件与细小粒子之间摩擦、磨损。这些失效在器件组装和封装以及使用过程中都会发生。器件在组装和封装过程中，对于微电子元件来说，关键结构（焊点、引线、芯片）间的间隙通常为微米级甚至更小，因此在封装过程中产生的非常小的粒子就会造成器件的损坏。这些粒子的主要来源如下：

(1) 芯片边缘切割和磨削过程中产生的粒子。

(2) 组装或夹持过程中可能存在有机粒子、金属粒子。

(3) 组装和封装设备中引入的粒子。

(4) 封装材料间的相互作用或封装过程中的多余物料。

尤其在芯片切割划片过程中，需要在通过强冷却剂流的同时用金刚石刀片切割晶片。这一过程会产生大量的切割碎片与残留物，芯片表面的污染物或残留物将会增加表面附着力，从而妨碍功能组件的运行。组装及封装过程中产生的粒子将会导致以下故障：

(1) 移动结构受到阻塞无法运行。

(2) 结构的机械桥接。

(3) 高电阻短路、放电和静电放电、导电粒子故障。

(4) 超薄结构共振特性的变化。

(5) 光路受阻，微镜、透镜和光学窗口质量下降。

(6) 阻碍微流体装置中的流体流动。

(7) 表面摩擦力、表面附着力受到影响。

在使用过程中，若存在自由粒子（可动多余物）在气密性封装的集成电路、混合电路等的腔体内，则当器件处于高速变向运动、剧烈振动状态时，这些自由粒子就会发生碰撞，从而导致故障。故障的产生机理与粒子是否导电有关：

(1) 当粒子为金属类导电物质时，会干扰和影响电路的正常工作，使电路时好时坏，严重时会使电路短路，甚至不能正常工作。

(2) 当粒子为有机物类非导电物质时，粒子过大可能会使电路的内部键合引线发生变形，甚至影响信号传导。

2. 热 - 机械应力

在集成电路组装、封装和使用过程中，热 - 机械应力是导致器件功能和可靠性问题的重要原因，其主要来源是封装材料间的热 - 机械失配。在密封工艺中，如果封装漏率足够低，那么芯片就可以在真空中键合，并能够保证每个器件芯片永久处在真空中。受到密封键合方法影响，键合温度从 200℃到 1000℃不等。当然，每种键合方法都有各自的优缺点，这些键合方法均会在封装内部引入相当大的残余应力，这将导致信号输出的长期漂移。另外，粘接工艺参数（如温度、接触压力、施加的电压与时间）的不当控制也会导致密封焊接界面处的显著缺陷、空隙的形成、密封泄漏和脱层失效。

在使用过程中，腔体内部部件材料本身或不同材料之间的热 - 机械失配与界面结合强度不够所引起的热 - 机械失效，会导致电信号不佳。与热 - 机械载荷相关的失效机理解释如下：

1) 塑性材料断裂

金属一类的塑性材料极容易受到蠕变的影响。金属器件在高温环境下长期受到应力加载将产生连续应变，引起蠕变，保载一段时间后，蠕变极易造成器件的断裂失效。温度高低将影响蠕变速率，当应力水平较低而温度又低于材料熔点的 1/3 时，材料不发生明显蠕变现象；当温度在材料熔点的 1/3～1/2 时，材料蠕变将加速，在这种情况下，即使应力低于屈服极限，材料依然极易因蠕变而发生断裂。

2) 脆性材料断裂

硅一类的脆性材料在湿润环境中,加上较大的热-机械循环应力作用,常常产生脆性断裂,或者称为应力腐蚀断裂。例如,单晶硅和多晶硅常作为结构部件选材。硅本身不会因为水汽环境而产生应力腐蚀,但在空气环境中硅表面易被氧化而形成 SiO_2 薄膜, SiO_2 薄膜极易吸收空气中的水分子,尤其在处于高电场环境时, SiO_2 薄膜会与水分子膜发生水解作用。若此时 SiO_2 薄膜内出现微裂纹,则微裂纹会在水解和较高拉伸力的共同作用下扩展。微裂纹扩展则会加快硅氧化,促使上述过程快速进展,最终导致硅的断裂失效。尤其对于硅薄膜,其微裂纹的萌生、扩展和最终断裂失效均发生在氧化层中。

3) 多层材料界面分层

多层材料中不同材料的物理属性失配及工艺差异等原因,使其中有较高的残余应力。涉及的工艺过程主要包括固化、塑封、盖板密封;涉及的服役条件主要包括长期存储、高温存储、温度循环、温度冲击等。环境温度变化会引起热-机械应力变化,材料热膨胀系数失配会导致材料层间界面产生拉、压应力。高-低温应力循环作用使得界面因"棘轮效应"形成疲劳而萌生裂纹并不断地扩展,最终引发分层失效。

另外,除温度应力以外,若界面处在高湿度环境内,则湿气更会加剧热-机械应力引发的分层。同时,由于湿气环境下化学物质可以依靠毛细作用不断地向裂纹深处渗透,因此将加剧化学腐蚀,造成界面之间的裂纹迅速扩展并分层。分层主要发生在管芯、管芯附着和封装衬底之间,或者晶片到晶片键合中的键合薄膜之间,这为湿气进入提供了更简单的途径。

3. 水汽/气体吸收

对于气密性封装,内部水汽或气体超标的原因一般有4个:封装环境中水汽或气体超标;封装壳、芯片粘接等的材料吸附水汽或气体,电路封帽加热等程序后,吸附的水汽或气体逐渐溢出到腔体内;电路在气密测试前已经发生漏气;在使用过程中,气密盖板、盖帽在温度循环、随机振动及冲击过程中由于蠕变、脆断等引起密封接口处产生裂纹,导致封装气密性不佳。依据 GJB 548B—2005 或 GJB 128A—1997 标准,国产军用气密性封装器件在 100℃烘烤至少 24 h 后,其内部水汽含量不超过 0.5%。而在实际生产、使用中,器件内部水汽含量需要控制在 0.1% 以内,以保证器件可靠运行。

和封装内部水汽相关的失效模式如下:

(1) 腐蚀失效。键合点的腐蚀物将导致键合截面接触电阻激增,降低键合强度,使键合点脱键,造成键合开路,引起器件功能失效。

(2) 电迁移、金属迁移。电迁移会导致枝晶、金属化合物生成和离子沾污等现象,从而引发电路短路或烧毁。

(3) 机械损伤。微裂纹内部充水后,其表面张力将引起裂纹快速扩展,使得陶瓷封装壳及钝化层内部裂纹快速萌生,造成氧化层分层和开裂,引发器件失效。

(4) 界面分层。玻璃胶分层、有机芯片分层、热沉开裂等将导致电路失效,影响器件功能。

(5) 漏电。封装内部水汽含量越高,水汽就越容易吸附在芯片表面,形成漏电通道,导致器件漏电流增加,甚至引起器件内污染物的电化学反应,引发器件参数漂移及劣化。

水汽和气体的吸收会导致材料扩散或放气效应。一方面,由于阻挡涂层和密封材料的性能因素,气体会扩散穿过材料,或者发生湿气沿着裂缝和空隙传播的现象;另一方面,腔内使用的阻挡涂层、粘接和蚀刻材料会在高温循环或整个器件寿命期间产生释气现象。

5.4.2　气密性封装的气密性检测

参考 GJB 548B-2005 标准中示踪气体氦细检漏失效判据(表 5-28)和 MIL-STD-883 标准中示踪气体氦细检漏失效判据(表 5-29),可进行系统的气密性检测。表中的 L 表示阈值。

表 5-28　GJB 548B-2005 标准中示踪气体氦细检漏失效判据

封装空腔体积 V	等效标准器率 (L) 拒收规范值（空气）
$V{\leq}0.01\ cm^3$	$5 \times 10^{-3}\ Pa \cdot cm^3 \cdot s^{-1}$
$0.01\ cm^3{<}V{\leq}0.4\ cm^3$	$1 \times 10^{-2}\ Pa \cdot cm^3 \cdot s^{-1}$
$V{>}0.4\ cm^3$	$1 \times 10^{-1}\ Pa \cdot cm^3 \cdot s^{-1}$

表 5-29　MIL-STD-883 示踪气体氦细检漏失效判据

封装空腔体积 V	等效标准漏率 (L) 拒收规范值（空气）
$V{\leq}0.01\ cm^3$	$5 \times 10^{-8}\ atm \cdot cm^3 \cdot s^{-1}$
$0.01\ cm^3{<}V{\leq}0.4\ cm^3$	$1 \times 10^{-7}\ atm \cdot cm^3 \cdot s^{-1}$
$V{>}0.4\ cm^3$	$1 \times 10^{-6}\ atm \cdot cm^3 \cdot s^{-1}$

　　检漏试验一般分为粗检漏和细检漏。先进行细检漏，再进行粗检漏。微电子封装器件气密性的检漏方法主要有 5 种，分别为示踪气体氦细检漏、放射性同位素细检漏、碳氟化合物粗检漏、染料浸透粗检漏和增重法粗检漏。

5.4.3　气密性封装的键合性能检测

　　芯片与衬底互连的主要方式包括引线键合 (WB)、载带键合 (TAB)、倒装芯片 (FC)、重布线层 (RDL) 及硅通孔 (TSV) 转接板。其中引线键合成本低廉，灵活性高，被广泛使用。当然，民用领域中高频率下键合引线的电感和串扰问题严重，因此新型 FC、RDL 和 TSV 转接板得到了广泛关注与快速发展。但对于高可靠性要求的航空、航天等军用气密性封装来说，引线键合仍然是芯片与衬底互连的主流技术。

　　气密性封装中的引线键合两端分别键合在芯片压焊点和外壳焊盘上，引线呈现悬空的结构，不与封装体内其他结构接触。引线抵抗变形的能力越强，其可靠性越好。因此，加速度、振动、冲击和温度循环试验下引线键合强度测试具有重要意义。现有的键合强度考核主要依据 GJB 128A—1997 标准中的方法 2037、GJB 548B—2005 标准中的方法 2011。在 GJB 128A—1997 的方法 2037 中，给出了试验条件 A(引线拉力)、试验条件 B(引线拉力) 和试验条件 C(内引线焊片拉力) 等 3 种试验方法；在 GJB548B—2005 的方法 2011 中，给出了试验条件 A(键合拉脱)、试验条件 B(键合强度)、试验条件 C(引线拉力)、试验条件 D(引线拉力)、试验条件 E(焊接强度) 和试验条件 F(引线拉力) 等 6 种试验方法。下面介绍平直型引线键合强度和非平直型引线键合强度的测试方法。

1. 平直型引线键合强度的测试方法

　　平直型引线键合的键合强度测试示意图如图 5-44 所示。图中的 F 代表不同方向的拉力，θ 代表所施加的拉力与水平方向的夹角。

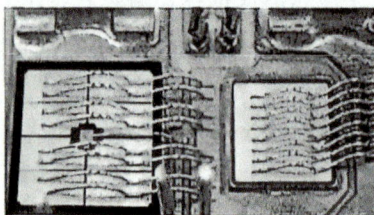

(a) 平直型键合引线实物　　　　　　(b) 引线拉力测试示意图

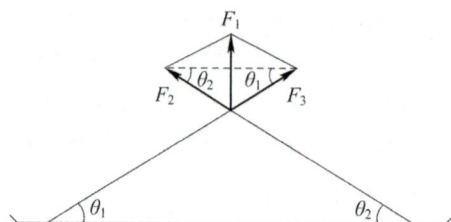

图 5-44　平直型引线键合的键合强度测试示意图

2. 非平直型引线键合强度的测试方法

非平直型引线键合的键合强度测试示意图如图 5-45 所示。图中的 F 代表不同方向的拉力，θ 代表所施加的拉力与水平方向的夹角。

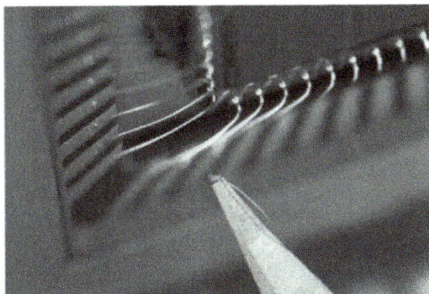

(a) 非平直型键合引线实物　　　　　　(b) 引线拉力测试示意图

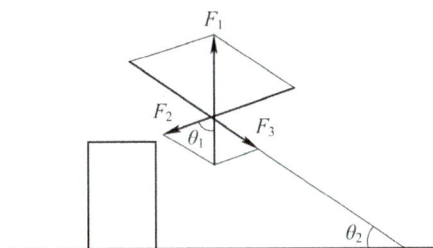

图 5-45　非平直型引线键合的键合强度测试示意图

5.4.4　气密性封装的多余物检测

气密性封装内部的粒子是其失效的主要诱因之一，采用粒子碰撞噪声检测 (PIND) 试验可以有效确定封装中的粒子成分与含量。PIND 本质上是先利用机械冲击及振动，使被约束或黏着在气密封装中的多余粒子松动，再采用某一固定频率振动加载，使已经松动的粒子发生移动。一旦粒子在气密性封装内发生移动，那么粒子将相对于封装内部的器件发生随机性的滑动和碰撞，在这期间，会随之产生声波与弹性波。这两种波在封装壳中传播，产生混响信号，混响信号可通过转化确定粒子的位移信号。基于声学传感技术可以拾取位移信号，经过一系列的前置放大、采集、处理等操作，最终得以显示。

PIND 的检测结果随机性较大，常常出现复检无法复现失效的情况。因此，在 PIND 试验中，出现一次失效，即判定为失效。

造成 PIND 试验失效的粒子主要涉及芯片边缘的硅渣 (屑)、陶瓷封装壳内部的陶瓷粒子、芯片表面的粘接材料、键合引线碎片、封帽多余的合金焊料等。

5.4.5　气密性封装的其他性能检测

下面介绍气密性封装的其他性能检测方法。

1. 光学检漏测试方法

光学检漏是一种新型气密性检测技术，其原理可参考图 5-46。在光学检漏试验中，首先将封装器件放置在测试室，室内通入氦气，形成一定压力，受到测试室内氦气压力作用，封装表面发生凹变形。若没有漏气，则封装表面变形始终保持恒定状态；若发生漏气，则氦气迅速进入封装内部，封装内外的压差减小，封装表面变形随之恢复。这时，封装漏气速度与变形恢复速度成正比。在测试过程中，若气密性封装发生漏气，光学测漏仪内置的数字 CCD 视频摄像机将记录不同时间封装表面入射激光束与反射激光束的干涉条纹，基于干涉条纹变化进行计算，得到封装表面变形恢复速度，基于封装材料、厚度、面积及气密空腔体积等，推算出气密性封装在氦气中的漏率。光学检漏技术可以在一次测试中覆盖粗检漏和细检漏，测试范围从 "开盖状态" 到 5×10^{-9} atm • cm³ • s⁻¹ 整个过程。

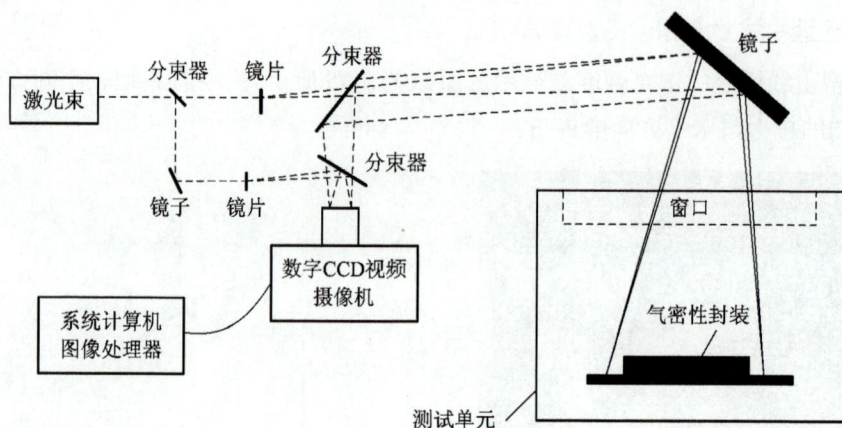

图 5-46　光学检漏原理

2. X射线检测方法

X 射线检测作为一种重要的无损检测技术，在焊接质量评估及工业探伤领域获得广泛应用。其技术原理是基于 X 射线穿透材料时发生的衰减效应，即当高能 X 射线穿透被检工件时，材料内部不同密度区域对射线产生差异化的吸收作用。其具体表现为材料密度越高、厚度越大，对 X 射线的衰减程度越显著。穿透后的剩余射线通过成像介质（如胶片或数字探测器）转换为可见光信号，最终形成具有明暗对比的影像图，即可直观地呈现工件内部结构的密度差异。

该技术凭借其非破坏性、高穿透性及可视化检测优势，可精准识别焊接接头中的气孔、夹渣、未熔合等典型缺陷，同时能够量化评估缺陷的几何尺寸与空间分布。通过专业影像判读系统，检测人员可对构件内部质量进行三维空间分析，为工业产品的质量控制和寿命评估提供关键数据支撑。

⭐ 课程思政

硅通孔 (TSV) 转接板

硅通孔 (TSV) 转接板是一种根据半导体工艺制造的电子元器件，通常应用于 IC 封装、芯片测试等领域。

硅通孔转接板的基本结构包括层板、接插件、插针等，因其硅通孔的特殊结构得名。硅通孔转接板通过硅通孔实现芯片封装与测试的相互转换，它将芯片封装在转接板上并通过插针与测试仪器连接，这样可以在封装完成之前进行芯片测试。同时，在封装完成后也可以通过硅转接板进行芯片测试，以确保芯片的质量和性能。

TSV 转接板按照结构可以分为凸点扇出型、键合扇出型和混合型。以常用的凸点扇出型 TSV 转接板为例，TSV 转接板的实施从硅晶圆开始，先进行 TSV 通孔，然后是无机介质多层布线和有机介质多层布线、正面微凸点、背面减薄露头和背面凸点的制作。这种制作方式融合了化学机械抛光、干法刻蚀与湿法腐蚀等多种工艺，可实现厚度达到 30～50 μm 的超薄硅片。

TSV 转接板在集成电路制造中可以有效减少封装误差和封装成本，提高芯片的稳定性和可靠性。此外，在芯片测试中，硅通孔转接板也可以大大提高测试效率和精度。

　　然而，国内如此优秀的硅通孔转接板技术却来之不易。在 21 世纪 10 年代初期，我国在高端封装领域，如 2.5D/3D 集成领域，依然是依赖国外的 TSV 工艺，尤其在高深宽比刻蚀、无缺陷电镀填充等环节存在瓶颈，这时中国科学院微电子所与国内长电科技成立专项团队，聚焦联合攻关 TSV 转接板量产技术，优化了深硅刻蚀工艺，提升了铜填充可靠性等，将其应用于长电科技产线后，打破了日月光 (ASE) 等企业的垄断。他们通过产学研合作突破海外技术封锁，把核心技术掌握在自己手中，真正做到了科技报国。

⚙ 任务实施

　　本任务要求学习气密性封装的失效模式和失效机理和气密性封装相关特性的检测方法，完成集成电路气密性封装失效分析报告。实施任务时，可参考表 5-30 所示的步骤。

表 5-30　任 务 实 施 单

项目名称	集成电路封装失效分析		
任务名称	气密性封装失效分析	建议学时	4
计划方式	分组讨论		
序　号	实 施 步 骤		
1	**明确失效现象与初步定位：** (1) 记录失效现象，包括参数漂移、漏电流增大、间歇性短路/开路、环境条件 (温度、湿度、振动、气压变化等)。 (2) 非破坏性初步检测，如氦质谱检漏、X 射线检测、光学检漏		
2	**粒子污染分析：** (1) 使用 PIND 仪 (振动频率为 200～300 kHz，冲击加速度＞1000 g) 检测可动多余物 (如硅渣、键合碎片)，一次失效即判为不合格。 (2) 使用 SEM/EDS(扫描电镜 + 能谱)，观察粒子形貌，分析粒子成分 (如陶瓷碎片、焊料残留)		
3	**热 - 机械应力与材料失效分析：** (1) −55～125℃ 循环后，利用 SAM/C-SAM 监测界面分层扩展 (如基板 / 芯片粘接界面)，或者利用红外热成像定位热点，评估热阻变化。 (2) 施加平直/非平直引线拉力，进行键合拉脱测试，评估键合点结合强度，当拉力值低于标准阈值时判为失效。 (3) 使用 CTE 分析，对比封装材料 (金属、陶瓷、硅) 热膨胀系数，并进行蠕变测试，检测高温下金属引线的蠕变断裂风险		
4	**水汽/气体吸收与腐蚀分析：** (1) 使用分压力质谱仪，检测腔体水汽含量，并分析腐蚀性气体 (Cl^-、Na^+ 等)。 (2) 利用 SEM/EDS 观察键合点腐蚀、枝晶生长 (如 Au-Al 化合物导致接触电阻增大)，利用 FIB-TEM 分析纳米级截面裂纹扩展路径		
5	**失效机理建模与验证：** (1) 利用热 - 机械耦合模拟 CTE 失配导致的分层应力 (如陶瓷封装与金属盖板)，利用湿气扩散模型预测水汽渗透路径与腐蚀风险区域。 (2) 故障树分析 (FTA)，包括顶事件 (如漏电)、失效模式 (腐蚀)、失效机理 (湿气侵入)、影响因素 (封装泄漏)		

　　在任务实施过程中，重要的工作内容可以参照表 5-31 进行编制。

表 5-31　"气密性封装失效分析报告"示例

项目名称	集成电路封装失效分析		
任务名称	气密性封装失效分析		
失效现象	参数漂移	漏电流增大	间歇性短路/开路
	（表格可添加）		
失效分析	粒子污染分析	热-机械应力与材料失效分析	水汽/气体吸收与腐蚀分析
	（表格可添加）		

任务习题

一、填空题

1. 气密性封装通常用于＿＿＿＿环境下或＿＿＿＿要求较高的领域，如航空、航天等军用电子产品。

2. 气密性封装中的主要失效模式可以归结为六类，即芯片贴装、有源器件、线焊、＿＿＿＿、基片、沾污。

3. 气密性封装失效的三种主要失效机制包括毛细管泄漏、＿＿＿＿和释气。

4. 气密性封装中的热-机械应力主要来源于封装材料间的＿＿＿＿失配。

5. 气密性封装内部的粒子是其失效的主要诱因之一，采用＿＿＿＿试验可以有效确定封装中的粒子成分与含量。

二、简答题

1. 解释气密性封装中水汽/气体吸收导致的失效模式，并说明这些失效模式对电路的影响。

2. 描述光学检漏测试方法的原理及其在气密性封装检测中的应用。

5.5　任务五　3D 封装失效分析

任务目标

1. 掌握 3D 封装的失效模式。
2. 掌握 3D 封装的失效机理。
3. 完成 3D 封装失效典型案例学习。

任务准备

本任务需要先学习 3D 封装的失效模式和机理，完成失效典型案例的学习，并能够针对项目四中 3D 封装进行失效分析，完成 3D 封装失效分析报告。任务单如表 5-32 所示。

表 5-32 任 务 单

项目名称	集成电路封装失效分析
任务名称	3D 封装失效分析

任 务 要 求

1. 任务准备。
(1) 分组讨论，每组 3～5 人。
(2) 自行收集所需资料。
2. 完成 3D 封装失效分析的资料收集与整理。
3. 完成 3D 封装失效分析报告

任 务 准 备

1. 知识准备。
(1) 3D 封装的失效模式。
(2) 3D 封装的失效机理。
2. 设备支持。
在该任务实施过程中需要准备的工具包括：
(1) 仪表：无。
(2) 工具：计算机、书籍资料、网络

自主学习资讯及对应的国家职业技能标准如表 5-33 所示。

表 5-33 自主学习资讯及对应的国家职业技能标准

自主学习资讯	国家职业技能标准
3D 封装的失效模式	《国家职业技能标准——半导体分立器件和集成电路装调工》(6-25-02-06)：2.2.3 一级 / 高级技师
3D 封装的失效机理	《国家职业技能标准——半导体分立器件和集成电路装调工》(6-25-02-06)：6.2.1 一级 / 高级技师

任务资讯

5.5.1 3D 封装的失效模式

在过去的几十年中，在摩尔定律的指引下，晶体管的尺寸不断减小，芯片的性能不断提高。随着集成电路产业的不断发展，电子制造产业正在接近传统 CMOS 工艺所能达到的物理极限，通过缩小晶体管尺寸来提高性能愈发困难。根据国际半导体技术发展路线图 (International Technology Roadmap for Semiconductor，ITRS)，基于叠层互连集成的 3D 封装是"后摩尔时代"至关重要的研究方向。3D 封装将多个芯片或系统 (如图像传感器、MEMS、射频模块、存储器等) 在垂直方向叠层，以形成更加小型化、多元化、智能化的系统，为 5G、IoT、AI 等新兴领域提供有效的解决方案。3D 封装方式主要有芯片叠层 (CoC)、封装叠层 (PoP/PiP) 和 3D 硅通孔 / 玻璃通孔 (3D TSV/TGV) 集成等。截至目前，3D 封装技术已在高校、研究所、封装测试公司等被广泛研究。但是，该技术在广泛应用前，还有许多可靠性问题需要解决，如高功率密度的热量累积问题、异质异构集成的材料热膨胀系数不匹配问题、结构分层问题等。下面介绍几种 3D 封装常见的失效模式。

1. 芯片叠层工艺导致的失效

引线键合和倒装键合是芯片叠层封装中常用的两种方式。与其他封装结构相比，芯片叠层封装比单芯片封装的可靠性低，其失效模式主要包括芯片开裂，分层，键合失效、碰丝和断裂，减薄工艺缺陷，焊点失效。

(1) 芯片开裂。芯片开裂的原因有两点：一是过大的机械应力造成芯片开裂；二是芯片和封装材料之间的热膨胀系数不匹配，在回流焊等温度变化大的工艺中，异质界面产生剪切应力和拉应力导致芯片开裂。芯片开裂示意图如图 5-47 所示。

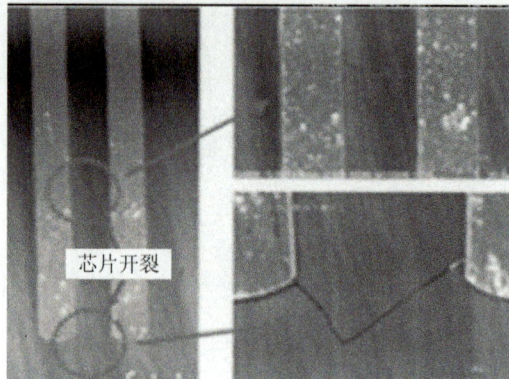

图 5-47　芯片开裂示意图

(2) 分层。分层可能出现在芯片与引线框架、引线框架与模塑料、焊点与基板等位置，芯片分层现象如图 5-48 所示。引起分层的原因主要有热失配、界面反应（如氧化、潮湿、污染等）、机械载荷、内部压力、体积收缩或膨胀。

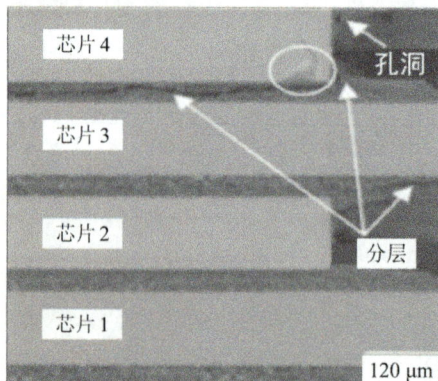

图 5-48　芯片分层现象

(3) 键合失效、碰丝和断裂。封装结构的键合失效主要表现为键合点开路或键合引线断开。键合点开路的原因主要有 Au-Al 化合物失效、键合质量差、热疲劳、腐蚀等。键合引线断开的原因主要有大电流熔断和机械应力拉断。在多个芯片叠层的封装结构中，键合引线的数量随着芯片层数的增加而增加，进而提高了键合引线碰丝的风险。同时，在特定厚度的塑封体内，随着叠层芯片层数的增加，各键合引线间的空间越来越小，尤其是低弧度键合，其碰丝的风险大大提高。目前，行业内使用的低弧度键合工艺主要有标准正向键合工艺、叠层正向键合工艺和叠层反向键合工艺 3 种。叠层反向键合是当前 3D 封装内部芯片互连主要使用的低弧度键合技术，但在叠层反向键合过程中引线易反拉过度，进而导致引线颈部裂缝，甚至断裂而引起失效。

(4) 减薄工艺缺陷。相比传统 2D 封装工艺，3D 封装工艺需要对叠层芯片进行减薄处理。减薄工艺存在的主要缺陷是表面粗糙与翘曲问题。首先，减薄的晶圆厚度小，易发生断裂失效。

其次，芯片背面研磨常易导致芯片表面凹凸不平，在局部产生较大应力，进而会降低产品的可靠性及缩短使用寿命。当划片时，晶圆容易发生崩裂（晶圆较薄且很脆，背面崩裂可能延伸到晶圆正面，从而发生晶圆崩裂）。即使崩裂程度轻微，前期未被发现，也会影响器件在服役期间的可靠性。

(5) 焊点失效。芯片互连焊点存在焊点断裂、Cu_3Sn 微焊点中的柯肯德尔孔洞和多孔孔洞、晶界脆化和晶间断裂、Ni/Sn/Ni 微焊点孔洞等问题。

2. 封装叠层工艺导致的失效

封装叠层的 3D 互连工艺主要包括：焊膏印刷；贴装底部封装体；贴装顶部封装体；回流焊、底部填充及检测。这些工艺导致的失效模式主要包括翘曲和焊点失效。

1) 翘曲

为了降低整个叠层封装结构的厚度，需要将基板最大限度地做薄，在回流焊过程中，基板温度升高而膨胀导致底部封装体产生较严重的翘曲。同时，由于封装材料之间的膨胀系数不匹配，在回流焊过程中或器件服役过程中会产生翘曲。组装回流焊过程中的翘曲如图 5-49 所示。图 5-48(a) 是"皱眉"翘曲示意图，熔化焊料的外部被挤压到一起，从而形成焊料桥（短路）；图 5-48(b) 是"笑脸"翘曲示意图，外部焊点被拉开，这可能导致一个间隙（开路）。芯片或晶圆的翘曲可能会对组装工艺、装配成品率、焊点可靠性的保证及应用构成较大的挑战。

(a) "皱眉"翘曲　　　　(b) "笑脸"翘曲

图 5-49　组装回流焊过程中的翘曲

2) 焊点失效

焊点失效主要体现在以下几个方面：

(1) 焊点断裂。封装叠层相关的互连焊点包括单个封装结构之间的第一级焊点和将封装连接到 PCB 的第二级焊点。微凸点材料通常是 Sn 基的无铅焊料，如 SnAgCu、SnAg、SnCu 和 SnAgCu-X 等，其中 X 表示第四元素。焊点互连时会在中间形成一层金属间化合物（Inter Metallic Compound，IMC），IMC 的机械性能较差，在受到机械冲击和振动时，容易发生断裂。

(2) Cu_3Sn 微凸点中的柯肯德尔孔洞和多孔孔洞。在高温存储试验或电流应力试验期间，通常在 Cu/Sn 微凸点中观察到柯肯德尔孔洞，Cu 过度消耗而导致 Cu_3Sn 层中形成微孔。柯肯德尔孔洞是一个严重的可靠性问题，如果不加以控制，它会沿 Cu_3Sn/Cu 界面粗化，并诱导形成微裂纹，甚至导致器件失效。在腐蚀性热退火或电流应力作用下，$Cu/Cu_3Sn/Cu$ 微凸点内部可能生成一种多孔孔洞。

(3) 晶界脆化和晶间断裂。Ni/Sn/Ni 微凸点在温度和电流的作用下会生成一些微孔，这些微孔会沿着 Ni_3Sn_4 晶界扩散形成较大的孔洞，引起晶界脆化。从力学可靠性的角度来看，沿含有大量微孔和杂质的晶界处可能发生晶间断裂。

(4) Ni/Sn/Ni 微凸点孔洞。反 IMC 冲击引起的生长效应往往会形成不均匀的界面，从而导致在热退火过程中形成 Sn 须。Sn 原子的扩散速度较快，非对称的原子通量会导致空位在 Sn 须处聚集。当剩余的 Sn 原子被完全消耗时，空位的过饱和就会导致空穴的形成，进而形成孔洞。Ni_3Sn_4 微凸点内部的孔洞会严重降低机械可靠性。

3. TSV 晶圆制造导致的失效

在 TSV 技术中，中介层是封装互连的宏观功能载体，而介质层是 TSV 内部实现绝缘的微观功能层。两者虽属于同一技术体系，但层级、功能及工艺定位截然不同。

基于 TSV 中介层的 3D 封装互连技术主要由 5 个工艺制程组成，即 TSV 晶圆制备、晶圆减薄、超薄晶圆切割、晶圆键合和解键合、3D 芯片叠层封装，在这 5 个工艺制程中面临着许多可靠性相关问题。

1) TSV 晶圆制备导致的失效

TSV 晶圆制备导致的失效主要体现在以下几个方面：

(1) TSV 开路或短路故障。当采用等离子体刻蚀硅基体形成 TSV 时，等离子体密度分布固有的不均匀性可能导致 TSV 开路和短路故障。TSV 刻蚀工艺缺陷会导致晶圆边缘有残余的硅，进而引起晶圆边缘的 TSV 开路故障；也会导致晶圆中心存在过度刻蚀现象，易引起晶圆边缘的 TSV 漏电或短路故障。介质沉积后，当采用等离子体穿透刻蚀工艺去除 TSV 底部的介质材料时，如果介质材料刻蚀不充分，则 TSV 底部会有残余的介质，从而引起 TSV 开路；如果介质材料过度刻蚀，则后道制程 (Back End Of Line，BEOL) 内部的局部互连可能被破坏，进而导致 TSV 漏电。

(2) TSV 轴的孔洞线。当电沉积金属铜时，若电流密度与添加剂使用不当，则会沿 TSV 轴生成孔洞线。在沉积后的退火过程中，孔洞线会生长，并导致 TSV 填充料机械性能和电性能的退化。

(3) 铜与硅基体短接。TSV 侧壁的形貌会对后道封装工艺产生影响，TSV 侧壁的粗糙度较大会导致 TSV 中金属铜与硅基体短接，进而引起漏电。此外，TSV 介质层内部的微裂纹可能是 TSV 漏电的原因之一。

(4) 晶圆翘曲。由于在 TSV 结构中，金属、介质层、硅基体之间的热膨胀系数不匹配，因此在 TSV 底部的介质层和阻挡层的槽点处会产生应力集中的现象。与传统晶圆相比，TSV 晶圆两侧具有互连结构，如果两侧的残余应力不平衡，则可能出现晶圆翘曲。在实际工艺过程中，可通过减小晶圆两侧的残余应力差或增加晶圆厚度来减小晶圆翘曲。

(5) 电介质分层。在 TSV 完成金属填充后，会采用化学机械抛光 (Chemical Mechanical Polishing，CMP) 方式来消除 TSV 表面的铜覆盖层。与压痕效应类似，在化学机械抛光过程中，TSV 中的低介电常数介质可能会因机械应力而出现裂纹或分层。

(6) 载流子迁移率降低。铜和硅表面产生的应力对 TSV 附近器件的电性能会产生不利影响，由于产生了压阻效应，因此载流子迁移率降低。

(7) 铜胀出。经过加热和冷却后，铜在靠近 TSV 端部的界面附近产生最大冯·米塞斯应力，从而产生塑性变形，这是铜胀出的根本原因。热循环之后可能存在 Cu-SiO$_2$-Si 界面产生介质裂纹、TSV 顶部金属线粗糙化等问题。

(8) RDL/BEOL 结构变形或 TSV 端部封盖层分层。由于 TSV 的端部通常连接到 RDL/BEOL 结构，因此通孔的铜凸起或侵入对这些结构的完整性构成重大风险。通孔端部的铜凸起产生的应力引起的 RDL/BEOL 结构变形或 TSV 端部封盖层的分层，会给器件的可靠性带来极大的挑战。

2) 晶圆减薄导致的失效

在 3D 封装中，为了将更多的芯片封装在一个封装壳里，需要将芯片进行磨削减薄，有时必须将其厚度控制在小于 200 μm 的水平，甚至小于 50 μm。晶圆减薄导致的失效主要体现在以下几个方面：

(1) 晶圆翘曲。在磨削过程中可能产生各种缺陷，如划伤、裂纹、碎屑和非晶或多晶表面损伤层。这些缺陷会降低硅的断裂韧性，增加晶圆翘曲的概率。晶圆翘曲可能会导致芯片断裂、焊点脱落等可靠性问题，晶圆翘曲导致的断裂如图 5-50 所示。同时，晶圆翘曲会给后道封装工艺带来挑战，例如给 TSV 图形化过程带来不便。

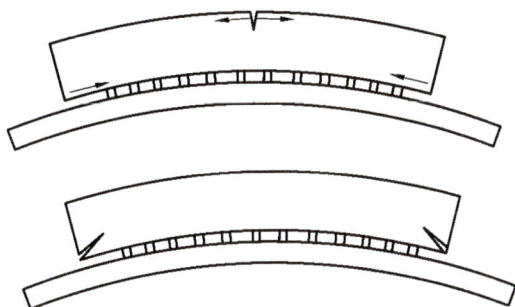

图 5-50　晶圆翘曲导致的断裂

(2) 残余应力累积。在晶圆减薄过程中，晶圆上存在残余应力。残余应力包括压缩应力和拉伸应力，这取决于介质沉积条件、金属镀层条件和晶圆减薄条件等。

(3) 晶圆级波纹。除晶圆级弯曲以外，晶圆级波纹是晶圆在减薄和高温处理后经常出现的一种现象，这对之后的背面处理制程造成了重大挑战。

3) 超薄晶圆切割导致的失效

超薄晶圆切割导致的失效主要体现在以下几个方面：

(1) 芯片崩裂及微裂纹。超薄晶圆的切割容易使芯片产生裂纹。裂纹通常可以分为两种：一种是贯穿式裂纹，如果伤及有效电路区，则会直接导致芯片失效，如图 5-49(a) 所示；另一种是微裂纹，虽然有效电路区可能不会被伤及，光学检查也极难发现这种裂纹，但它导致严重的可靠性问题是无法避免的，如图 5-51(b) 所示。

(a) 贯穿式裂纹　　　　　　　　　　　　　　(b) 微裂纹

图 5-51　芯片崩裂及微裂纹

(2) 切屑和硅侧壁微裂纹。高金属含量的划道会增加刀片的负荷，从而增加划道上形成的切屑数量，这可能导致在硅侧壁上形成微裂纹。切屑的大小和发生率、硅片的厚度以及模具的残余应力决定了可靠性风险。典型的可靠性失效原因是装配和试验相互作用而导致的硅片裂纹。在特殊的情况下，模塑料或环氧树脂圆角会产生开裂的现象。

(3) 介质裂纹和分层。由于力学性能较差，一些低介电常数介质在机械切割过程中存在裂纹和分层风险。

(4) 芯片开路。在激光切割过程中，硅和低介电常数介质可能会产生材料碎片，并在晶圆表面重新沉积，这会在芯片连接过程中导致开路，也会导致环氧树脂分层和焊点裂纹。

4) 晶圆键合和解键合导致的失效

3D 封装器件制备经常需要将晶圆先临时键合在一个载片上，后面再进行解键合。晶圆键合和解键合导致的失效主要体现在以下几个方面：

(1) 键合质量下降。晶圆表面纳米级或亚纳米级槽中的表面污染或冷凝水分会对流体在键合表面的润湿产生负面影响，导致键合质量下降。

(2) 表面条纹。在旋涂过程中，阻碍正常流体流动的表面大尺寸粒子会在涂层中形成条纹。

(3) 晶圆变化。在键合和解键合的处理过程中，晶圆会经历多次热循环，结构层间热膨胀系数的差异会使晶圆叠层在冷却过程中产生应力，并引起晶圆翘曲、总厚度变化增加、分层，甚至开裂。

(4) 非接触性开路。在键合和解键合过程中，随着焊料体积的缩小，微凸点焊料扩散到底部 UBM(Under-Bump Metallization, 凸点下金属化层) 的问题越来越严重。在接近微凸点焊料熔点的温度下，圆形微凸点顶部回流焊后被硬卡盘材料压扁，在芯片连接过程中可能导致非接触性开路。微凸点在回流焊过程中显示轻微扁平和严重扁平，如图 5-52 所示。

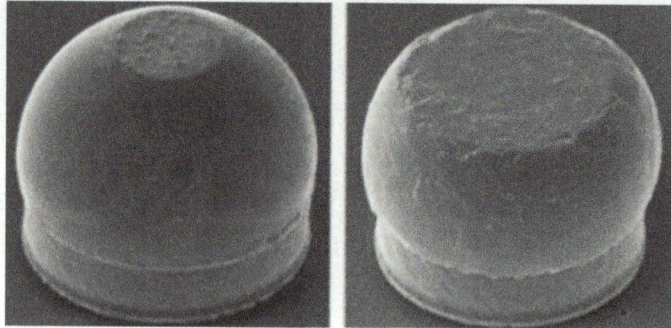

图 5-52　微凸点在回流焊过程中显示轻微扁平 (左) 和严重扁平 (右)

5) 3D 芯片叠层封装导致的失效

3D 芯片叠层封装导致的失效体现在以下几个方面：

(1) 弯曲、分层、断裂失效。通过把两个或多个芯片在垂直方向上叠层来实现 3D 芯片叠层封装。芯片经减薄后，其强度和抗应力能力会降低，因此引线框架和芯片之间热膨胀系数的差异及过大的贴片外力都会导致芯片发生弯曲、分层，甚至断裂失效。超薄叠层封装中使用了贴片薄膜代替贴片胶，但贴片薄膜的长度一般都比芯片短，并且在进行塑封时，贴片薄膜边缘可能会出现孔洞。超薄叠层封装中的孔洞如图 5-53 所示，这些孔洞会成为裂纹或分层的初始点。

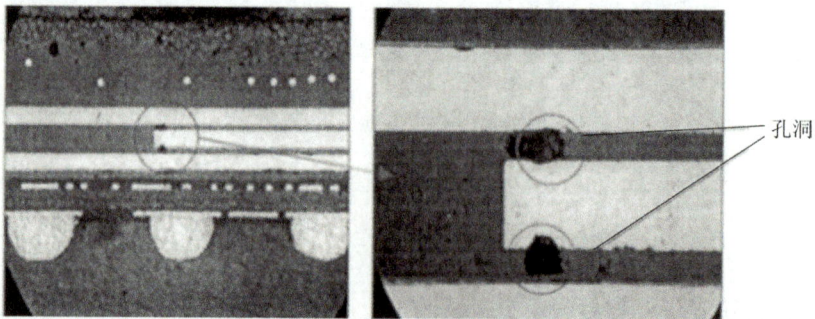

图 5-53　超薄叠层封装中的孔洞

(2) 芯片空隙填充分层、焊点短路、电化学迁移或腐蚀。一般来说，芯片连接工艺流程包括助焊剂喷涂 (或浸渍)、芯片拾取和放置、回流焊和清洗 (或排流)。在此过程中，助焊剂可能会在芯片填充空隙残留，并造成芯片空隙填充分层、焊点短路、电化学迁移或腐蚀等可靠性风险。

(3) 焊点开裂、漏焊、孔洞、桥连、润湿不良。3D 封装器件的封装结构比较复杂，如多层裸芯片叠层、封装叠层等，这些新型封装结构增加了大量微小且高度密集的焊点。相比于传统封装，新型封装对焊点的要求更加严格，常见的焊点失效模式包括焊点开裂、漏焊、孔洞、桥连、润湿不良等。焊点 "枕头效应" 放大形貌和焊点桥连形貌如图 5-54 所示。

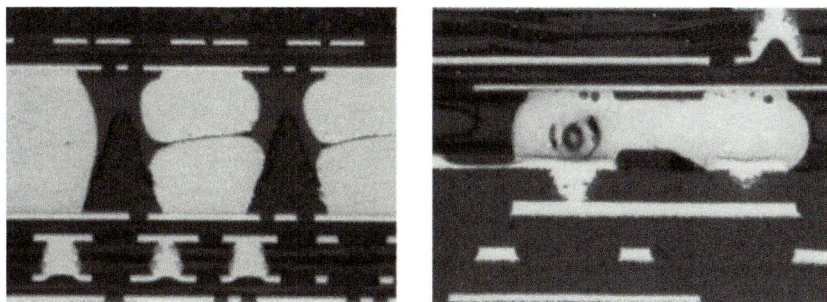

图 5-54　焊点"枕头效应"放大形貌和焊点桥连形貌

(4) 芯片错位、芯片倾斜、焊点断路。3D 封装中芯片的数量和层数比较多，这就要求芯片更薄，所以传统 2D 封装中使用的大规模回流焊工艺无法用于 3D 封装。因为回流焊会产生高温，高温导致的从芯片和基板延伸的翘曲会克服焊料表面张力，从而引起芯片错位，并导致芯片倾斜、焊点断路。

5.5.2　3D 封装的失效机理

根据损伤累积速率，可以将 3D 封装的失效机理分为两类，即过应力和磨损，如图 5-55 所示。过应力失效往往是瞬时的和灾难性的；长期的损坏累积会导致磨损失效，磨损失效首先表现为性能退化，然后才是器件失效。

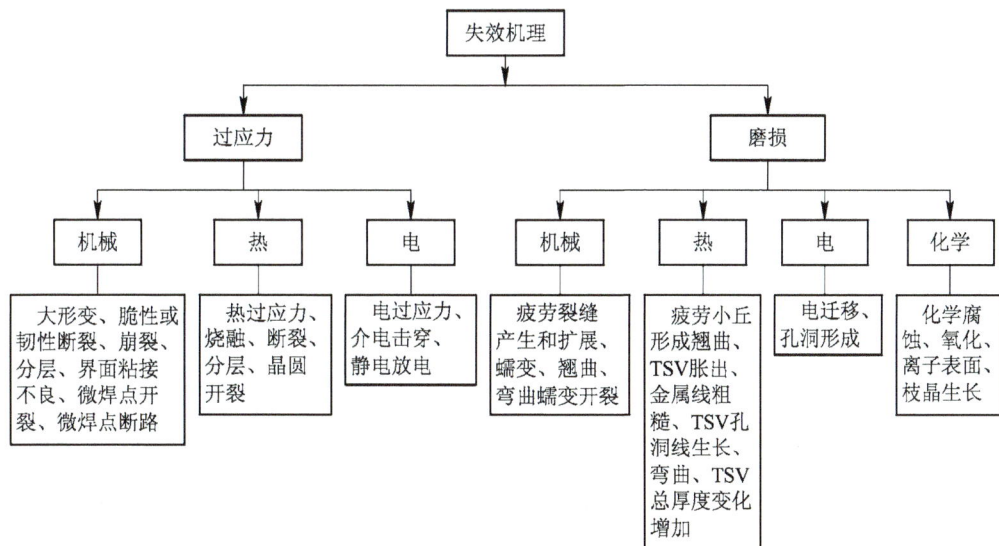

图 5-55　失效机理分类

进一步地，根据引发失效的载荷类型，可将 3D 封装失效机理分为机械、热、电和化学等载荷类型。在 3D 封装结构的可靠性分析研究中，通常按载荷类型来分类，其中失效时间是一个关键参数。

(1) 机械载荷。机械载荷包括物理冲击、振动在 3D 封装体上施加的应力和惯性力。3D 封装的结构和材料对机械载荷的响应主要包括大形变（弹性形变和塑性形变）、脆性或韧性断裂、崩裂、分层（芯片间分层、介质与芯片分层或其他界面分层、TSV 填充料分层、TSV 与 RDL/BEOL 结构分层、封装分层等）、界面粘接不良、微焊点开裂、微焊点断路、翘曲或弯曲、疲劳裂缝产生和扩展、蠕变及蠕变开裂等。

(2) 热载荷。热载荷包括 3D 互连工艺中的高温加热（如微凸点的热压焊、封装叠层的回流焊、TSV 中的化学机械抛光预加热、介质生长等）、各个芯片或封装体本身的加热工艺及应用环境的热载荷影响等。材料因热膨胀而发生尺寸变化的问题皆由外部热载荷导致，蠕变速率之类的物理属性也会被热载荷改变。封装结构失效的大部分原因是热膨胀系数失配而引起局部应力集中。此外，器件内易燃材料的燃烧也会引起热载荷过大而产生失效。

(3) 电载荷。引起电载荷的主要原因有电冲击、电压不稳或电流传输时突然的振荡而引起的电流波动、静电放电、电过载、输入电压过高和电流过大等。外部电载荷导致的可靠性问题主要有介电击穿、电压表面击穿、电能的热损耗及电迁移等。此外，电载荷会增加电解腐蚀、引起枝晶生长，进而导致漏电、热降解等问题。

(4) 化学载荷。与化学载荷相关的可靠性问题主要是由服役环境引起的化学腐蚀、氧化和离子表面枝晶生长等。环境中的湿气通过模塑料渗透进入器件而引起的器件性能退化是塑封器件的主要问题。环境中的湿气渗透进入封装体后，将封装体中的残留催化剂萃取出来，形成新的产物，这些产物进入芯片的金属焊盘、半导体结构等各种界面，从而引起器件性能退化。例如，组装后残留在器件上的助焊剂会通过封装体迁移到芯片表面，从而带来可靠性问题。此外，长期暴露在高温高湿环境下的封装材料会发生降解，如环氧聚酰胺等，该效应也被称为逆转，由于模塑料的降解可能需要几个月或几年，因此一般采用加速测试来鉴定模塑料是否易发生降解失效。

5.5.3 3D 封装的典型失效案例

下面介绍几个 3D 封装的典型失效案例。

1. CoWoS 3D 封装结构失效案例

CoWoS(Chip on Wafer on Substrate，基板上晶圆级芯片封装) 是一种先将半导体芯片通过晶圆上封装 (Chip on Wafer，CoW) 方式封装连接至晶圆，再把芯片到晶圆 (Chip-to-Wafer，C2W) 的芯片与基板连接，集成而成的封装形式。图 5-56 为典型的 CoWoS 结构。

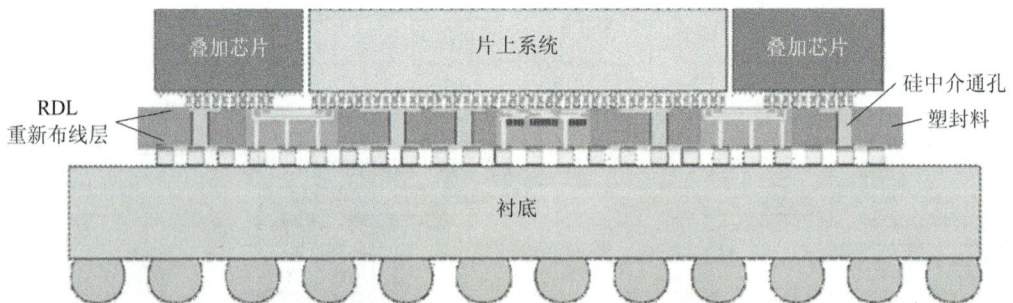

图 5-56　典型的 CoWoS 结构

CoWoS 封装可靠性分析主要体现在以下几个方面。

1) TSV 中介层中 Cu 互连的可靠性

由于中介层采用高密度 Cu 互连，因此在 Cu 互连下方插入大量的 Cu-TSV 会给产品的可靠性带来许多问题。TSV 中 Cu 的体积是互连中 Cu 体积的 200 000 倍。典型的 TSV 电镀 Cu 填实后，化学机械抛光和封装制程都可能引起 Cu 互连的裂纹或短路。但这些可通过控制电镀工艺和退火 Cu 的显微组织来改善。

为了保证 TSV 下层 Cu 互连的可靠性，本案例提出了一套完整的可靠性试验结构，还定义了一个可靠的 Cu 互连到 TSV 的新设计规则。可靠性试验包括 Cu 互连电迁移、Cu 互连应力迁移、金属间介质 TDDB(Time-Dependent Dielectric Breakdown，时间依赖介质击穿) 和 MiM 去耦电容的 Vbd/TDDB。通过优化后的工艺，所有试验项目均通过了可靠性指标，并有良好的余量。

2) 微凸点的可靠性

微凸点是 CoWoS 3D 封装的关键支持组件之一，微凸点结构、界面工程和底部填充料都对微凸点的可靠性有重要影响。下面从微凸点的热 - 机械可靠性和电迁移两部分来阐述微凸点的可靠性问题。

(1) 微凸点的热 - 机械可靠性。借助 CoW 工艺的优势，将芯片与整片晶圆上的 TSV 微凸点进行连接。然而，由于微凸点的尺寸较小，因此 Al 焊盘和微凸点界面的剥离应力是结构可靠性的主要问题。在设计过程中，可通过有限元建模来优化微凸点的结构特征和底部填充料材质的选择。以微凸点与基板连接的热力学电阻大小为指标来优化制备工艺。图 5-57 为微凸点的界面电阻在不同制程下的失效情况。通过界面优化可以提高微凸点和 Al 焊盘的界面结合力。

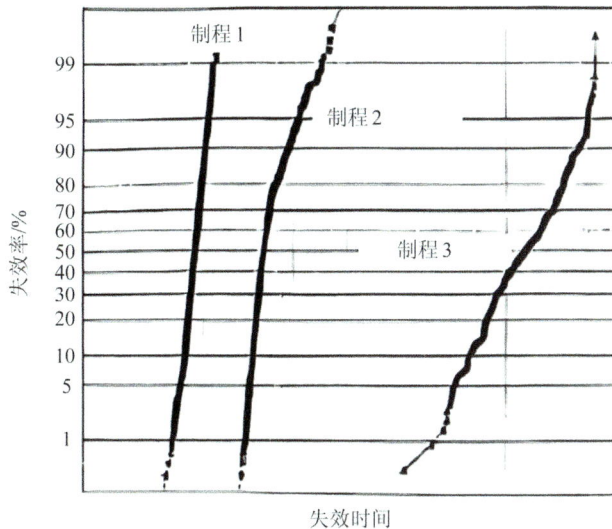

图 5-57　微凸点的界面电阻在不同制程下的失效情况

表 5-34 为 CoW 微凸点连接的温度循环试验结果。从表 5-34 中可以看出，制程 1 的处理工艺有效地提高了微凸点和 Al 焊盘之间的界面结合力。图 5-58 为典型的温度循环条件下微凸点失效模式。

表 5-34　CoW 微凸点连接的温度循环试验结果

试验条件	制程 1(失效样品数量 / 试验样品数量)	制程 2(失效样品数量 / 试验样品数量)	制程 3(失效样品数量 / 试验样品数量)
200 次温度循环	0/20	11/20	20/20
500 次温度循环	0/20	15/20	20/20
1000 次温度循环	0/20	20/20	20/20

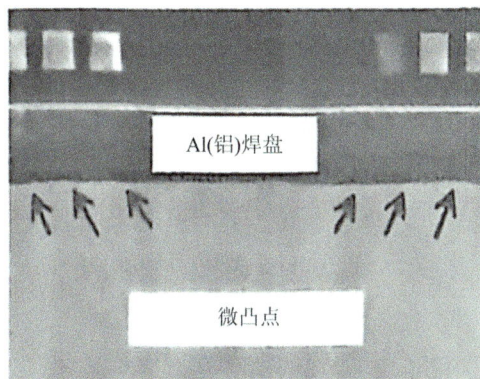

图 5-58　典型的温度循环条件下微凸点失效模式

(2) 微凸点的电迁移。为了测试微凸点的电迁移行为，设计了两种微凸点测试结构：一是单个的微凸点开尔文结构；二是具备 22 个微凸点的菊花链结构。单个的微凸点开尔文结构展示了高分辨率的微凸点电阻随电迁移应力的变化，可以更好地帮助我们了解微凸点的电迁移行为；而菊花链结构更具有统计意义，可以帮助我们了解多个微凸点结构的平均变化。图 5-59 为菊花链结构的电迁移测试图。

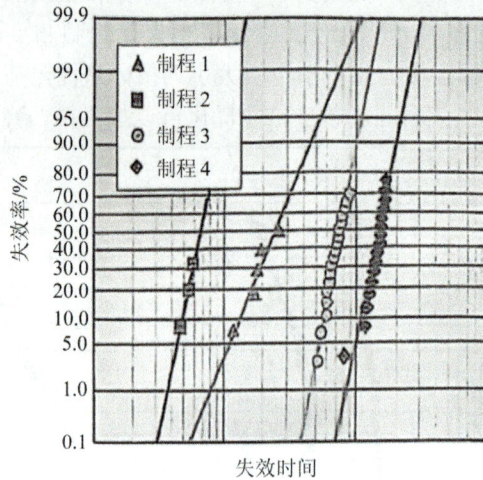

图 5-59　菊花链结构的电迁移测试图

3) TSV 的可靠性

对于 CoWoS 中的 TSV 中介层，其一端连接到正面的第一层 Cu，另一端连接到背面的 C4 凸点。TSV 中介层连接 C4 凸点和 RDL，起着信号传输的关键作用。同时，TSV 中介层提供了 C4 凸点和芯片之间的电源和地端的连接通道。

图 5-60 为 TSV 和 C4 凸点电迁移测试结构。该结构包括 TSV 中介层的化学机械抛光表面与正面第一层 Cu 互连界面、背面与 C4 凸点的连接界面两个关键界面，通过优化这两个界面可改善结构的电迁移性能。将两个 TSV 和两个 C4 凸点连接，可形成一个测试结构。在 160℃ 环境下给该结构施加一个 500 mA 的电流，测量结构的电迁移。

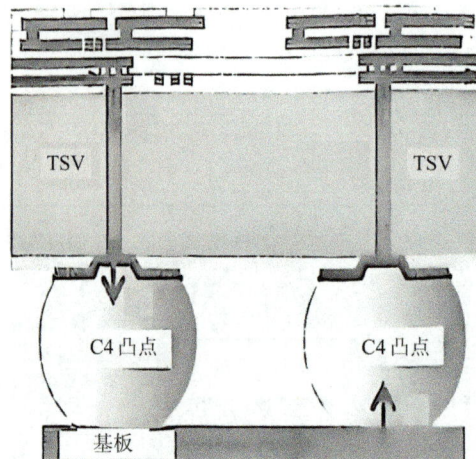

图 5-60　TSV 和 C4 凸点电迁移测试结构

图 5-61 为 TSV 电迁移累积失效分布。其中制程 1 和制程 2 分别表示不同的电镀参数和不同的背面研磨工艺。可以看出，制程 2 的器件寿命有明显的改善。TSV 和 C4 凸点界面的显微组织如图 5-62 所示，制程 1 的样品在 TSV 至 C4 凸点之间形成了孔洞，但制程 2 的样品

未出现任何损伤。制程 2 样品的失效模式为典型的 C4 凸点的电迁移失效 (见图 5-63)，基板上 Cu 焊盘在阴极侧被完全消耗。将同样的电流应力再次加载在 TSV 和 Cu 互连上，界面处未发现电迁移退化现象。

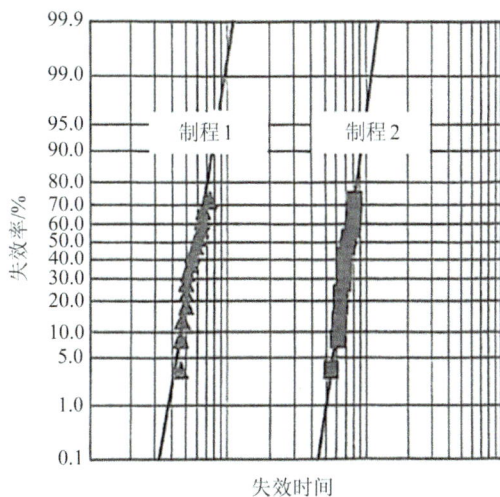

图 5-61　TSV 电迁移累积失效分布

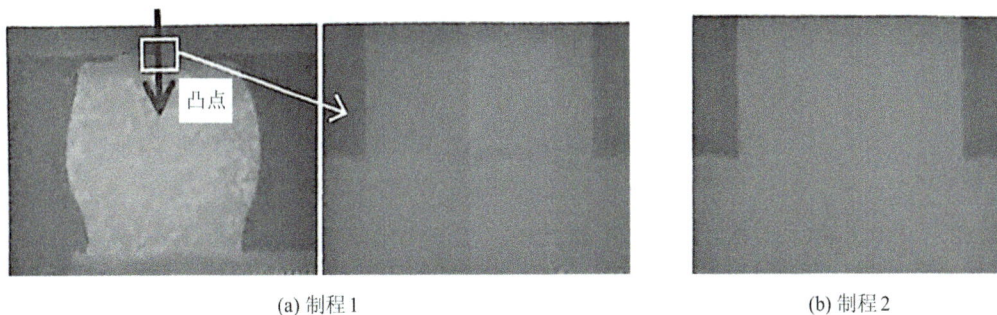

(a) 制程 1　　　　　　　　　　　　　　(b) 制程 2

图 5-62　TSV 和 C4 凸点界面的显微组织

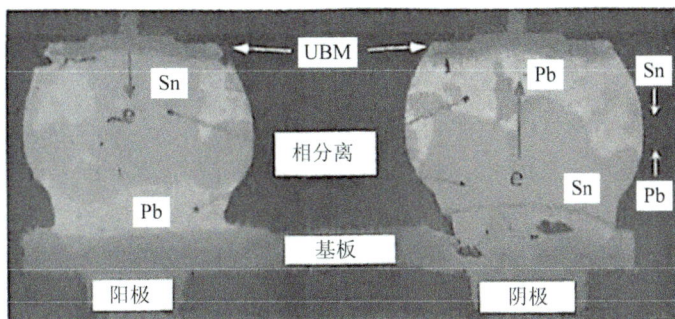

图 5-63　典型的 C4 凸点电迁移失效

4) 组件的可靠性

经过上述工艺的可靠性分析和优化后，下面对 CoWoS 组件进行组件级可靠性分析测试，包括温度循环条件 B(-55～125℃)、高温存储 (150℃)、无偏压高加速应力试验 (Unbiased Highly Accelerated Stress Test，UHAST) 条件 A(130℃/85%RH) 和 3 级预处理 (30℃/60%RH/192 小时 + 260℃回流焊 × 3)。

结果表明，CoWoS 具有良好的可靠性余量。其通过了工业规范 TCB 1000 次循环、HTS 1000 小时和 UHAST 96 小时，扩展到 TCB 2500 次循环、HTS 2000 小时和 UHAST 1000 小时，均无故障。

评估整个微凸点 IMC 的热 - 机械应力风险：高温存储 1000 小时后，经过 TCB 250 次循环和高温存储 250 小时，没有出现故障。此外，增加 500 次循环的 TCB 试验和 500 小时的 HTS 试验后，仍没有出现故障。整个微凸点的 IMC 在底部填充料的保护下具有良好的热 - 机械可靠性。

2. 扇出型封装失效案例

扇出型封装采用传统嵌入式晶圆级球栅阵列的封装方案，其叠层结构如图 5-64 所示。扇出型封装具有布线密度高、引脚间距小、封装厚度薄和高频传输损耗小等优点，近年来已经被公认为主流封装技术。但由于技术尚新，扇出型封装还面临着很多可靠性问题亟待解决。

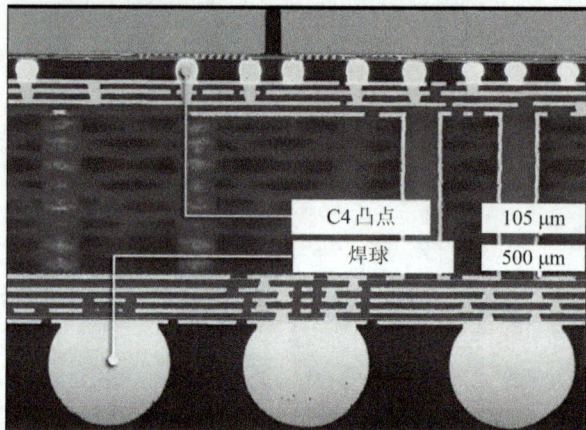

图 5-64　扇出型封装的叠层结构

目前，扇出型封装技术主要面临着翘曲和芯片偏移两项关键工艺的挑战。在扇出型封装中，如果塑封、芯片键合、RDL 及微凸点等工艺中的任何一项出现问题，都会导致整个芯片封装出现失效。其中，翘曲问题主要是不同材料间的热膨胀系数不匹配造成的。芯片封装所使用的环氧树脂材料，因温度变化会发生膨胀和收缩，当和其他材料热膨胀系数失配时，接触界面将会发生分层或断裂等失效问题。芯片偏移是指在贴片、塑封等过程中，材料特性、设备精度和工艺参数等因素使芯片偏离原设计位置。

华进半导体封装先导技术研发中心有限公司对扇出型封装结构进行了完整的菊花链芯片制造及后道组装工艺制造，并对不同批次、不同工艺参数条件下的封装样品进行了电学测试表征、可靠性测试和失效样品分析。其中，可靠性测试包括首先将经过 MSL-3 预处理的芯片分为 3 类，然后分别进行 500 次的温度循环 (TCB) 试验，最后进行 1008 小时的高温存储 (HTS) 试验和 144 小时的高加速应力 (HAST) 试验。扇出型封装芯片可靠性测试结果如表 5-35 所示。

表 5-35　扇出型封装芯片可靠性测试结果

测 试 类 型	测试芯片数量 / 个	失效芯片数量 / 个	测试通过率 /%
预处理	150	60	60.0
TCB 试验 (500 次循环)	30	4	86.7
HTS 试验 (1008 小时)	30	3	90.0
HAST 试验 (144 小时)	30	2	93.3

从表 5-35 中可以看出，芯片测试通过率的高低与不同测试项目所施加的时间应力大小有直接关系，时间应力越大，失效芯片比例越大，测试通过率就越低。

TCB 试验后失效芯片的开裂形貌如图 5-65 所示。

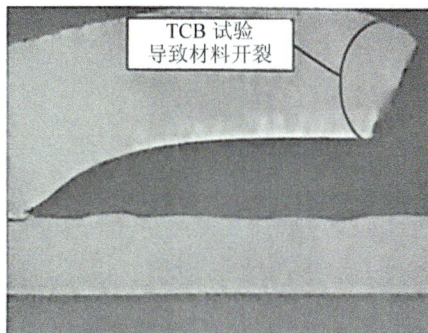

图 5-65 TCB 试验后失效芯片的开裂形貌

从图 5-65 中可以看出，介质和导体之间的连接界面虽然存在分层，但是并没有导致导体自身断裂，这是因为 TCB 试验导致材料在承受高/低温冲击时产生了膨胀和收缩，进而引起了材料间的界面分层。因此，为了能够抵抗引起界面分层的应力，需要提升界面材料的韧度和粘接强度。

HAST 试验后各芯片平均阻值的对比如图 5-66 所示。

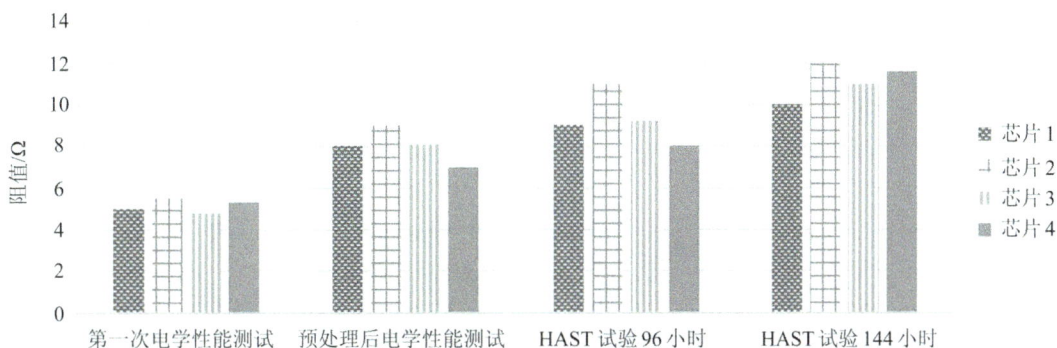

图 5-66 HAST 试验后各芯片平均阻值的对比

为了对比试验前后的阻值变化，在进行预处理之前，通过 SEM 设备对阻值正常的芯片内的焊点进行截面分析，焊点截面 SEM 图如图 5-67 所示。焊点和 UBM 结合的 IMC 存在部分孔洞，但焊点未完全塌落，孔洞的位置在 IMC 的晶界处。观察焊点的形态，考虑是助焊剂覆盖不均匀，导致回流焊过程中无法充分润湿焊点，从而产生孔洞。

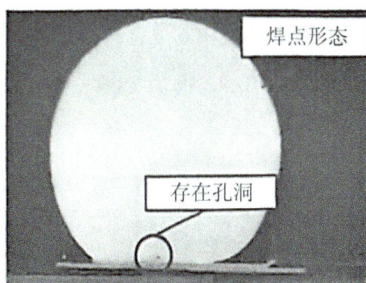

图 5-67 焊点截面 SEM 图

经过预处理后，孔洞出现得更多，焊点与焊盘接触的部分甚至断裂，预处理后的焊点截面 SEM 图如图 5-68 所示。根据孔洞产生的原理可知，在经历预处理（预处理包含 3 次回流焊）后，焊料内晶粒长大和粗化。焊料的塑性变形导致在焊料与焊盘之间的晶界处产生微小孔洞。之后，随着热循环的进行，孔洞扩大并且增多，从而形成孔洞的聚集，直至产生微裂纹，并且随着微裂纹的增多产生宏观裂纹，进而导致界面的孔洞变大，对阻值的影响变大。

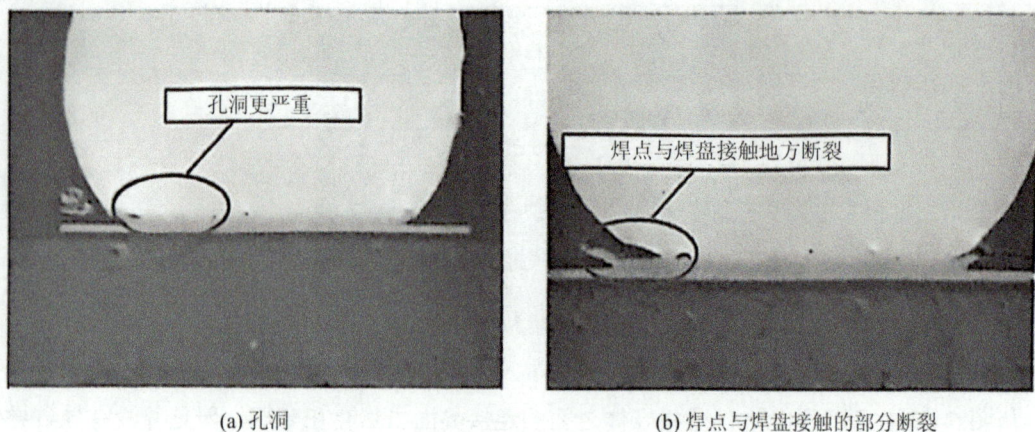

(a) 孔洞   (b) 焊点与焊盘接触的部分断裂

图 5-68　预处理后的焊点截面 SEM 图

经过 144 小时的 HAST 试验后，4 条链路的平均阻值增加了 5 Ω 左右。经过 500 次的 TCB 试验后，4 条链路的平均阻值也增加了 5 Ω 左右。经过 1008 小时的 HTS 试验后，4 条链路的平均阻值也增加了 5 Ω 左右。为了分析导致阻值增加的原因，对 TCB 试验和 HTS 试验后的焊点结构和分层情况进行观察。TCB 试验后的焊点截面 SEM 图如图 5-69 所示。

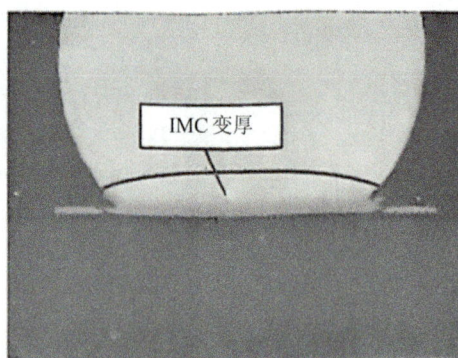

图 5-69　TCB 试验后的焊点截面 SEM 图

由图 5-69 可以看出，在经过 TCB 试验后，焊盘和焊点之间的 IMC 明显变厚，从而导致阻值变大。经过超声波扫描后，发现有几个芯片产生了分层，观察到的扫描声学显微镜 (SAM) 结果如图 5-70 所示。从图 5-70 中可以看出，经过 TCB 试验后，从芯片正面看过去，第二层出现分层，分层位置出现在 PI 和 EMC 上。虽然经过 500 次循环后，在 PI 和 EMC 之间的分层并没有影响到链路的通断，但如果继续进行 TCB 试验，则有可能造成更加严重的分层现象，进而引起 RDL 的断裂。

图 5-70　SAM 结果

课程思政

科技速报——立方微界

在 2025 年的科技界，一项名为"立方微界"的 3D 封装技术突破震撼发布。这项由国际科研团队历经数年研发的创新技术，成功地将电子元件以三维立体结构封装于微小芯片内，彻底颠覆了传统二维平面封装的局限。

在一次全球性的科技峰会上，当科研团队展示了一块看似普通却内含乾坤的芯片时，全场哗然。这块芯片利用 3D 封装技术，将处理器、内存、传感器等多层元件精密堆叠，不仅大幅提升了数据处理速度和能效比，还实现了前所未有的集成度与轻量化。更令人惊叹的是，"立方微界"技术在医疗、航天、可穿戴设备等领域展现出了巨大潜力。例如，它使得智能医疗植入物体积更小、功能更强，为远程医疗和精准治疗开辟了新途径；同时，也为航天设备提供了更加紧凑高效的控制系统，助力深空探索。

此次 3D 封装技术的突破，不仅标志着半导体技术迈入了一个全新维度，更预示着未来科技产品将朝着更加智能化、微型化方向发展，开启了人类探索微观世界与宏观应用融合的新纪元。

在摩尔定律逼近极限的情况下，全球芯片产业都遇到了前所未有的挑战，打破摩尔定律是整个芯片行业发展的关键，"立方微界"的 3D 封装技术首当其冲。但是 3D 封装技术要从理论走向实践，还有很多技术细节需要攻克，这些都是需要时间和经验积累的。纳米级立体堆叠对工艺精度要求极高，可谓精益求精，并且涉及材料、机械、电子等多学科协同攻关，中国科研团队、国外科研团队都在为之努力奋斗。

任务实施

本任务要求学习气密性封装的失效模式和失效机理和气密性封装相关特性的检测方法，完成集成电路 3D 封装失效分析报告。实施任务时，可参考表 5-36 所示的步骤。

表 5-36　任务实施单

项目名称	集成电路封装失效分析		
任务名称	3D 封装失效分析	建议学时	2
计划方式	分组讨论		
序 号	实 施 步 骤		
1	**明确失效现象与初步定位：** (1) 记录失效现象，包括电性能异常 (如电阻漂移、漏电流增大、短路/开路)、物理缺陷 (如芯片开裂、焊点断裂、分层)、环境条件 (温度、湿度、机械应力、电流负载等)。 (2) 进行非破坏性初步检测，如 X 射线检测、扫描声学显微分析 (SAM/C-SAM)、红外热成像		
2	**分层与结构失效分析：** (1) 检测模塑料/芯片、RDL/基板等界面分层、量化分层面积 (如分层＞50% 基板面积判为失效)。 (2) 利用影子云纹法/激光反射法测量封装翘曲，通过 ANSYS/COMSOL 模拟 CTE 失配导致的应力分布。 (3) 利用 SEM/EDS 观察裂纹形貌及扩展路径，利用 FIB 截面分析制备纳米级截面，分析裂纹萌生机理 (如热应力或机械应力)		

序 号	实 施 步 骤
3	**互连与键合失效分析：** (1) 利用 SEM/EDS 检测焊点孔洞（柯肯德尔孔洞、IMC 脆化），分析 IMC 成分（如 Cu_3Sn、Ni_3Sn_4）及厚度。 (2) 设计菊花链结构，监测电阻变化，评估电迁移寿命。施加电流应力（如在 160℃ 通入 500 mA 电流），观察孔洞的形成。 (3) 进行引线拉力测试、平直/非平直引线拉力测试，当金线拉力<3 g 或铝线拉力<2 g 时判为失效
4	**TSV 与中介层失效分析：** (1) 利用 SEM/FIB 观察 TSV 孔洞线、铜胀出，分析介质层裂纹（如 SiO_2 分层），测量 TSV 漏电流（如晶圆边缘开路/短路）。 (2) 施加电流应力，监测电阻变化。 (3) 利用光学显微镜/SEM 检测减薄导致的晶圆翘曲、崩裂，分析切割引起的微裂纹（贯穿式/隐藏式）
5	**环境与化学失效分析：** (1) 检测水汽含量（要求水汽含量<0.1%），进行 HAST 试验(130℃/85%RH)，模拟高温高湿环境，加速腐蚀失效，分析阻值漂移与界面分层关联性。 (2) 电化学迁移
6	**可靠性试验与验证：** (1) 加速寿命试验，如温度循环(TCB)、高温存储(HTS)、无偏压 HAST(uHAST)。 (2) 工艺优化验证
7	**输出报告与标准化：** (1) 记录失效模式、机理、检测数据(SEM 图像、SAM 结果、电性能曲线)，提供改进方案（如制程 2 的 TSV 电镀参数）。 (2) 定义关键工艺控制点（如 TSV 填充完整性、微凸点 IMC 厚度），参考行业标准(GJB 548B、JEDEC)制定内部可靠性测试规范

在任务实施过程中，重要的工作内容可以参照表 5-37 进行编制。

表 5-37 "3D 封装失效分析报告"示例

项目名称	集成电路封装失效分析			
任务名称	3D 封装失效分析			
失效现象	电性能异常	物理缺陷		环境条件
	（表格可添加）			
失效分析	分层与结构失效分析	互连与键合失效分析	TSV 与中介层失效分析	环境与化学失效分析
	（表格可添加）			

任务习题

一、选择题

1. 3D 封装技术相比传统 2D 封装，其重要性体现在 (　　)。

A. 提高晶体管密度 　　　　　　B. 增加封装厚度

C. 解决物理极限下的性能提升 　D. 降低制造成本

2. 3D 封装中常见的失效模式不包括 (　　)。

A. 芯片开裂 　　　　　　　　　B. 焊点短路

C. 电磁干扰 　　　　　　　　　D. 分层

3. TSV 晶圆制造过程中，可能导致晶圆翘曲的现象是 (　　)。

A. TSV 刻蚀工艺缺陷

B. 晶圆减薄过程中的残余应力累积

C. 晶圆键合和解键合过程中的热循环

D. 以上都是

4. 扇出型封装面临的主要可靠性问题是 (　　)。

A. 电磁兼容性问题 　　　　　　B. 翘曲和芯片偏移

C. 热管理问题 　　　　　　　　D. 信号完整性问题

5. 在 CoWoS 结构中，微凸点的电迁移测试通常使用的结构是 (　　)。

A. 单个微凸点开尔文结构 　　　B. 多层裸芯片叠层结构

C. 封装叠层结构 　　　　　　　D. 晶圆级波纹结构

二、判断题

1. 芯片开裂的主要原因之一是芯片与封装材料之间的热膨胀系数 (CTE) 不匹配。 (　　)

2. 在 CoWoS 封装中，优化电镀参数和背面研磨工艺 (制程 2) 显著改善了 TSV 的电迁移性能。 (　　)

3. 扇出型封装的主要可靠性问题是由于 TSV 填充不完整导致的短路故障。 (　　)

参 考 文 献

[1] 李可为. 集成电路芯片封装技术 [M]. 北京：电子工业出版社，2010.

[2] 杜中一，张欣，王永，等. 电子制造与封装 [M]. 北京：电子工业出版社，2010.

[3] 李国良，刘帆. 微电子器件封装与测试技术 [M]. 北京：清华大学出版社，2018.

[4] 胡永达，李元勋，杨邦朝. 微电子封装技术 [M]. 北京：科学出版社，2015.

[5] 毛忠宇，潘计划，袁正红. IC 封装基础与工程设计实例 [M]. 北京：电子工业出版社，2014.

[6] 吕坤颐，刘新，牟洪江. 集成电路封装与测试 [M]. 北京：机械工业出版社，2018.

[7] 周斌，恩云飞，陈思. 集成电路封装可靠性技术 [M]. 北京：电子工业出版社，2023.